U0261793

JavaScript+JQuery
程序设计

慕课版

明日科技·出品

◎ 黄珍 潘颖 主编   ◎ 刘华明 茹蓓 副主编

人民邮电出版社

北京

图书在版编目（CIP）数据

JavaScript+jQuery程序设计：慕课版 / 黄珍，潘颖主编. -- 北京：人民邮电出版社，2017.5（2024.1重印）
ISBN 978-7-115-45035-7

Ⅰ．①J… Ⅱ．①黄… ②潘… Ⅲ．①JAVA语言—程序设计 Ⅳ．①TP312.8

中国版本图书馆CIP数据核字(2017)第054708号

内 容 提 要

本书作为 JavaScript+jQuery 程序设计的教程，系统全面地介绍了有关 JavaScript+jQuery 网站开发所涉及的各类知识。全书共分 17 章，内容包括 JavaScript 简介、JavaScript 语言基础、JavaScript 自定义对象、常用内部对象、JavaScript 事件处理、JavaScript 常用文档对象、文档对象模型、Window 对象、AJAX 技术、jQuery 简介、jQuery 选择器、jQuery 控制页面、jQuery 的事件处理、jQuery 的动画效果、React 简介、综合开发实例——365 影视网站设计、课程设计——购物车设计。全书每章内容都与实例紧密结合，有助于学生理解知识、应用知识，达到学以致用的目的。

本书为慕课版教材，各章节主要内容配备了以二维码为载体的微课，并在人邮学院（www.rymooc.com）平台上提供了慕课。此外，本书还提供了课程资源包。资源包中提供了本书所有实例、上机指导、综合案例的源代码、制作精良的电子课件 PPT、自测题库（包括选择题、填空题、操作题题库及自测试卷等内容）。其中，源代码全部经过精心测试，能够在 Windows XP、Windows 7 系统下编译和运行。

◆ 主　　编　黄　珍　潘　颖
　　副主编　刘华明　茹　蓓
　　责任编辑　刘　博
　　责任印制　杨林杰

◆ 人民邮电出版社出版发行　　北京市丰台区成寿寺路 11 号
　邮编　100164　电子邮件　315@ptpress.com.cn
　网址　http://www.ptpress.com.cn
　固安县铭成印刷有限公司印刷

◆ 开本：787×1092　1/16
　印张：23.25　　　　　　　　2017 年 5 月第 1 版
　字数：612 千字　　　　　　2024 年 1 月河北第 13 次印刷

定价：59.80 元

读者服务热线：(010)81055256　印装质量热线：(010)81055316
反盗版热线：(010)81055315
广告经营许可证：京东市监广登字20170147号

前言
Foreword

为了让读者能够快速且牢固地掌握 JavaScript 和 jQuery 开发技术,人民邮电出版社充分发挥在线教育方面的技术优势、内容优势、人才优势,潜心研究为读者提供一种"纸质图书+在线课程"相配套,全方位学习 JavaScript 和 jQuery 开发的解决方案。读者可根据个人需求,利用图书和"人邮学院"平台上的在线课程进行系统化、移动化的学习,以便快速全面地掌握 JavaScript 和 jQuery 开发技术。

一、如何学习慕课版课程

本课程依托人民邮电出版社自主开发的在线教育慕课平台——人邮学院(www.rymooc.com)。该平台为学习者提供优质、海量的课程,课程结构严谨,用户可以根据自身的学习程度,自主安排学习进度,并且平台具有完备的在线"学习、笔记、讨论、测验"功能。人邮学院为每一位学习者,提供完善的一站式学习服务(见图 1)。

图 1　人邮学院首页

为了使读者更好地完成慕课的学习,现将本课程的使用方法介绍如下。

1. 用户购买本书后,找到粘贴在书封底上的刮刮卡,刮开,获得激活码(见图 2)。

2. 登录人邮学院网站(www.rymooc.com)(见图 3),或扫描封面上的二维码,使用手机号码完成网站注册。

图 2　激活码

图 3　注册人邮学院网站

3. 注册完成后，返回网站首页，单击页面右上角的"学习卡"选项（见图4），进入"学习卡"页面（见图5），输入激活码，即可获得该慕课课程的学习权限。

图4　单击"学习卡"选项　　　　　　　图5　在"学习卡"页面输入激活码

4. 输入激活码后，即可获得该课程的学习权限。用户可随时随地使用计算机、平板电脑、手机学习本课程的任意章节，根据自身情况自主安排学习进度（见图6）。

5. 在学习慕课课程的同时，阅读本书中相关章节的内容，巩固所学知识。本书既可与慕课课程配合使用，也可单独使用，书中主要章节均放置了二维码，用户扫描二维码即可在手机上观看相应章节的视频讲解。

6. 学完1章内容后，用户可通过精心设计的在线测试题，查看知识掌握程度（见图7）。

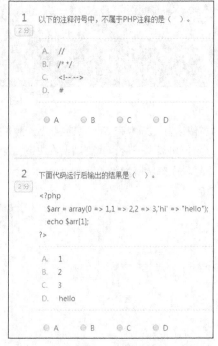

图6　课时列表　　　　　　　　　　　　图7　在线测试题

7. 如果对所学内容有疑问，用户还可到讨论区提问，除了有大牛导师答疑解惑以外，同学之间也可互相交流学习心得（见图8）。

8. 书中配套的PPT、源代码等教学资源，用户也可在该课程的首页找到相应的下载链接（见图9）。关于人邮学院平台使用的任何疑问，可登录人邮学院咨询在线客服，或致电010-81055236。

最新问答	资料区			
Ainy:	文件名	描述	课时	时间
界面简洁	素材.rar		课时1	2015/1/26 0:00:00
	效果.rar		课时1	2015/1/26 0:00:00
	讲义.ppt		课时1	2015/1/26 0:00:00

图 8　讨论区　　　　　　　　　　　　　　　　图 9　配套资源

二、本书特点

JavaScript 是 Web 页面中的一种脚本编程语言，已经被广泛应用于 Web 应用开发，能够为网页添加各式各样的动态功能。目前，大多数高校的计算机专业和 IT 培训学校，都将 JavaScript 作为教学内容之一，这对于培养学生的计算机应用能力具有非常重要的意义。

在当前的教育体系下，实例教学是计算机语言教学的最有效的方法之一。本书将 JavaScript+jQuery 知识和实用的案例有机结合起来，一方面，跟踪 JavaScript、jQuery 的发展，适应市场需求，精心选择内容，突出重点、强调实用，使知识讲解全面、系统；另一方面，全书通过"案例贯穿"的形式，始终围绕最后的综合案例设计实例，将实例融入到知识讲解中，使知识与案例相辅相成，既有利于读者学习知识，又有利于指导实践。另外，本书在每一章的后面还提供了上机指导和习题，方便读者及时验证自己的学习效果（包括动手实践能力和理论知识）。

本书作为教材使用时，课堂教学建议 30～35 学时，上机指导教学建议 12～15 学时。各章主要内容和学时建议分配如下，老师可以根据实际教学情况进行调整。

章	主要内容	课堂学时	上机指导
第 1 章	JavaScript 简介，包括 JavaScript 简述、编写 JavaScript 的工具、JavaScript 在 HTML 中的使用、JavaScript 基本语法	1	1
第 2 章	JavaScript 语言基础，包括数据类型、常量和变量、运算符和表达式、JavaScript 基本语句、函数	4	1
第 3 章	JavaScript 自定义对象，包括对象简介、自定义对象的创建、对象访问语句	1	1
第 4 章	常用内部对象，包括 Math 对象、Number 对象、Date 对象、数组对象、String 对象	3	1
第 5 章	JavaScript 事件处理，包括事件与事件处理概述、表单相关事件、鼠标键盘事件、页面事件	2	1
第 6 章	JavaScript 常用文档对象，包括 Document 对象、表单对象、图像对象	2	1
第 7 章	文档对象模型，包括 DOM 概述、DOM 对象节点属性、节点、获取文档中的指定元素、与 DHTML 相对应的 DOM	2	1
第 8 章	Window 对象，包括 Window 对象概述、对话框、打开与关闭窗口、控制窗口、窗口事件	2	1
第 9 章	AJAX 技术，包括 AJAX 概述、AJAX 的技术组成、XMLHttpRequest 对象	1	1

章	主要内容	课堂学时	上机指导
第 10 章	jQuery 简介，包括 jQuery 概述、jQuery 下载与配置、jQuery 的插件	1	1
第 11 章	jQuery 选择器，包括 jQuery 的工厂函数、基本选择器、层级选择器、过滤选择器、属性选择器、表单选择器	2	1
第 12 章	jQuery 控制页面，包括对元素内容和值进行操作、对 DOM 节点进行操作、对元素属性进行操作、对元素的 CSS 样式操作	2	1
第 13 章	jQuery 的事件处理，包括页面加载响应事件、jQuery 中的事件、事件绑定、模拟用户操作	1	1
第 14 章	jQuery 的动画效果，包括基本的动画效果、淡入淡出的动画效果、滑动效果、自定义的动画效果	2	1
第 15 章	React 简介，包括 React 概述、创建 React 元素、创建组件	1	1
第 16 章	综合开发实例——365 影视网站设计，包括系统分析、系统设计、网页预览、关键技术、首页技术实现、查看影片详情页面	4	
第 17 章	课程设计——购物车设计，包括购物车概述、系统设计、热点关键技术、用户登录设计、购物车操作	3	

本书由明日科技出品。由黄珍、潘颖任主编，刘华明、茹蓓任副主编，其中黄珍编写了第 1~5 章，潘颖编写了第 6~10 章，刘华明编写了第 11~13 章，茹蓓编写了第 14~17 章。

编　者

2017 年 1 月

目录
Contents

第1章

JavaScript简介

本章要点：

- JavaScript的主要特点及应用
- JavaScript的编写工具
- JavaScript在HTML中的使用
- JavaScript中的基本语法

■ 在学习 JavaScript 前，读者应该先了解什么是 JavaScript，JavaScript 都有哪些特点，JavaScript 的编写工具以及在 HTML 中的使用，通过了解这些内容来增强读者对 JavaScript 语言的理解，以方便以后更好的学习。

1.1 JavaScript 简述

JavaScript 是 Web 页面中的一种脚本编程语言，也是一种通用的、跨平台的、基于对象和事件驱动并具有安全性的脚本语言。它不需要进行编译，而是直接嵌入在 HTML 页面中，把静态页面转变成支持用户交互并响应相应事件的动态页面。

1.1.1 JavaScript 的起源

JavaScript 语言的前身是 LiveScript 语言，是由美国 Netscape（网景）公司的布瑞登·艾克（Brendan Eich）为在 1995 年发布的 Navigator 2.0 浏览器的应用而开发的脚本语言。在与 Sun（升阳）公司联手及时完成了 LiveScript 语言的开发后，

JavaScript 的起源

就在 Navigator 2.0 即将正式发布前，Netscape 公司将其改名为 JavaScript，也就是最初的 JavaScript 1.0 版本。虽然当时 JavaScript1.0 版本还有很多缺陷，但拥有 JavaScript 1.0 版本的 Navigator 2.0 浏览器几乎主宰着浏览器市场。

因为 JavaScript 1.0 如此成功，Netscape 公司在 Navigator 3.0 中发布了 JavaScript 1.1 版本。同时微软开始进军浏览器市场，发布了 Internet Explorer 3.0 并搭载了一个 JavaScript 的类似版本，其注册名称为 JScript，这成为 JavaScript 语言发展过程中的重要一步。

在微软进入浏览器市场后，此时有 3 种不同的 JavaScript 版本同时存在，即 Navigator 中的 JavaScript、IE 中的 JScript 以及 CEnvi 中的 ScriptEase。与其他编程语言不同的是，JavaScript 并没有一个标准来统一其语法或特性，而这 3 种不同的版本恰恰突出了这个问题。1997 年，JavaScript 1.1 版本作为一个草案被提交给欧洲计算机制造商协会（ECMA）。最终由来自 Netscape、Sun、微软、Borland（宝蓝）和其他一些对脚本编程感兴趣的公司的程序员组成了 TC39 委员会，该委员会被委派来标准化一个通用、跨平台、中立于厂商的脚本语言的语法和语义。TC39 委员会制定了"ECMAScript 程序语言的规范书"（又称为"ECMA-262 标准"），该标准被国际标准化组织（ISO）采纳通过，作为各种浏览器生产开发所使用的脚本程序的统一标准。

1.1.2 JavaScript 的主要特点

JavaScript 脚本语言的主要特点如下。

1. 解释性

JavaScript 不同于一些编译性的程序语言，例如 C、C++等，它是一种解释性的

JavaScript 的主要
特点

程序语言，它的源代码不需要经过编译，可直接在浏览器中运行时被解释。

2. 基于对象

JavaScript 是一种基于对象的语言，这意味着它能运用自己已经创建的对象。因此，许多功能可以来自于脚本环境中对象的方法与脚本的相互作用。

3. 事件驱动

JavaScript 可以直接对用户或客户输入做出响应，无需经过 Web 服务程序。它对用户的响应，是以事件驱动的方式进行的。所谓事件驱动，就是指在主页中执行了某种操作所产生的动作，此动作称为"事件"，例如单击鼠标、移动窗口、选择菜单等都可以视为事件。当事件发生后，可能会引起相应的事件响应。

4. 跨平台

JavaScript 依赖于浏览器本身，与操作环境无关，只要是能运行浏览器的计算机，并支持 JavaScript 的浏览器就可以正确执行。

5. 安全性

JavaScript 是一种安全性语言，它不允许访问本地的硬盘，不能将数据存入服务器，也不允许对网络文档进行修改和删除，只能通过浏览器实现信息浏览或动态交互，这样可有效防止数据丢失。

1.1.3 JavaScript 的应用

使用 JavaScript 脚本实现的动态页面，在 Web 上随处可见。下面将介绍 4 种 JavaScript 常见的应用。

JavaScript 的应用

1. 验证用户输入的内容

使用 JavaScript 脚本语言可以在客户端对用户输入的数据进行验证。例如在制作用户注册信息页面时，要求用户输入确认密码，以确定用户输入密码是否准确。如果用户在 "确认密码" 文本框中输入的信息与 "密码" 文本框中输入的信息不同，将弹出相应的提示信息，如图 1-1 所示。

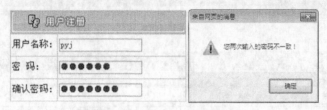

图 1-1 验证两次密码是否一致

2. 动画效果

在浏览网页时，经常会看到一些动画效果，使页面显得更加生动。使用 JavaScript 脚本语言也可以实现动画效果，例如在页面中实现下雪的效果，如图 1-2 所示。

图 1-2 动画效果

3. 窗口的应用

在打开网页时经常会看到一些浮动的广告窗口，这些广告窗口是网站最大的盈利手段。我们也可以通过 JavaScript 脚本语言来实现窗口的应用，例如图 1-3 所示的广告窗口。

4. 应用 AJAX 技术实现百度搜索提示

在百度首页的搜索文本框中输入要搜索的关键字时，下方会自动给出相关提示。如果给出的提示有符合要求的内容，可以直接选择，这样可以方便用户进行搜索。例如，输入 "明日科" 后，在下面将显示图 1-4 所示的提示信息。

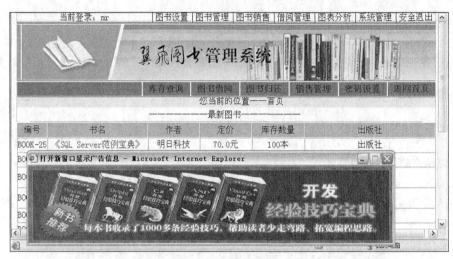

图 1-3　窗口的应用

图 1-4　百度搜索提示页面

1.2　编写 JavaScript 的工具

编写 JavaScript 的
工具

　　编辑 JavaScript 程序可以使用任何一种文本编辑器，如 Windows 中的记事本、写字板等应用软件。由于 JavaScript 程序可以嵌入 HTML 文件中，因此，读者可以使用任何一种编辑 HTML 文件的工具软件，如 Adobe Dreamweaver 和 Microsoft FrontPage 等。由于本书使用的编写工具为 Dreamweaver，所以这里只对该工具做简单介绍。

　　Dreamweaver 是当今流行的网页编辑工具之一，它采用了多种先进技术，提供图形化程序设计窗口，能够快速高效地创建网页，并生成与之相关的程序代码，使网页创作过程简单化，生成的网页也极具表现力。从 Dreamweaver MX 开始，Dreamweaver 开始支持可视化开发，这对于初学者来说确实是一个比较好的选择，因为它是所见即所得的。其特征包括语法加亮、函数补全、参数提示等。值得一提的是，

Dreamweaver 在提供强大的网页编辑功能的同时，还提供了完善的站点管理机制，极大地方便了程序员对网站的管理工作。

 说明 本书使用的 Dreamweaver 版本为 Dreamweaver CS6。

Dreamweaver CS6 的开发环境如图 1-5 所示。

图 1-5　Dreamweaver CS6 的开发环境

Dreamweaver CS6 的开发环境有 4 种视图形式，分别为"代码""拆分""设计"和"实时视图"。在"代码"视图中可编辑代码；在"拆分"视图中，可以同时编辑"代码"视图和"设计"视图中的内容；在"设计"视图中，可以在页面中插入 HTML 元素，进行页面布局和设计；在"实时视图"中可以在编写代码的同时对页面进行测试。

1.3　JavaScript 在 HTML 中的使用

通常情况下，在 Web 页面中使用 JavaScript 有 3 种方法，一种是在页面中直接嵌入 JavaScript 代码，另一种是链接外部 JavaScript 文件，还有一种是作为特定标签的属性值使用。下面分别对这 3 种方法进行介绍。

1.3.1　在页面中直接嵌入 JavaScript 代码

在 HTML 文档中可以使用<script>…</script>标记将 JavaScript 脚本嵌入到其中，在 HTML 文档中可以使用多个<script>标记，每个<script>标记中可以包含多个 JavaScript 的代码集合，并且各个<script>标记中的 JavaScript 代码之间可以相互访问，如同将所有代码放在一对<script>…</script>标签之中的效果。<script>标记常用的属性及说明如表 1-1 所示。

在页面中直接嵌入
JavaScript 代码

表 1-1　<script>标记常用的属性及说明

属性	说明
language	设置所使用的脚本语言及版本
src	设置一个外部脚本文件的路径位置
type	设置所使用的脚本语言，此属性已代替 language 属性
defer	此属性表示 HTML 文档加载完毕再执行脚本语言

1. language 属性

language 属性指定在 HTML 中使用的脚本语言及其版本。language 属性使用的格式如下。

```
<script language="JavaScript1.5">
```

说明 如果不定义 language 属性，浏览器默认脚本语言为 JavaScript 1.0 版本。

2. src 属性

src 属性用来指定外部脚本文件的路径，外部脚本文件通常使用 JavaScript 脚本，其扩展名为.js。src 属性使用的格式如下。

```
<script src="01.js">
```

3. type 属性

type 属性用来指定 HTML 中使用的脚本语言及其版本，此属性在 HTML 4.0 标准开始，推荐使用 type 属性来代替 language 属性。type 属性使用格式如下。

```
<script type="text/javascript">
```

4. defer 属性

defer 属性的作用是文档加载完毕再执行脚本，当脚本语言不需要立即运行时，设置 defer 属性后，浏览器将不必等待脚本语言装载，这样页面加载会更快。但当有一些脚本需要在页面加载过程中或加载完成后立即执行时，就不需要使用 defer 属性。defer 属性使用格式如下。

```
<script defer>
```

【例 1-1】 编写第一个 JavaScript 程序，在 Dreamweaver 工具中直接嵌入 JavaScript 代码，在页面中输出"我喜欢学习 JavaScript"。

程序开发步骤如下。

（1）启动 Dreamweaver CS6，选择"文件"/"新建"菜单命令，打开"新建文档"对话框，选择"页面类型"/"HTML"选项，如图 1-6 所示。

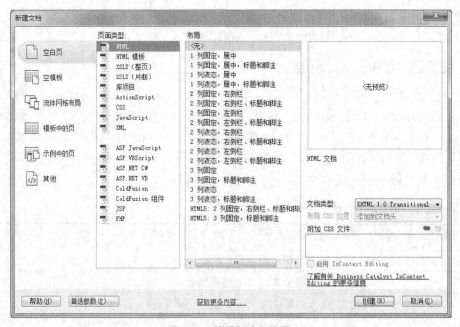

图 1-6　选择新建文档页

如果此处选择"JavaScript"选项，则会创建一个 JavaScript 文档。

（2）单击"创建"按钮，即可创建一个 html 文件，如图 1-7 所示。

图 1-7　创建新的 html 文件

（3）在\<title\>标记中将标题设置为"第一个 JavaScript 程序"，在\<body\>标记中编写 JavaScript 代码，如图 1-8 所示。

图 1-8　在 Dreamweaver CS6 中编写的 JavaScript 代码

（4）在编写好 JavaScript 程序后，选择"文件"/"保存"命令，弹出"另存为"对话框，将文件保存在"E:\MR\ym\1\1-1"文件夹下，文件名定义为"index.html"，如图 1-9 所示。

（5）单击"保存"按钮，保存文件。

（6）双击刚刚保存的"index.html"文件，在浏览器中将会看到运行结果，如图 1-10 所示。

图 1-9 "另存为"对话框

图 1-10 程序运行结果

 <script>标记可以放在 Web 页面的<head></head>标记中，也可以放在<body></body>标记中。

1.3.2 链接外部 JavaScript 文件

在 Web 页面中引入 JavaScript 的另一种方法是采用链接外部 JavaScript 文件的形式。如果脚本代码比较复杂或是同一段代码可以被多个页面所使用，则可以将这些脚本代码放置在一个单独的文件中（保存文件的扩展名为.js），然后在需要使用该代码的 Web 页面中链接该 JavaScript 文件即可。

链接外部
JavaScript 文件

在 Web 页面中链接外部 JavaScript 文件的语法格式如下。

```
<script type="text/javascript" src="javascript.js"></script>
```

 如果外部 JavaScript 文件保存在本机中，src 属性可以是绝对路径或是相对路径；如果外部 JavaScript 文件保存在其他服务器中，src 属性需要指定绝对路径。

【例 1-2】 在 HTML 文件中调用外部 JavaScript 文件，运行时在页面中显示对话框，对话框中输出"我喜欢学习 JavaScript"。

具体步骤如下。

（1）编写外部的 JavaScript 文件，命名为"index.js"。index.js 文件的代码如图 1-11 所示。

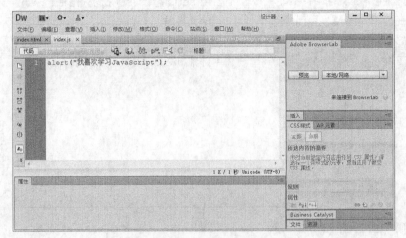

图 1-11　index.js 文件中的代码

（2）在 index.html 页面中调用外部 JavaScript 文件"index.js"，调用代码如图 1-12 所示。

图 1-12　调用外部 JavaScript 文件

（3）双击"index.html"文件，运行结果如图 1-13 所示。

图 1-13　程序运行结果

（1）在外部 JS 文件中，不能将脚本代码用<script>和</script>标记括起来。

（2）在使用 src 属性引用外部 JavaScript 文件时，<script></script>标签中不能包含其他 JavaScript 代码。

（3）在<script>标签中使用 src 属性引用外部 JavaScript 文件时，</script>结束标签不能省略。

1.3.3 作为标签的属性值使用

1. 通过"javascript:"调用

在 HTML 中，可以通过"javascript:"的方式来调用 JavaScript 的函数或方法。实例代码如下。

作为标签的属性值使用

```
<a href="javascript:alert('您单击了这个超链接')">请单击这里</a>
```

在上述代码中通过使用"javascript:"来调用 alert()方法，但该方法并不是在浏览器解析到"javascript:"时就立刻执行，而是在单击该超链接时才会执行。

2. 与事件结合调用

JavaScript 可以支持很多事件，事件可以影响用户的操作，例如单击鼠标左键、按下键盘或移动鼠标等。与事件结合，可以调用执行 JavaScript 的方法或函数。实例代码如下。

```
<input type="button" value="单击按钮" onclick="alert('您单击了这个按钮')" />
```

在上述代码中，onclick 是单击事件，意思是当单击对象时将会触发 JavaScript 的方法或函数。

1.4 JavaScript 基本语法

执行顺序

1.4.1 执行顺序

JavaScript 程序按照在 HTML 文件中出现的顺序逐行执行。如果需要在整个 HTML 文件中执行（如函数、全局变量等），最好将其放在 HTML 文件的<head>…</head>标记中。某些代码（比如函数体内的代码）不会被立即执行，只有当所在的函数被其他程序调用时，该代码才会被执行。

1.4.2 大小写敏感

JavaScript 对字母大小写是敏感（严格区分字母大小写）的，也就是说，在输入语言的关键字、函数名、变量以及其他标识符时，都必须采用正确的大小写形式。例如，变量 username 与变量 userName 是两个不同的变量，这一点要特别注意，因为同属于与 JavaScript 紧密相关的 HTML 是不区分大小写的，所以很容易混淆。

大小写敏感

HTML 并不区分大小写。由于 JavaScript 和 HTML 紧密相连，这一点很容易混淆。许多 JavaScript 对象和属性都与其表的 HTML 标签或属性同名，在 HTML 中，这些名称可以以任意的大小写方式输入而不会引起混乱，但在 JavaScript 中，这些名称通常都是小写的。例如，HTML 中的事件处理器属性 ONCLICK 通常被声明为 onClick 或 OnClick，而在 JavaScript 中只能使用 onclick。

1.4.3 空格与换行

空格与换行

在 JavaScript 中会忽略程序中的空格、换行和制表符，除非这些符号是字符串或正则表达式中的一部分。因此，可以在程序中随意使用这些特殊符号来进行排版，让代码更加易于阅读和理解。

JavaScript 中的换行有"断句"的意思，即换行能判断一个语句是否已经结束。如以下代码表示两个不同的语句。

```
a = 100
return false
```

如果将第二行代码写成

```
return
false
```

此时，JavaScript 会认为这是两个不同的语句，这样一来将会产生错误。

1.4.4 每行结尾的分号

每行结尾的分号可有可无

与 Java 语言不同，JavaScript 并不要求必须以分号（；）作为语句的结束标记。如果语句的结束处没有分号，JavaScript 会自动将该行代码的结尾作为语句的结尾。例如，下面的两行代码都是正确的。

```
alert("您好！欢迎访问我公司网站！")
alert("您好！欢迎访问我公司网站！");
```

最好的代码编写习惯是在每行代码的结尾处加上分号，这样可以保证每行代码的准确性。

1.4.5 注释

注释

为程序添加注释可以起到以下两种作用。

❑ 可以解释程序某些语句的作用和功能，使程序更易于理解，通常用于代码的解释说明。

❑ 可以用注释来暂时屏蔽某些语句，使浏览器对其暂时忽略，等需要时再取消注释，这些语句就会发挥作用，通常用于代码的调试。

JavaScript 提供了两种注释符号："//"和"/*…*/"。其中，"//"用于单行注释，"/*…*/"用于多行注释。多行注释符号分为开始和结束两部分，即在需要注释的内容前输入"/*"，同时在注释内容结束后输入"*/"表示注释结束。下面是单行注释和多行注释的实例。

```
//这是单行注释的例子
/*这是多行注释的第一行
这是多行注释的第二行
……
*/
/*这是多行注释在一行中应用的例子*/
```

小 结

本章主要对 JavaScript 初级知识进行了简单的介绍，包括 JavaScript 主要具有哪些特点，主要用于实现哪些功能，JavaScript 语言的编辑工具，在 HTML 中的使用和基本语法等，通过这些内容让读者对 JavaScript 先有个初步的了解，为以后的学习奠定基础。

上机指导

在 Dreamweaver 工具下使用 JavaScript 代码编写一个弹出欢迎访问网站的对话框，访问网页时，显示当前系统时间，运行效果如图 1-14 所示。

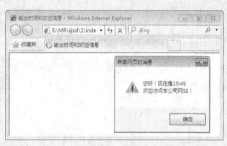

图 1-14　显示当前系统时间

课程设计

程序开发步骤如下。

（1）启动 Dreamweaver CS6，创建一个 HTML 文件。

（2）在<title>标记中将标题设置为"输出时间和欢迎信息"，在<body>标记中编写 JavaScript 代码，如图 1-15 所示。

图 1-15　在 Dreamweaver CS6 中编写的 JavaScript 代码

（3）将文件保存在"E:\MR\sjzd\1"文件夹下，文件名定义为"index.html"。

习　题

1-1　简单描述 JavaScript 的特点。

1-2　常用的编写 JavaScript 的工具有哪些？

1-3　如何在页面中嵌入 JavaScript 脚本？

1-4　如何在页面中链接外部 JavaScript 脚本文件？

1-5　JavaScript 注释有什么作用？

第2章

JavaScript语言基础

本章要点：

■ JavaScript的基本数据类型
■ 常量和变量
■ 运算符和表达式
■ JavaScript中的基本语句
■ JavaScript函数

■ JavaScript 脚本语言与其他语言一样有着自己的语言基础。本章开始介绍 JavaScript 的基础知识，将对 JavaScript 的数据类型、常量和变量、运算符和表达式、JavaScript 基本语句以及函数进行详细讲解。

2.1 数据类型

每一种编程语言都有自己所支持的数据类型。JavaScript 的数据类型分为基本数据类型和复合数据类型。关于复合数据类型中的对象、数组等，将在后面的章节进行介绍。本节将详细介绍 JavaScript 的基本数据类型。JavaScript 的基本数据类型有数值型、字符串型、布尔型以及两个特殊的数据类型。

2.1.1 数值型

数值型（number）是最基本的数据类型。JavaScript 和其他程序设计语言（如 C 和 Java）的不同之处在于，它并不区分整型数值和浮点型数值。在 JavaScript 中，所有的数值都是由浮点型表示的。JavaScript 采用 IEEE754 标准定义的 64 位浮点格式表示数字，这意味着它能表示的最大值是 ± 1.7976931348623157e+308，最小值是 5e-324。

数值型

当一个数字直接出现在 JavaScript 程序中时，我们称它为数值直接量（numericliteral），JavaScript 支持的数值直接量的形式有 6 种。下面对这 6 种形式进行详细介绍。

1. 十进制

在 JavaScript 程序中，十进制的整数是一个由 0~9 组成的数字序列。例如：

```
0
6
 2
100
```

2. 十六进制

JavaScript 不但能够处理十进制的整型数据，还能识别十六进制（以 16 为基数）的数据。所谓十六进制数据，是以 "0X" 或 "0x" 开头，其后跟随十六进制的数字序列。十六进制的数字是由 0~9 的 10 个数字，以及 a（A）~f（F）6 个字母组成，它们用来表示 0~15（包括 0 和 15）的某个值。下面是十六进制整型数据的例子：

```
0xff
0X123
0xCAFE911
```

3. 八进制

尽管 ECMAScript 标准不支持八进制数据，但是 JavaScript 的某些实现却允许采用八进制（基数为 8）格式的整型数据。八进制数据以数字 0 开头，其后跟随一个数字序列，这个序列中的每个数字都为 0~7 的数字（包括 0 和 7）。例如：

```
07
0366
```

由于某些 JavaScript 实现支持八进制数据，而有些则不支持，所以最好不要使用以 0 开头的整型数据，因为不知道某个 JavaScript 的实现是将其解释为十进制，还是解释为八进制。

【例 2-1】 分别输出数字 123，不同进制的输出结果。

```
document.write("数字123不同进制的输出结果：");        //输出字符串
document.write("<p>十进制：");                      //输出段落标记
document.write(123);                              //输出十进制数字
document.write("<br>八进制：");                     //输出换行标记
document.write(0123);                             //输出八进制数字
document.write("<br>十六进制：");                    //输出换行标记
```

```
document.write(0x123);                                            //输出十六进制数字
```

执行上面的代码，运行结果如图 2-1 所示。

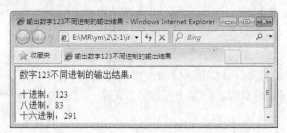

图 2-1　数字 123 不同进制的输出结果

4．浮点型数据

浮点型数据可以具有小数点，它的表示方法有以下两种。

（1）传统记数法

传统记数法是将一个浮点数分为整数部分、小数点和小数部分，如果整数部分为 0，可以省略整数部分。例如：

```
1.2
56.9963
.236
```

（2）科学记数法

此外，还可以使用科学记数法表示浮点型数据，即实数后跟随字母 e 或 E，后面加上一个带正号或负号的整数指数，其中正号可以省略。例如：

```
6e+3
3.12e11
1.234E-12
```

在科学记数法中，e 或 E 后面的整数表示 10 的指数次幂，因此这种记数法表示的数值等于前面的实数乘以 10 的指数次幂。

【例 2-2】 输出科学记数法表示的浮点数。

```
document.write("科学记数法表示的浮点数的输出结果：");          //输出字符串
document.write("<p>");                                        //输出段落标记
document.write(3e+6);                                         //输出浮点数
document.write("<br>");                                       //输出换行标记
document.write(3.5e3);                                        //输出浮点数
document.write("<br>");                                       //输出换行标记
document.write(1.236E-2);                                     //输出浮点数
```

执行上面的代码，运行结果如图 2-2 所示。

图 2-2　输出科学记数法表示的浮点数

5. 特殊值 Infinity

在 JavaScript 中有一个特殊的数值 Infinity（无穷大），如果一个数值超出了 JavaScript 所能表示的最大值的范围，JavaScript 就会输出 Infinity；如果一个数值超出了 JavaScript 所能表示的最小值的范围，JavaScript 就会输出 -Infinity。

6. 特殊值 NaN

JavaScript 中还有一个特殊的数值 NaN（Not a Number），即"非数字"。在进行数学运算时产生了未知的结果或错误，JavaScript 就会返回 NaN，它表示该数学运算的结果是一个非数字。例如，用 0 除以 0 的输出结果就是 NaN。

2.1.2 字符串型

字符串（string）是由 0 个或多个字符组成的序列，它可以包含大小写字母、数字、标点符号或其他字符，也可以包含汉字。它是 JavaScript 用来表示文本的数据类型。程序中的字符串型数据是包含在单引号或双引号中的，由单引号定界的字符串中可以含有双引号，由双引号定界的字符串中也可以含有单引号。

字符串型

空字符串不包含任何字符，也不包含任何空格，用一对引号表示，即""或''。

例如：

（1）单引号括起来的字符串，代码如下。

```
'你好JavaScript'
'mingrisoft@mingrisoft.com'
```

（2）双引号括起来的字符串，代码如下。

```
""
"你好JavaScript"
```

（3）单引号定界的字符串中可以含有双引号，代码如下。

```
'abc"efg'
'你好"JavaScript"'
```

（4）双引号定界的字符串中可以含有单引号，代码如下。

```
"I'm legend"
"You can call me 'Tom'!"
```

包含字符串的引号必须匹配，如果字符串前面使用的是双引号，那么在字符串后面也必须使用双引号，反之都使用单引号。

有的时候，字符串中使用的引号会产生匹配混乱的问题。例如：

```
"字符串是包含在单引号'或双引号"中的"
```

对于这种情况，必须使用转义字符。JavaScript 中的转义字符是"\"，通过转义字符可以在字符串中添加不可显示的特殊字符，或者防止引号匹配混乱的问题。例如，字符串中的单引号可以使用"\'"来代替，双引号可以使用"\""来代替。因此，上面一行代码可以写成如下形式。

```
"字符串是包含在单引号\'或双引号\"中的"
```

JavaScript 常用的转义字符如表 2-1 所示。

表 2-1　JavaScript 常用的转义字符

转义字符	描述	转义字符	描述
\b	退格	\v	垂直制表符
\n	换行符	\r	回车符
\t	水平制表符，Tab 空格	\\	反斜杠
\f	换页	\OOO	八进制整数，范围 000~777
\'	单引号	\xHH	十六进制整数，范围 00~FF
\"	双引号	\uhhhh	十六进制编码的 Unicode 字符

【例 2-3】 分别定义 4 个字符串并输出。

```
document.write("I like 'JavaScript'");          //输出字符串
document.write("<br>");                         //输出换行标记
document.write('I like "JavaScript"');          //输出字符串
document.write("<br>");                         //输出换行标记
document.write("I like \"JavaScript\"");        //输出字符串
document.write("<br>");                         //输出换行标记
document.write('I like \'JavaScript\'');        //输出字符串
```

执行上面的代码，运行结果如图 2-3 所示。

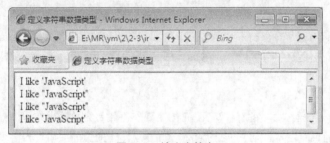

图 2-3　输出字符串

由上面的实例可以看出，单引号内出现双引号或双引号内出现单引号时，不需要进行转义。但是，双引号内出现双引号或单引号内出现单引号时，则必须进行转义。

试一试：

通过转义字符在页面中输出 "E:\JavaScript\TM\sl"。

2.1.3　布尔型

布尔型

数值数据类型和字符串数据类型的值都无穷多，但是布尔数据类型只有两个值，一个是 true（真），另一个是 false（假），它说明了某个事物是真还是假。

布尔值通常在 JavaScript 程序中用来作为比较所得的结果。例如：

```
n==1
```

这行代码测试了变量 n 的值是否和数值 1 相等。如果相等，比较的结果就是布尔值 true，否则结果就是 false。

布尔值通常用于 JavaScript 的控制结构。例如，JavaScript 的 if…else 语句就是在布尔值为 true 时执行一个动作，而在布尔值为 false 时执行另一个动作。通常将一个创建布尔值与使用这个比较的语句结合在一起。例如：

```
if (n==1)
    m=n+1;
else
    n=n+1;
```

本段代码检测了 n 是否等于 1。如果相等，就给 m 增加 1，否则给 n 加 1。

2.1.4 特殊数据类型

1. 未定义值

未定义值就是 undefined，表示变量还没有赋值（如 var a；）。

2. 空值（null）

JavaScript 中的关键字 null 是一个特殊的值，它表示为空值，用于定义空的或不存在的引用。这里必须要注意的是：null 不等同于空的字符串（""）或 0。当使用对象进行编程时可能会用到这个值。

由此可见，null 与 undefined 的区别是，null 表示一个变量被赋予了一个空值，而 undefined 则表示该变量尚未被赋值。

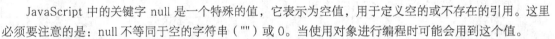

特殊数据类型

2.2 常量和变量

2.2.1 常量

常量是指在程序运行过程中保持不变的数据。例如，123 是数字型常量，"JavaScript 脚本"是字符串型常量，true 或 false 是布尔型常量等。在 JavaScript 脚本编程中可直接输入这些值。

常量

2.2.2 变量

变量是指程序中一个已经命名的存储单元，它的主要作用就是为数据操作提供存放信息的容器。变量有两个基本特征，即变量名和变量值。对于变量的使用首先必须明确变量的命名、变量的声明、变量的赋值以及变量的类型。

变量

1. 变量的命名

JavaScript 变量的命名规则如下。

- ❑ 必须以字母或下划线开头，其他字符可以是数字、字母或下划线。
- ❑ 变量名不能包含空格或加号、减号等符号。
- ❑ JavaScript 的变量名是严格区分大小写的。例如，UserName 与 username 代表两个不同的变量。
- ❑ 不能使用 JavaScript 中的关键字。JavaScript 中的关键字如表 2-2 所示。

说明

JavaScript 关键字（Reserved Words）是指在 JavaScript 语言中有特定含义，成为 JavaScript 语法中一部分的那些字。JavaScript 关键字是不能作为变量名和函数名使用的。使用 JavaScript 关键字作为变量名或函数名，会使 JavaScript 在载入过程中出现语法错误。

表 2-2 JavaScript 的关键字

abstract	continue	finally	instanceof	private	this
boolean	default	float	int	public	throw

续表

break	do	for	interface	return	typeof
byte	double	function	long	short	true
case	else	goto	native	static	var
catch	extends	implements	new	super	void
char	false	import	null	switch	while
class	final	in	package	synchronized	with

 虽然 JavaScript 的变量可以任意命名，但是在进行编程时，最好还是使用便于记忆且有意义的变量名称，以增加程序的可读性。

2．变量的声明

在 JavaScript 中，使用变量前需要先声明变量，所有的 JavaScript 变量都由关键字 var 声明，语法格式如下。

```
var variablename;
```

variablename 是声明的变量名，例如，声明一个变量 username，代码如下。

```
var username;          //声明变量username
```

另外，可以使用一个关键字 var 同时声明多个变量，例如：

```
var a,b,c;             //同时声明a、b和c三个变量
```

3．变量的赋值

在声明变量的同时也可以使用等于号（＝）对变量进行初始化赋值，例如，声明一个变量 lesson 并对其进行赋值，值为一个字符串"功夫 JavaScript"，代码如下。

```
var lesson="功夫JavaScript";
```

另外，还可以在声明变量之后再对变量进行赋值，例如：

```
var lesson;
lesson="功夫JavaScript";
```

在 JavaScript 中，虽然变量可以不先声明而直接对其进行赋值，但是还是建议在使用变量前就对其声明，因为声明变量的最大好处就是能及时发现代码中的错误。由于 JavaScript 是采用动态编译的，而动态编译是不易于发现代码中的错误的，特别是变量命名方面的错误。

 （1）如果只是声明了变量，并未对其赋值，则其值默认为 undefined。
（2）可以使用 var 语句重复声明同一个变量，也可以在重复声明变量时为该变量赋一个新值。

【例 2-4】 定义一个未赋值的变量 a 和一个进行重复声明的变量 b，并输出这两个变量的值。

```
var a;                                //声明变量a
var b = "你好HTML";                   //声明变量b并初始化
var b = "你好JavaScript";             //重复声明变量b
document.write(a);                    //输出变量a的值
document.write("<br>");               //输出换行标记
document.write(b);                    //输出变量b的值
```

执行上面的代码，运行结果如图 2-4 所示。

 在 JavaScript 中的变量必须要先定义后使用，没有定义过的变量不能直接使用。

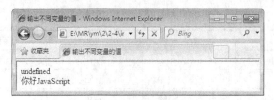

图 2-4　输出变量的值

4. 变量的类型

变量的类型是指变量的值所属的数据类型，可以是数值型、字符串型和布尔型等，因为 JavaScript 是一种弱类型的程序语言，所以可以把任意类型的数据赋值给变量。

例如：先将一个数值型数据赋值给一个变量，在程序运行过程中，可以将一个字符串型数据赋值给同一个变量，代码如下。

```
var num=100;                        //数值型
var num="有一条路，走过了总会想起" ;   //字符串型
```

【例 2-5】　将一个变量的值传递给另一个变量，并输出这两个变量的值。

```
var x = 10;                          //声明变量x并初始化
var y = x;                           //声明变量y，其值等于变量x的值
document.write("x的值为：");          //输出字符串
document.write(x);                   //输出变量x的值
document.write("<br>");              //输出换行标记
document.write("y的值为：");          //输出字符串
document.write(y);                   //输出变量y的值
```

执行上面的代码，运行结果如图 2-5 所示。

图 2-5　输出相同值的变量

2.3　运算符和表达式

运算符和表达式是一个程序的基础，JavaScript 中的运算符和表达式与其他程序语言中的运算符和表达式十分相似。本节将对 JavaScript 中的运算符和表达式进行详细讲解。

2.3.1　什么是运算符和表达式

1. 什么是运算符

运算符也称为操作符，它是完成一系列操作的符号。运算符用于将一个或几个值进行计算而生成一个新的值，对其进行计算的值称为操作数，操作数可以是常量或变量。

JavaScript 的运算符按操作数的个数可以分为单目运算符、双目运算符和三目运算符；按运算符的功能可以分为算术运算符、比较运算符、赋值运算符、字符串运算符、逻辑运算符、条件运算符和其他运算符。

什么是运算符和表达式

2. 什么是表达式

表达式是运算符和操作数组合而成的式子，表达式的值就是对操作数进行运算后的结果。

由于表达式是以运算为基础的，因此表达式按其运算结果可以分为如下 3 种。

- ❑ 算术表达式：运算结果为数字的表达式。
- ❑ 字符串表达式：运算结果为字符串的表达式。
- ❑ 逻辑表达式：运算结果为布尔值的表达式。

 表达式是一个相对的概念，在表达式中可以含有若干个子表达式，而且表达式中的一个常量或变量都可以看作是一个表达式。

2.3.2 运算符的应用

本节将对 JavaScript 中常用的运算符进行详细介绍。

1. 算术运算符

算术运算符用于在程序中进行加、减、乘、除等运算。在 JavaScript 中常用的

算术运算符

算术运算符如表 2-3 所示。

表 2-3　JavaScript 中的算术运算符

运算符	描述	示例
+	加运算符	4+6　　//返回值为 10
−	减运算符	7−2　　//返回值为 5
*	乘运算符	7*3　　//返回值为 21
/	除运算符	12/3　　//返回值为 4
%	求模运算符	7%4　　//返回值为 3
++	自增运算符。该运算符有两种情况：i++（在使用 i 之后，使 i 的值加 1）；++i（在使用 i 之前，使 i 的值加 1）	i=1; j=i++　//j 的值为 1，i 的值为 2 i=1; j=++I　//j 的值为 2，i 的值为 2
−−	自减运算符。该运算符有两种情况：i−−（在使用 i 之后，使 i 的值减 1）；−−i（在使用 i 之前，使 i 的值减 1）	i=6; j=i−−　//j 的值为 6，i 的值为 5 i=6; j=−−i　//j 的值为 5，i 的值为 5

【例 2-6】　在页面中定义两个变量，再通过算术运算符对两个变量进行不同的运算并输出结果。

```
var m=120,n = 25;                          //定义两个变量
document.write("m=120,n=25");              //输出要进行运算的两个值
document.write("<p>");                     //输出段落标记
document.write("m+n=");                     //输出加法算式
document.write(m+n);                        //输出两个变量的和
document.write("<br>");                     //输出换行标记
document.write("m-n=");                     //输出减法算式
document.write(m-n);                        //输出两个变量的差
document.write("<br>");                     //输出换行标记
document.write("m*n=");                     //输出乘法算式
document.write(m*n);                        //输出两个变量的积
document.write("<br>");                     //输出换行标记
```

```
document.write("m/n=");                          //输出除法算式
document.write(m/n);                              //输出两个变量的商
document.write("<br>");                           //输出换行标记
document.write("m%n=");                           //输出求模算式
document.write(m%n);                              //输出两个变量的余数
document.write("<br>");                           //输出换行标记
document.write("(m++)=");                         //输出自增算式
document.write(m++);                              //输出自增运算结果
document.write("<br>");                           //输出换行标记
document.write("++n=");                           //输出自增算式
document.write(++n);                              //输出自增运算结果
```

本实例运行结果如图 2-6 所示。

图 2-6　在页面中计算两个变量的算术运算结果

 说明　"+"除了可以作为算术运算符之外，还可用于字符串连接的字符串运算符。

2. 字符串运算符

字符串运算符是用于两个字符串型数据之间的运算符，它的作用是将两个字符串连接起来。在 JavaScript 中，可以使用"+"和"+="运算符对两个字符串进行连接运算。其中，"+"运算符用于连接两个字符串；而"+="运算符则不光连接两个字符串，还将结果赋给第一个字符串。表 2-4 给出了 JavaScript 中的字符串运算符。

字符串运算符

表 2-4　JavaScript 中的字符串运算符

运算符	描述	示例
+	连接两个字符串	"功夫"+"JavaScript"
+=	连接两个字符串并将结果赋给第一个字符串	var name = "功夫" name += "JavaScript"//相当于 name = name+ "JavaScript"

【例 2-7】将多个字符串进行连接，并将结果显示在页面中。

```
var name,age,height,weight;                       //声明变量
name = "杰克";                                     //为变量赋值
age = 20;                                          //为变量赋值
height = "1.78米";                                 //为变量赋值
weight = "65公斤";                                 //为变量赋值
alert("姓名："+name+"\n年龄："+age+"\n身高："+height+"\n体重："+weight);
                                                   //输出字符串
```

运行代码，结果如图 2-7 所示。

 说明 JavaScript 脚本会根据操作数的数据类型来确定表达式中的 "+" 是算术运算符还是字符串运算符。在两个操作数中只要有一个是字符串类型，那么这个 "+" 就是字符串运算符，而不是算术运算符。

3．比较运算符

比较运算符的基本操作过程是：首先对操作数进行比较，这个操作数可以是数字也可以是字符串，然后返回一个布尔值 true 或 false。在 JavaScript 中常用的比较运算符如表 2-5 所示。

比较运算符

图 2-7　字符串相连

表 2-5　JavaScript 中的比较运算符

运算符	描述	示例	
<	小于	1<6	//返回值为 true
>	大于	7>10	//返回值为 false
<=	小于等于	10<=10	//返回值为 true
>=	大于等于	3>=6	//返回值为 false
==	等于。只根据表面值进行判断，不涉及数据类型	"17"==17	//返回值为 true
===	绝对等于。根据表面值和数据类型同时进行判断	"17"===17	//返回值为 false
!=	不等于。只根据表面值进行判断，不涉及数据类型	"17"!=17	//返回值为 false
!==	不绝对等于。根据表面值和数据类型同时进行判断	"17"!==17	//返回值为 true

【例 2-8】 应用比较运算符实现两个数值之间的大小比较。

```
var age = 25;                                    //定义变量
document.write("age变量的值为："+age);           //输出字符串和变量的值
document.write("<br>");                          //输出换行标记
document.write("age>20：");                       //输出字符串
document.write(age>20);                          //输出比较结果
document.write("<br>");                          //输出换行标记
document.write("age<20：");                       //输出字符串
document.write(age<20);                          //输出比较结果
document.write("<br>");                          //输出换行标记
document.write("age==20：");                      //输出字符串
document.write(age==20);                         //输出比较结果
```

运行本实例，结果如图 2-8 所示。

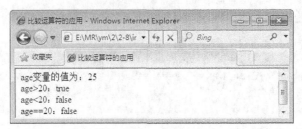

图 2-8　比较运算符的使用

比较运算符也可用于两个字符串之间的比较，返回结果同样是一个布尔值 true 或 false。当比较两个字符串 A 和 B 时，JavaScript 会首先比较 A 和 B 中的第一个字符，例如第一个字符的 ASCII 码值分别是 a 和 b，如果 a 大于 b，则字符串 A 大于字符串 B，否则字符串 A 小于字符串 B。如果第一个字符的 ASCII 码值相等，就比较 A 和 B 中的下一个字符，依此类推。如果每个字符的 ASCII 码值都相等，那么字符数多的字符串大于字符数少的字符串。

例如，在下面字符串的比较中，结果都是 true。

```
document.write("abc"=="abc");                //输出比较结果
document.write("ac"<"bc");                   //输出比较结果
document.write("abcd">"abc");                //输出比较结果
```

4．赋值运算符

JavaScript 中的赋值运算可以分为简单赋值运算和复合赋值运算。简单赋值运算是将赋值运算符（=）右边表达式的值保存到左边的变量中；而复合赋值运算混合了其他操作（如算术运算操作）和赋值操作。例如：

```
sum+=i;                    //等同于sum=sum+i;
```

JavaScript 中的赋值运算符如表 2-6 所示。

赋值运算符

表 2-6　JavaScript 中的赋值运算符

运算符	描述	示例
=	将右边表达式的值赋给左边的变量	userName="mr"
+=	将运算符左边的变量加上右边表达式的值赋给左边的变量	a+=b　//相当于 a=a+b
-=	将运算符左边的变量减去右边表达式的值赋给左边的变量	a-=b　//相当于 a=a-b
*=	将运算符左边的变量乘以右边表达式的值赋给左边的变量	a*=b　//相当于 a=a*b
/=	将运算符左边的变量除以右边表达式的值赋给左边的变量	a/=b　//相当于 a=a/b
%=	将运算符左边的变量用右边表达式的值求模，并将结果赋给左边的变量	a%=b　//相当于 a=a%b

【例 2-9】 应用赋值运算符实现两个数值之间的运算。

```
var a = 2;                              //定义变量
var b = 3;                              //定义变量
document.write("a=2,b=3");              //输出a和b的值
document.write("<p>");                  //输出段落标记
document.write("a+=b运算后：");          //输出字符串
a+=b;                                   //执行运算
document.write("a="+a);                 //输出此时变量a的值
document.write("<br>");                 //输出换行标记
```

```
document.write("a-=b运算后：");                      //输出字符串
a-=b;                                              //执行运算
document.write("a="+a);                            //输出此时变量a的值
document.write("<br>");                            //输出换行标记
document.write("a*=b运算后：");                      //输出字符串
a*=b;                                              //执行运算
document.write("a="+a);                            //输出此时变量a的值
document.write("<br>");                            //输出换行标记
document.write("a/=b运算后：");                      //输出字符串
a/=b;                                              //执行运算
document.write("a="+a);                            //输出此时变量a的值
document.write("<br>");                            //输出换行标记
document.write("a%=b运算后：");                      //输出字符串
a%=b;                                              //执行运算
document.write("a="+a);                            //输出此时变量a的值
```

运行本实例，结果如图 2-9 所示。

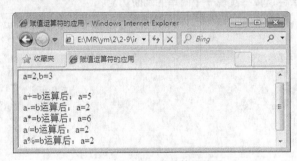

图 2-9　赋值运算符的使用

5. 逻辑运算符

逻辑运算符用于对一个或多个布尔值进行逻辑运算。在 JavaScript 中有 3 个逻辑运算符，如表 2-7 所示。

逻辑运算符

表 2-7　逻辑运算符

运算符	描述	示例
&&	逻辑与	a && b　//当 a 和 b 都为真时，结果为真，否则为假
||	逻辑或	a || b　//当 a 为真或者 b 为真时，结果为真，否则为假
!	逻辑非	!a　//当 a 为假时，结果为真，否则为假

【例 2-10】 应用逻辑运算符对逻辑表达式进行运算并输出结果。

```
var num = 20;                                       //定义变量
document.write("num="+num);                         //输出变量的值
document.write("<p>num>0 && num<10的结果：");        //输出字符串
document.write(num>0 && num<10);                    //输出运算结果
document.write("<br>num>0 || num<10的结果：");       //输出字符串
document.write(num>0 || num<10);                    //输出运算结果
document.write("<br>!num<10的结果：");               //输出字符串
document.write(!num<10);                            //输出运算结果
```

本实例运行结果如图 2-10 所示。

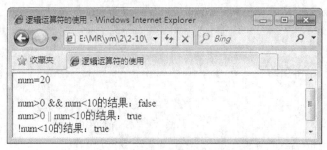

图 2-10　输出逻辑运算结果

6. 条件运算符

条件运算符是 JavaScript 支持的一种特殊的三目运算符，其语法格式如下。

表达式?结果1:结果2

如果"表达式"的值为 true，则整个表达式的结果为"结果1"，否则为"结果2"。

条件运算符

【例 2-11】 使用条件运算符实现一个简单的判断功能。

```
var age=16;                              //声明变量age并初始化
var status;                             //声明变量status
status=(age>=18)?"成年人":"未成年人";      //应用条件运算符进行判断
document.write("小明今年"+age+"岁");       //输出字符串及变量的值
document.write("<br>");                  //输出换行标记
document.write("小明是"+status+"");       //输出字符串及变量的值
```

本实例运行结果如图 2-11 所示。

7. 其他运算符

（1）逗号运算符

逗号运算符用于将多个表达式排在一起，整个表达式的值为最后一个表达式的值。例如：

```
var a,b,c,d;                            //声明变量
a=(b=3,c=5,d=6);                        //使用逗号运算符为变量a赋值
alert("a的值为"+a);                      //输出变量a的值
```

运行结果如图 2-12 所示。

其他运算符

图 2-11　条件运算符的应用

图 2-12　逗号运算符的应用

（2）typeof 运算符

typeof 运算符用于判断操作数的数据类型。它可以返回一个字符串，该字符串说明了操作数是什么数据类型。这对于判断一个变量是否已被定义特别有用。其语法格式如下。

typeof 操作数

不同类型的操作数使用 typeof 运算符的返回值如表 2-8 所示。

表 2-8　不同类型数据使用 typeof 运算符的返回值

数据类型	返回值
数值	number
字符串	string
布尔值	boolean
undefined	undefined
null	object
对象	object
函数	function

【例 2-12】 应用 typeof 运算符分别判断 4 个变量的数据类型。

```
var a,b,c,d;                          //声明变量
a=3;                                  //为变量赋值
b="name";                             //为变量赋值
c=true;                               //为变量赋值
d=null;                               //为变量赋值
alert("a的类型为"+(typeof a)+"\nb的类型为"+(typeof b)+"\nc的类型为"+(typeof c)+"\nd的类型为"+(typeof d));
                                      //输出变量的类型
```

执行上面的代码，运行结果如图 2-13 所示。

（3）new 运算符

在 JavaScript 中有很多内置对象，如字符串对象、日期对象和数值对象
等，通过 new 运算符可以用来创建一个新的内置对象实例。其语法格式如下。

```
对象实例名称 = new 对象类型(参数)
对象实例名称 = new 对象类型
```

当创建对象实例时，如果没有用到参数，则可以省略圆括号，这种省
略方式只限于 new 运算符。

例如：应用 new 运算符来创建新的对象实例，代码如下。

图 2-13　输出不同的数据类型

```
Object1 = new Object;
Array2 = new Array();
Date3 = new Date("August 8 2008");
```

8. 运算符优先级

JavaScript 运算符都有明确的优先级与结合性。优先级较高的运算符将先于优先
级较低的运算符进行运算。结合性则是指具有同等优先级的运算符将按照怎样的顺序
进行运算。JavaScript 运算符的优先级顺序与结合性如表 2-9 所示。

运算符优先级

表 2-9　JavaScript 运算符的优先级与结合性

优先级	结合性	运算符
最高	向左	.、[ ]、( )
由高到低依次排列		++、--、-、!、delete、new、typeof、void
	向左	*、/、%
	向左	+、-
	向左	<<、>>、>>>
	向左	<、<=、>、>=、in、instanceof

续表

优先级	结合性	运算符
	向左	==、!=、===、!===
	向左	&
	向左	^
	向左	|
由高到低依次排列	向左	&&
	向左	||
	向右	?:
	向右	=
	向右	*=、/=、%=、+=、-=、<<=、>>=、>>>=、&=、^=、|=
最低	向左	,

例如，下面的代码显示了运算符优先顺序的作用。

```
var a;                              //声明变量
a = 20-(5+6)<10&&2>1;               //为变量赋值
alert(a);                           //输出变量的值
```

运行结果如图 2-14 所示。

当在表达式中连续出现的几个运算符优先级相同时，其运算的优先顺序由其结合性决定。结合性有向左结合和向右结合，例如，由于运算符 "+" 是向左结合的，所以在计算表达式 "a+b+c" 的值时，会先计算 "a+b"，即 "(a+b)+c"；而赋值运算符 "=" 是向右结合的，所以在计算表达式 "a=b=1" 的值时，会先计算 "b=1"。下面的代码说明了 "=" 的右结合性。

```
var a = 1;                          //声明变量并赋值
b=a=10;                             //对变量b赋值
alert("b="+b);                      //输出变量b的值
```

运行结果如图 2-15 所示。

图 2-14　运算符优先级的应用

图 2-15　"=" 右结合性的应用

【例 2-13】 使用()来改变运算符的优先级。

表达式 "a=1+2*3" 的结果为 7，因为乘法的优先级比加法的优先级高，将被优先运行。通过括号 "()" 使运算符的优先级改变之后，括号内的表达式将被优先执行，所以表达式 "b=(1+2)*3" 的结果为 9。代码如下。

```
var a=1+2*3;                        //按自动优先级计算
var b=(1+2)*3;                      //使用()改变运算优先级
alert("1+2*3="+a+"\n(1+2)*3="+b);   //分行输出结果
```

运行结果如图 2-16 所示。

图 2-16　运算符优先级的应用

2.3.3 表达式中的类型转换

表达式中的类型
转换

在对表达式进行求值时,通常需要所有的操作数都属于某种特定的数据类型。例如,进行算术运算要求操作数都是数值类型,进行字符串连接运算要求操作数都是字符串类型,而进行逻辑运算则要求操作数都是布尔类型。

然而,JavaScript 语言并没有对此进行限制,而且允许运算符对不匹配的操作数进行计算。在代码执行过程中,JavaScript 会根据需要进行自动类型转换,但是在转换时也要遵循一定的规则。下面介绍 3 种数据类型之间的转换规则。

(1)其他数据类型转换为数值型数据,如表 2-10 所示。

表 2-10 转换为数值型数据

类型	转换后的结果
undefined	NaN
null	0
逻辑型	若其值为 true,则结果为 1;若其值为 false,则结果为 0
字符串型	若内容为数字,则结果为相应的数字,否则为 NaN
其他对象	NaN

(2)其他数据类型转换为逻辑型数据,如表 2-11 所示。

表 2-11 转换为逻辑型数据

类型	转换后的结果
undefined	false
null	false
数值型	若其值为 0 或 NaN,则结果为 false,否则为 true
字符串型	若其长度为 0,则结果为 false,否则为 true
其他对象	true

(3)其他数据类型转换为字符串型数据,如表 2-12 所示。

表 2-12 转换为字符串型数据

类型	转换后的结果
undefined	"undefined"
null	"null"
数值型	NaN、0 或者与数值相对应的字符串
逻辑型	若其值 true,则结果为"true",若其值为 false,则结果为"false"
其他对象	若存在,则为其结果为 toString()方法的值,否则其结果为"undefined"

【例 2-14】根据不同数据类型之间的转换规则输出以下表达式的结果:100+"200"、100-"200"、true+100、true+"100"、true+false 和"a"−100。

```
document.write(100+"200");              //输出表达式的结果
document.write("<br>");                 //输出换行标记
document.write(100-"200");              //输出表达式的结果
document.write("<br>");                 //输出换行标记
document.write(true+100);               //输出表达式的结果
document.write("<br>");                 //输出换行标记
document.write(true+"100");             //输出表达式的结果
document.write("<br>");                 //输出换行标记
document.write(true+false);             //输出表达式的结果
document.write("<br>");                 //输出换行标记
document.write("a"-100);                //输出表达式的结果
```

本实例运行结果如图 2-17 所示。

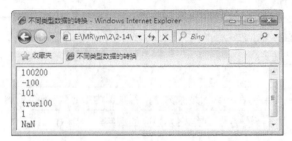

图 2-17　输出表达式的结果

2.4　JavaScript 基本语句

JavaScript 基本语句主要包括条件判断语句、循环控制语句、跳转语句和异常处理语句等。本节将对 JavaScript 中的这 4 种基本语句进行详细讲解。

2.4.1　条件判断语句

条件判断语句是 JavaScript 中的流程控制语句之一。所谓条件判断语句就是对语句中不同条件的值进行判断，进而根据不同的条件执行不同的语句。条件判断语句主要包括两类：一类是 if 语句，另一类是 switch 语句。下面介绍这两种语句。

1．if 语句

if 语句是最基本、最常用的条件判断语句，该语句通过判断条件表达式的值来确定是否执行一段语句，或者选择执行哪部分语句。

（1）简单 if 语句

在实际应用中，if 语句有多种表现形式。简单 if 语句的语法格式如下。

简单 if 语句

```
if(表达式){
        语句
}
```

参数说明：

❑　表达式：必选项，用于指定条件表达式，可以使用逻辑运算符。

❑　语句：用于指定要执行的语句序列，可以是一条或多条语句。当表达式的值为 true 时，执行该语句序列。

简单 if 语句的执行流程如图 2-18 所示。

在简单 if 语句中，要对表达式的值进行判断，如果它的值是 true，则执行相应的语句，否则就不执行。

例如，根据比较两个变量的值，判断是否输出内容，代码如下。

```
var a=200;                          //定义变量a，值为200
var b=100;                          //定义变量b，值为100
if(a>b){                            //判断变量a的值是否大于变量b的值
        alert("a大于b");             //输出a大于b
}
if(a<b){                            //判断变量a的值是否小于变量b的值
        alert("a小于b");             //输出a小于b
}
```

运行结果如图 2-19 所示。

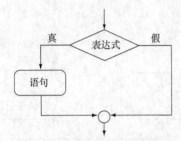

图 2-18　简单 if 语句的执行流程

图 2-19　两个变量的比较结果

　说明　当要执行的语句为单一语句时，其两边的大括号可以省略。

例如，下面的这段代码和上面代码的执行结果是一样的，都可以输出"a 大于 b"。

```
var a=200;                          //定义变量a，值为200
var b=100;                          //定义变量b，值为100
if(a>b)                             //判断变量a的值是否大于变量b的值
        alert("a大于b");             //输出a大于b
if(a<b)                             //判断变量a的值是否小于变量b的值
        alert("a小于b");             //输出a小于b
```

【例 2-15】 应用简单 if 语句获取 3 个数中的最大值。

```
var a,b,c,maxValue;                 //声明变量
a=10;                               //为变量赋值
b=20;                               //为变量赋值
c=30;                               //为变量赋值
maxValue=a;                         //假设a的值最大，定义a为最大值
if(maxValue<b){                     //如果最大值小于b
        maxValue=b;                 //定义b为最大值
}
if(maxValue<c){                     //如果最大值小于c
        maxValue=c;                 //定义c为最大值
}
alert(a+"、"+b+"、"+c+"三个数的最大值为"+maxValue);  //输出结果
```

运行结果如图 2-20 所示。

（2）if···else 语句

if···else 语句是 if 语句的标准形式，在 if 语句简单形式的基础之上增加一个 else 从句，当表达式的值是 false 时则执行 else 从句中的内容。其语法格式如下。

```
if(表达式){
        语句1
}else{
        语句2
}
```

if···else 语句

参数说明：

❑ 表达式：必选项，用于指定条件表达式，可以使用逻辑运算符。

❑ 语句 1：用于指定要执行的语句序列。当表达式的值为 true 时，执行该语句序列。

❑ 语句 2：用于指定要执行的语句序列。当表达式的值为 false 时，执行该语句序列。

if···else 条件判断语句的执行流程如图 2-21 所示。

图 2-20 获取 3 个数的最大值

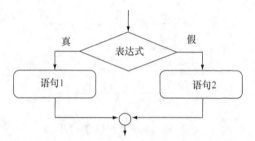

图 2-21 if···else 条件判断语句的执行流程

在 if 语句的标准形式中，要对表达式的值进行判断，如果它的值是 true，则执行语句 1 中的内容，否则执行语句 2 中的内容。

例如，根据比较两个变量的值，输出比较的结果，代码如下。

```
var a=100;                              //定义变量a,值为100
var b=200;                              //定义变量b,值为200
if(a>b){                                //判断变量a的值是否大于变量b的值
        alert("a大于b");                 //输出a大于b
}else{
        alert("a小于b");                 //输出a小于b
}
```

运行结果如图 2-22 所示。

 说明

if···else 语句是典型的二路分支结构。当语句 1、语句 2 为单一语句时，其两边的大括号也可以省略。

【例 2-16】 应用 if···else 语句判断 2010 年 2 月份的天数。

```
var year=2010;                          //定义变量
var month=0;                            //定义变量
if((year%4==0 && year%100!=0)||year%400==0){    //判断指定年是否为闰年
        month=29;                       //为变量赋值
}else{
        month=28;                       //为变量赋值
}
```

```
alert("2010年2月份的天数为"+month+"天");                //输出结果
```
运行结果如图 2-23 所示。

图 2-22　两个变量的比较结果　　　　图 2-23　输出 2010 年 2 月份的天数

（3）if…else if 语句

if 语句是一种使用很灵活的语句，除了可以使用 if…else 语句的形式外，还可以使用 if…else if 语句的形式，这种形式可以进行更多的条件判断，不同的条件对应不同的语句。if…else if 语句的语法格式如下。

if…else if 语句

```
if (表达式1){
        语句1
}else if(表达式2){
        语句2
}
……
else if(表达式n){
        语句n
}else{
        语句n+1
}
```
if…else if 语句的执行流程如图 2-24 所示。

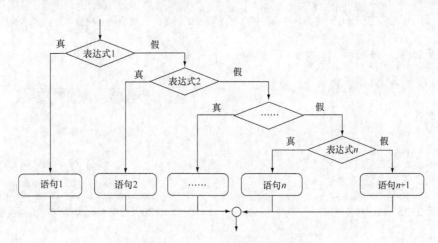

图 2-24　if…else if 语句的执行流程

例如，应用 if…else if 语句对多条件进行判断。根据成绩给出学生的考评：如果成绩大于等于 90 为 "优秀"，如果成绩大于等于 75 为 "良好"，如果成绩大于等于 60 为 "及格"，否则为 "不及格"。程序代码如下。

```
var score = 85;                          //定义一个变量score值为85
if(score>=90){                           //判断如果score>=90则执行下面的内容
        alert("优秀");
```

```
    }else if(score>=75){                    //判断如果score>=75则执行下面的内容
            alert("良好");
    }else if(score>=60){                    //判断如果score>=60则执行下面的内容
            alert("及格");
    }else{                                  //判断如果score的值不符合上述条件则输出下面的内容
            alert("不及格");
    }
```

运行结果如图 2-25 所示。

【例 2-17】 if…else if 语句在实际中的应用也是十分广泛的，例如，可以通过该语句来实现一个时间问候语的功能，即获取系统当前时间，根据不同的时间段输出不同的问候内容。

首先定义一个变量获取当前时间，然后应用 getHours() 方法获取系统当前时间的小时值，最后应用 else if 语句判断在不同的时间段内输出不同的问候语。其关键代码如下。

```
var now=new Date();                      //定义变量获取当前时间
var hour=now.getHours();                 //定义变量获取当前时间的小时值
if(hour>5 && hour<=7){
        alert("早上好！");                //如果当前时间为5~7时，则输出"早上好！"
}else if (hour>7 && hour<=11){
        alert("上午好！祝您好心情");      //如果时间为7~11时，则输出"上午好！祝您好心情"
}else if (hour>11 && hour<=13){
        alert("中午好！");                //如果时间为11~13时，则输出"中午好！"
}else if (hour>13 && hour<=17){
        alert("下午好！");                //如果时间为13~17时，则输出"下午好！"
}else if (hour>17 && hour<=21){
        alert("晚上好！");                //如果时间为17~21时，则输出"晚上好！"
}else if (hour>21 && hour<=23){
        alert("夜深了，注意身体哦");      //如果时间为21~23时，则输出"夜深了，注意身体哦"
}else{
        alert("凌晨了！该休息了！");      //如果时间不符合上述条件，则输出"凌晨了！该休息了！"
}
```

运行结果如图 2-26 所示。

图 2-25　输出考评结果　　　　　　　　图 2-26　应用 else if 语句输出问候语

（4）if 语句的嵌套

if 语句不但可以单独使用，而且可以嵌套应用，即在 if 语句的从句部分嵌套另外一个完整的 if 语句。其基本语法格式如下。

if 语句的嵌套

```
if (表达式1){
        if(表达式2){
            语句1
        }else{
```

```
              语句2
          }
  }else{
          if(表达式3){
              语句3
          }else{
              语句4
          }
  }
```

例如，小明的高考总分是 620，英语成绩是 120。假设重点本科的录取分数线是 600，而英语分数必须在 130 以上才可以报考外国语大学，应用 if 语句的嵌套判断小明能否报考外国语大学，代码如下。

```
var totalscore=620;                                        //定义变量
var englishscore=120;                                      //定义变量
if(totalscore>600){                                        //如果总分大于600
        if(englishscore>130){                              //如果英语分数大于130
          alert("小明可以报考外国语大学");                    //输出字符串
        }else{
          alert("小明可以报考重点本科，但不能报考外国语大学");    //输出字符串
        }
}else{
        if(totalscore>500){
          alert("小明可以报考普通本科");                      //输出字符串
        }else{
          alert("小明只能报考专科");                          //输出字符串
        }
}
```

运行结果如图 2-27 所示。

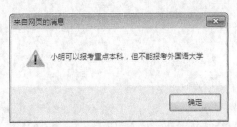

图 2-27　输出判断结果

在嵌套应用 if 语句的过程中，最好使用大括号{}确定程序代码的层次关系。

【例 2-18】　假设某工种的男职工 60 岁退休，女职工 55 岁退休，应用 if 语句的嵌套来判断一个 58 岁的女职工是否已经退休。

```
var sex="女";                                    //定义变量
var age=58;                                      //定义变量
if(sex=="男"){                                    //如果是男职工就执行下面的内容
        if(age>=60){                             //如果男职工在60岁以上
          alert("该男职工已经退休"+(age-60)+"年");   //输出字符串
        }else{                                   //如果男职工在60岁以下
          alert("该男职工并未退休");                //输出字符串
        }
```

```
    }else{                                        //如果是女职工就执行下面的内容
        if(age>=55){                              //如果女职工在55岁以上
            alert("该女职工已经退休"+(age-55)+"年");  //输出字符串
        }else{                                    //如果女职工在55岁以下
            alert("该女职工并未退休");               //输出字符串
        }
    }
```

运行结果如图 2-28 所示。

2. switch 语句

switch 是典型的多路分支语句，其作用与 if…else if 语句基本相同，但 switch 语句比 if…else if 语句更具有可读性，它根据一个表达式的值，选择不同的分支执行。而且 switch 语句允许在找不到一个匹配条件的情况下执行默认的一组语句。switch 语句的语法格式如下。

switch 语句

图 2-28　判断该女职工是否已退休

```
switch (表达式){
    case 常量表达式1：
        语句1；
        break；
    case 常量表达式2：
        语句2；
        break；
        …
    case 常量表达式n：
        语句n；
        break；
    default：
        语句n+1；
            break；
}
```

参数说明：

❑ 表达式：任意的表达式或变量。

❑ 常量表达式：任意的常量或常量表达式。当表达式的值与某个常量表达式的值相等时，就执行此 case 后相应的语句；如果表达式的值与所有的常量表达式的值都不相等，则执行 default 后面相应的语句。

❑ break：用于结束 switch 语句，从而使 JavaScript 只执行匹配的分支。如果没有了 break 语句，则该匹配分支之后的所有分支都将被执行，switch 语句也就失去了使用的意义。

switch 语句的执行流程如图 2-29 所示。

说明

default 语句可以省略。在表达式的值不能与任何一个 case 语句中的值相匹配的情况下，JavaScript 会直接结束 switch 语句，不进行任何操作。

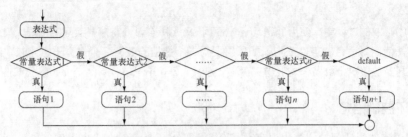

图 2-29　switch 语句的执行流程

case 后面常量表达式的数据类型必须与表达式的数据类型相同，否则匹配会全部失败，而去执行 default 语句中的内容。

【例 2-19】　应用 switch 语句判断当前是星期几。

```javascript
var now=new Date();                 //获取系统日期
var day=now.getDay();               //获取星期
var week;                           //声明变量
switch (day){
 case 1:
    week="星期一";
        break;
    case 2:
    week="星期二";
        break;
    case 3:
    week="星期三";
        break;
    case 4:
    week="星期四";
        break;
    case 5:
    week="星期五";
        break;
    case 6:
    week="星期六";
        break;
    default:
    week="星期日";
    break;
}
document.write("今天是"+week);        //输出中文的星期
```

运行本例，会在页面中显示当前是星期几，运行结果如图 2-30 所示。

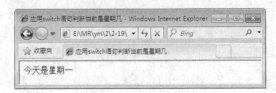

图 2-30　显示当前是星期几

在程序开发的过程中，使用 if 语句还是使用 switch 语句，要根据实际的情况，具体问题具体分析，使用最适合的条件语句。如果需要对一个变量的值和几个常量进行比较，通过比较结果来判断应该执行哪条语句，这时就应该使用 switch 语句。除此之外，就应该使用 if 语句。

2.4.2 循环控制语句

循环控制语句对于任何一门编程语言都是至关重要的，JavaScript 也不例外。JavaScript 提供了 3 种循环语句：while 语句、do…while 语句和 for 语句。下面分别对它们进行详细介绍。

while 语句

1. while 语句

while 循环语句也称为前测试循环语句，它是利用一个条件来控制是否要继续重复执行这个语句。while 循环语句与 for 循环语句相比，无论是语法还是执行的流程，都较为简明易懂。while 循环语句的语法格式如下。

```
while(表达式){
        语句
}
```

参数说明：

- ❑ 表达式：一个包含比较运算符的条件表达式，用来指定循环条件。
- ❑ 语句：用来指定循环体，在循环条件的结果为 true 时，重复执行。

while 循环语句之所以命名为前测试循环，是因为它要先判断此循环的条件是否成立，然后才进行重复执行的操作。也就是说，while 循环语句执行的过程是先判断条件表达式，如果条件表达式的值为 true，则执行循环体，并且在循环体执行完毕后，进入下一次循环，否则退出循环。

while 循环语句的执行流程如图 2-31 所示。

例如，应用 while 语句输出 1~10 这 10 个数字，代码如下。

```
var i = 1;                        //声明变量
while(i<=10){                      //定义while语句
        document.write(i+"\n");    //输出变量i的值
        i++;                       //变量i自加1
}
```

运行结果如图 2-32 所示。

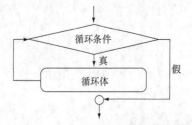

图 2-31　while 循环语句的执行流程

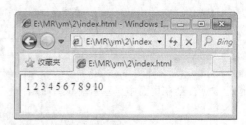

图 2-32　输出数字 1~10

在使用 while 语句时，一定要保证循环可以正常结束，即必须保证条件表达式的值存在为 false 的情况，否则将形成死循环。

【例 2-20】 使用 while 语句计算 1+2+…+100 的和。

```
var i = 1;                          //声明变量并对变量初始化
var sum = 0;                        //声明变量并对变量初始化
while(i<=100){                      //应用while循环语句，指定循环条件
        sum+=i;                     //对变量i的值进行累加
        i++;                        //变量i自加1
}
document.write("1+2+…+100="+sum);   //输出计算结果
```

运行本实例，结果如图 2-33 所示。

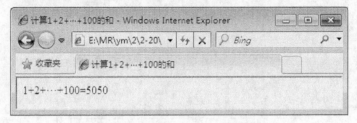

图 2-33　计算 1+2+…+100 的和

2. do…while 语句

do…while 循环语句也称为后测试循环语句，它也是利用一个条件来控制是否要继续重复执行这个语句。与 while 循环所不同的是，它先执行一次循环语句，再判断是否继续执行。do…while 循环语句的语法格式如下。

do…while 语句

```
do{
        语句
} while(表达式);
```

参数说明：

❏　语句：用来指定循环体，循环开始时首先被执行一次，然后在循环条件的结果为 true 时，重复执行。

❏　表达式：一个包含比较运算符的条件表达式，用来指定循环条件。

　do…while 循环语句执行的过程是：先执行一次循环体，再判断条件表达式，如果条件表达式的值为 true，则继续执行，否则退出循环。也就是说，do…while 循环语句中的循环体至少被执行一次。

do…while 循环语句的执行流程如图 2-34 所示。

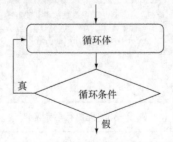

图 2-34　do…while 循环语句的执行流程

do…while 语句结尾处的 while 语句括号后面有一个分号 ";"，为了养成良好的编程习惯，建议读者在书写的过程中不要将其遗漏。

例如，应用 do…while 语句输出 1~10 这 10 个数字，代码如下。

```
var i = 1;                              //声明变量
do{                                     //定义do…while语句
        document.write(i+"\n");         //输出变量i的值
        i++;                            //变量i自加1
}while(i<=10);
```

运行结果如图 2-35 所示。

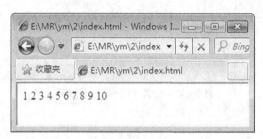

图 2-35　输出数字 1~10

do…while 语句和 while 语句的执行流程很相似。由于 do…while 语句在对条件表达式进行判断之前就执行一次循环体，因此 do…while 语句中的循环体至少被执行一次。下面的代码说明了这两种语句的区别。

```
var i = 1;                              //声明变量
while(i>1){                             //定义while语句，指定循环条件
        document.write("i的值是"+i);    //输出i的值
        i--;                            //变量i自减1
}
var j = 1;                              //声明变量
do{                                     //定义do…while语句
        document.write("j的值是"+j);    //输出变量j的值
        j--;                            //变量j自减1
}while(j>1);
```

运行结果如图 2-36 所示。

图 2-36　先执行后判断

【例 2-21】 使用 do…while 语句计算 1+2+…+100 的和。

```
var i = 1;                              //声明变量并对变量初始化
var sum = 0;                            //声明变量并对变量初始化
do{
        sum+=i;                         //对变量i的值进行累加
        i++;                            //变量i自加1
}while(i<=100);                         //指定循环条件
document.write("1+2+…+100="+sum);       //输出计算结果
```

运行本实例，结果如图 2-37 所示。

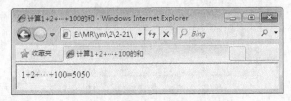

图 2-37　计算 1+2+…+100 的和

3. for 循环语句

for 循环语句也称为计次循环语句，一般用于循环次数已知的情况，在 JavaScript 中应用比较广泛。for 循环语句的语法格式如下。

for 循环语句

```
for(初始化表达式;条件表达式;迭代表达式){
        语句
}
```

参数说明：

❑　初始化表达式：初始化语句，用来对循环变量进行初始化赋值。

❑　条件表达式：循环条件，一个包含比较运算符的表达式，用来限定循环变量的边限。如果循环变量超过了该边限，则停止该循环语句的执行。

❑　迭代表达式：用来指定循环变量的步幅，从而改变循环变量的值。

❑　语句：用来指定循环体，在循环条件的结果为 true 时，重复执行。

　for 循环语句执行的过程是：首先执行初始化语句，然后判断循环条件，如果循环条件的结果为 true，则执行一次循环体，否则直接退出循环，最后执行迭代语句，改变循环变量的值，至此完成一次循环；接下来将进行下一次循环，直到循环条件的结果为 false，才结束循环。

for 循环语句的执行流程如图 2-38 所示。

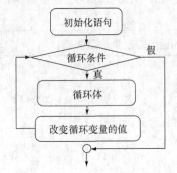

图 2-38　for 循环语句的执行流程

例如，应用 for 语句输出 1~10 这 10 个数字，代码如下。

```
for(var i=1;i<=10;i++){            //定义for循环语句
        document.write(i+"\n");    //输出变量i的值
}
```

运行结果如图 2-39 所示。

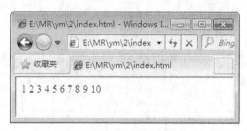

图 2-39　输出数字 1~10

在使用 for 语句时，也一定要保证循环可以正常结束，也就是必须保证循环条件的结果存在为 false 的情况，否则循环体将无休止地执行下去，从而形成死循环。

为使读者更好地了解 for 语句的使用，下面通过一个具体的实例来介绍 for 语句的使用方法。

【例 2-22】　计算 100 以内所有奇数的和。

```
var i,sum;                        //声明变量
sum = 0;                          //对变量初始化
for(i=1;i<100;i+=2){
        sum=sum+i;                //计算100以内各奇数之和
}
alert("100以内所有奇数的和为："+sum);    //输出计算结果
```

运行程序，将会弹出提示框，显示运算结果，如图 2-40 所示。

4．循环语句的嵌套

在一个循环语句的循环体中也可以包含其他的循环语句，这称为循环语句的嵌套。上述 3 种循环语句（while 循环语句、do…while 循环语句和 for 循环语句）都是可以互相嵌套的。

如果循环语句 A 的循环体中包含循环语句 B，而循环语句 B 中不包含其他循环语句，那么就把循环语句 A 叫作外层循环，而把循环语句 B 叫作内层循环。

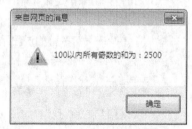

图 2-40　计算 100 以内奇数和

【例 2-23】　用嵌套的 for 循环语句输出乘法口诀表。

```
var i,j;                                        //声明变量
document.write("<table border=1>");             //输出表格标记并设置表格边框
for(i=1;i<10;i++){                              //定义外层循环
        document.write("<tr>");                 //输出行标记
        for(j=1;j<=i;j++){                       //定义内层循环
            document.write("<td>");             //输出单元格标记
            document.write(j+"x"+i+"="+j*i);    //输出乘法算式
            document.write("</td>");            //输出单元格结束标记
        }
```

循环语句的嵌套

```
        document.write("</tr>");                    //输出行结束标记
}
document.write("</table>");                          //输出表格结束标记
```

运行本实例，结果如图 2-41 所示。

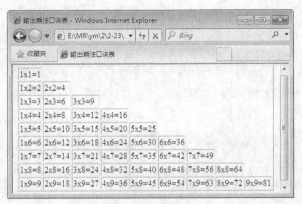

图 2-41　输出乘法口诀表

2.4.3　跳转语句

JavaScript 还提供了两种跳转语句：continue 语句和 break 语句，下面分别对它们进行详细介绍。

跳转语句

1. continue 语句

continue 语句用于跳过本次循环，并开始下一次循环。其语法格式如下。

```
continue;
```

continue 语句只能应用在 while、for、do…while 语句中。

例如，在 for 语句中通过 continue 语句输出 10 以内不包括 5 的自然数，代码如下。

```
for(i=1;i<=10;i++){
        if(i==5) continue;      //如果i等于5就跳过本次循环
        document.write(i+"\n");  //输出变量i的值
}
```

运行结果如图 2-42 所示。

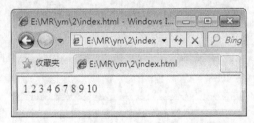

图 2-42　输出 10 以内不包括 5 的自然数

当使用 continue 语句跳过本次循环后，如果循环条件的结果为 false，则退出循环，否则继续下一次循环。

【例 2-24】 计算 1~100 的所有 5 的倍数的和。

```
var i,sum;                                              //声明变量
sum = 0;                                                //对变量初始化
for(i=1;i<=100;i++){                                    //应用for循环语句
        if(i%5!=0){                                     //如果i的值不是5的倍数
            continue;                                   //跳过本次循环
        }
        sum+=i;                                         //对变量i的值进行累加
}
document.write("1~100以内所有5的倍数的和为："+sum);       //输出结果
```

运行本实例，结果如图 2-43 所示。

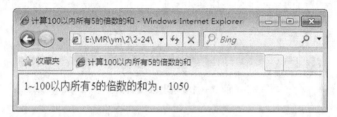

图 2-43　输出乘法口诀表

2. break 语句

在 switch 语句中已经用到了 break 语句，当程序执行 break 语句时就会跳出 switch 语句。除了 switch 语句之外，在循环语句中也经常会用到 break 语句。

在循环语句中，break 语句用于跳出循环。break 语句的语法格式如下。

```
break;
```

break 语句通常用在 for、while、do…while 或 switch 语句中。

例如，在 for 语句中通过 break 语句跳出循环，代码如下。

```
for(i=1;i<=10;i++){
        if(i==5) break;                //如果i等于5就跳出整个循环
        document.write(i+"\n");        //输出变量i的值
}
```

运行结果如图 2-44 所示。

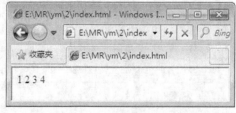

图 2-44　break 语句的应用

在嵌套的循环语句中，break 语句只能跳出当前这一层的循环语句，而不是跳出所有的循环语句。

例如，应用 break 语句跳出当前循环，代码如下。

```
var i,j;                                    //声明变量
for(i=1;i<=3;i++){                          //定义外层循环语句
        document.write(i+"\n");             //输出变量i的值
        for(j=1;j<=3;j++){                  //定义内层循环语句
            if(j==2)
                break;                      //跳出内层循环
            document.write(j);              //输出变量j的值
        }
        document.write("<br>");             //输出换行标记
}
```

运行结果如图 2-45 所示。

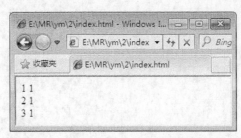

图 2-45　应用 break 语句跳出当前循环的应用

由运行结果可以看出，外层 for 循环语句一共执行了 3 次（输出 1、2、3），而内层循环语句在每次外层循环里只执行了一次（只输出 1）。

2.4.4　异常处理语句

早期的 JavaScript 总会出现一些令人困惑的错误信息，为了避免类似这样的问题，在 JavaScript 3.0 中添加了异常处理机制，可以采用从 Java 语言中移植过来的模型，使用 try…catch…finally、throw 等语句处理代码中的异常。下面介绍 JavaScript 中的 3 个异常处理语句。

异常处理语句

1. try…catch…finally 语句

JavaScript 从 Java 语言中引入了 try…catch…finally 语句，具体语法如下。

```
try{
    somestatements;
}catch(exception){
    somestatements;
}finally{
    somestatements;
}
```

参数说明：

❑ try：尝试执行代码的关键字。

❑ catch：捕捉异常的关键字。

❑ finally：最终一定会被处理的区块的关键字，该关键字和后面大括号中的语句可以省略。

JavaScript 语言与 Java 语言不同，try…catch 语句只能有一个 catch 语句。这是由于在 JavaScript 语言中无法指定出现异常的类型。

【例 2-25】 使用 try…catch…finally 语句处理异常。

本实例使用 try…catch…finally 语句处理异常，当在程序中输入了不正确的方法名时，将弹出在 catch 区域中设置的异常提示信息，并且最终弹出 finally 区域中的信息提示。运行结果如图 2-46 和图 2-47 所示。

图 2-46 弹出异常提示对话框图

图 2-47 弹出异常提示对话框

程序代码如下。

```
var str = "I like JavaScript";
try{
    document.write(str.charat(5));
}catch(exception){
    alert("运行时有异常发生");
}finally{
    alert("结束try…catch…finally语句");
}
```

由于在使用 charAt() 方法时将方法的大小写输入错误，所以在 try 区域中获取字符串中指定位置的字符将发生异常，这时将执行 catch 区域中的语句，弹出相应异常提示信息的对话框。

2. Error 对象

try…catch…finally 语句中 catch 通常捕捉到的对象为 Error 对象，当运行 JavaScript 代码时，如果产生了错误或异常，JavaScript 就会生成一个 Error 对象的实例来描述错误，该实例中包含了一些特定的错误信息。

Error 对象有以下两个属性。

- ❑ name：表示异常类型的字符串。
- ❑ message：实际的异常信息。

【例 2-26】 验证 Error 对象的属性。

本实例将异常提示信息放置在弹出的提示对话框中，其中包括异常的具体信息以及异常类型的字符串。运行结果如图 2-48 所示。

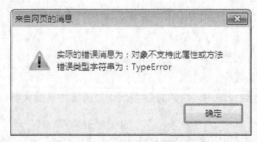

图 2-48 异常信息提示对话框

程序代码如下。

```
var str = "I like JavaScript";
try{
    document.write(str.charat(5));
}catch(exception){
    alert("实际的错误消息为："+exception.message+"\n错误类型字符串为："+exception.name);
}finally{
    alert("结束try...catch...finally语句");
}
```

3. 使用 throw 语句抛出异常

有些 JavaScript 代码并没有语法上的错误，但是却有逻辑错误。对于这种错误，JavaScript 是不会抛出异常的。这时，就需要创建一个 Error 对象的实例，并使用 throw 语句来抛出异常。在程序中使用 throw 语句可以有目的地抛出异常。其语法格式如下。

```
throw new Error("somestatements");
```

参数说明：

throw：抛出异常关键字。

【例 2-27】 使用 throw 语句抛出异常。

本实例使用 throw 语句抛出程序中的异常。在代码中首先定义一个变量赋给的值为 1 与 0 的商，此变量的结果为无穷大，即 Infinity，如果希望自行检验除零的异常，可以使用 throw 语句抛出异常。运行结果如图 2-49 所示。

程序代码如下。

图 2-49　使用 throw 语句抛出的异常

```
try{
    var num=1/0;
    if(num=="Infinity"){
        throw new Error("除数不可以为0");
    }
}catch(exception){
    alert(exception.message);
}
```

从程序中可以看出，当变量 num 为无穷大时，使用 throw 语句抛出异常，此异常会在 catch 区域被捕捉，并将异常提示信息放置在弹出的错误提示对话框中。

2.5　函数

函数实质上就是可以作为一个逻辑单元对待的一组 JavaScript 代码，使用函数可以使代码更为简洁，提高重用性。在 JavaScript 中，大约 95%的代码都是包含在函数中的。由此可见，函数在 JavaScript 中是非常重要的。

2.5.1　函数的定义

在 JavaScript 中，函数是由关键字 function、函数名加一组参数以及置于大括号中需要执行的一段代码定义的。定义函数的基本语法如下。

```
function 函数名([参数1, 参数2,……]){
```

函数的定义

```
        语句
        [return 返回值]
}
```

参数说明：

❑ 函数名：必选，用于指定函数名。在同一个页面中，函数名必须是唯一的，并且区分大小写。

❑ 参数：可选，用于指定参数列表。当使用多个参数时，参数间使用逗号进行分隔。一个函数最多可以有 255 个参数。

❑ 语句：必选，是函数体，用于实现函数功能的语句。

❑ 返回值：可选，用于返回函数值。返回值可以是任意的表达式、变量或常量。

例如，定义一个不带参数的函数 hello()，在函数体中输出"你好"字符串。具体代码如下。

```
function hello(){
        document.write("你好");
}
```

例如，定义一个用于计算商品金额的函数 account()，该函数有两个参数，用于指定单价和数量，返回值为计算后的金额。具体代码如下。

```
function account(price,number){
        var sum=price*number;              //计算金额
        return sum;                        //返回计算后的金额
}
```

2.5.2　函数的调用

函数定义后并不会自动执行，要执行一个函数需要在特定的位置调用函数，调用函数需要创建调用语句，调用语句包含函数名称、参数具体值。

函数的调用

1. 函数的简单调用

函数调用的语法如下。

函数名(传递给函数的参数1,传递给函数的参数2,……);

函数的定义语句通常被放在 HTML 文件的<head>段中，而函数的调用语句可以放在 HTML 文件中的任何位置。

例如，定义一个函数 test()，这个函数的功能是首先在页面中弹出"我喜欢 JavaScript"，然后通过函数调用使它执行时能够在页面中输出"我喜欢 JavaScript"，代码如下。

```
<html>
<head>
<script language="javascript">
function test(){                                    //定义函数
        alert("我喜欢JavaScript");
}
</script>
</head>
<body>
<script type="text/javascript">
        test();                                    //调用函数
</script>
</body>
</html>
```

运行结果如图 2-50 所示。

2. 在事件响应中调用函数

当用户单击某个按钮或某个复选框时都将触发事件，通过编写
程序对事件做出反应的行为称为响应事件，在 JavaScript 语言中，
将函数与事件相关联就完成了响应事件的过程。例如当用户单击某
个按钮时执行相应的函数。

可以使用如下代码实现以上功能。

```
<script language="javascript">
function test(){                                      //定义函数
        alert("我喜欢JavaScript ");
}
</script>
<form action="" method="post" name="form1">
<input type="button" value="提交" onClick="test();">       <!--在按钮事件触发时调用自定义函数-->
</form>
```

图 2-50　输出"我喜欢 JavaScript"

在上述代码中可以看出，首先定义一个名为 test()的函数，函数体比较简单，然后使用 alert()语句返
回一个字符串，最后在按钮 onClick 事件中调用 test()函数。当用户单击"提交"按钮后将在页面中弹出
"我喜欢 JavaScript"。

3. 通过链接调用函数

函数除了可以在响应事件中被调用之外，还可以在链接中被调用，在<a>标签中的 href 属性中使用
"javascript:函数名()"格式来调用函数，当用户单击这个链接时，相关函数将被执行。下面的代码实现
了通过链接调用函数。

```
<script language="javascript">
function test(){                                      //定义函数
        alert("我喜欢JavaScript");
}
</script>
<body>
<a href="javascript:test();">单击链接</a>                  <!--在链接中调用自定义函数-->
</body>
```

运行程序，当用户单击"单击链接"后将在页面中弹出"我喜欢 JavaScript"。

2.5.3　函数的参数

我们把定义函数时指定的参数称为形式参数，简称形参；而把调用函数时实际传
递的值称为实际参数，简称实参。

函数的参数

在 JavaScript 中定义函数参数的格式如下。

```
function函数名（形参1，形参2，……）{
        函数体
}
```

定义函数时，在函数名后面的圆括号内可以指定一个或多个参数（参数之间用逗号"，"分隔）。指
定参数的作用在于，当调用函数时，可以为被调用的函数传递一个或多个值。

如果定义的函数有参数，那么调用该函数的语法格式如下。

```
函数名（实参1，实参2，……）
```

通常，在定义函数时使用了多少个形参，在函数调用时就必须给出多少个实参，这里需要注意的是，
实参之间也必须用逗号"，"分隔。

【例 2-28】 函数参数的使用。

本实例主要用于演示如何使用函数的参数，代码如下。

```html
<html>
<head>
<meta http-equiv="Content-Type" content="text/html; charset=UTF-8">
<title>函数参数的使用</title>
<script type="text/javascript">
function show(bookname,author,name){
        alert(bookname+author+name);              //在页面中弹出对话框
}
</script>
</head>
<body>
<script type="text/javascript">
    show("功夫JavaScript ","作者：","明日科技");        //调用函数并传递参数
</script>
</body>
</html>
```

调用函数的语句将字符串"功夫 JavaScript""作者："和"明日科技"，分别赋予参数 bookname、author 和 name。运行结果如图 2-51 所示。

2.5.4　函数的返回值

对于函数调用，一方面可以通过参数向函数传递数据，另一方面也可以从函数获取数据，也就是说函数可以返回值。在 JavaScript 的函数中，可以使用 return 语句为函数返回一个值。其语法格式如下。

函数的返回值

```
return 表达式;
```

这条语句的作用是结束函数，并把其后表达式的值作为函数的返回值。例如，定义一个计算两个数的和的函数，并将计算结果作为函数的返回值，代码如下。

```javascript
function sum(x,y){
        var z=x+y;
        return z;
}
alert(sum(2,3));
```

运行结果如图 2-52 所示。

图 2-51　函数参数的使用

图 2-52　函数返回值的应用

函数返回值可以直接赋给变量或用于表达式中，也就是说函数调用可以出现在表达式中。例如，将上例中函数的返回值赋给变量 result，然后进行输出，代码如下。

```
function sum(x,y){
        var z=x+y;
        return z;
}
var result=sum(2,3);
alert(result);
```

【例 2-29】 函数返回值的简单应用。

本实例主要通过函数的返回值判断两个数的大小，代码如下。

```
<html>
<head>
<meta http-equiv="Content-Type" content="text/html; charset=UTF-8">
<title>通过返回值判断两个数的大小</title>
<script type="text/javascript">
function compare(x,y){                         //定义函数
    if(x>y){
        return true;
    }else{
        return false;
    }
}
</script>
</head>
<body>
<script type="text/javascript">
    var result = compare(10,20);              //调用函数并传递参数值
    if(result){
        alert("第一个数大于第二个数");
    }else{
        alert("第一个数小于第二个数");
    }
</script>
</body>
</html>
```

运行结果如图 2-53 所示。

2.5.5 嵌套函数

1. 函数的嵌套定义

函数的嵌套定义就是在函数内部再定义其他的函数。例如，在一个函数内部嵌套定义另一个函数，代码如下。

嵌套函数

```
function outFun(){                          //定义外部函数
        function inFun(x,y){                //定义内部函数
                alert(x+y);                 //输出两个参数的和
        }
        inFun(1,5);                         //调用内部函数
}
outFun();                                   //调用外部函数
```

运行结果如图 2-54 所示。

图 2-53　函数返回值的应用　　　　　　　　　图 2-54　函数的嵌套定义的应用

在上述代码中首先定义了一个外部函数 outFun()，然后在该函数的内部又嵌套定义了一个函数 inFun()，它的作用是输出两个参数的和，最后在外部函数中调用了内部函数。

虽然在 JavaScript 中允许函数的嵌套定义，但它会使程序的可读性降低。

2．函数的嵌套调用

在 JavaScript 中，允许在一个函数的函数体中对另一个函数进行调用，这就是函数的嵌套调用。例如，在函数 b() 中对函数 a() 进行调用，代码如下。

```
function a(){                           //定义函数a()
        alert("功夫JavaScript");
}
function b(){                           //定义函数b()
        a();                           //在函数b()中调用函数a()
}
b();                                   //调用函数b()
```

运行结果如图 2-55 所示。

图 2-55　函数的嵌套调用的应用

【例 2-30】 函数的嵌套调用的应用。

本实例主要通过函数的嵌套调用获取参数的平均值，代码如下。

```
<html>
<head>
<meta http-equiv="Content-Type" content="text/html; charset=UTF-8">
<title>函数的返回值</title>
<script type="text/javascript">
function setValue(num1,num2,num3){
        var avg=(num1+num2+num3)/3;            //取3个参数的平均值
        return avg;                            //返回avg变量
}
function getValue(num1,num2,num3){
        document.write("参数分别为："+num1+"、"+num2+"、"+num3+"，");
        var value=setValue(num1,num2,num3);    //调用setValue()函数
        document.write("参数的平均值为："+value);    //输出函数的返回值
}
</script>
</head>
<body>
<script type="text/javascript">
    getValue(60,59,61);                        //调用getValue()函数
</script>
</body>
</html>
```

运行结果如图 2-56 所示。

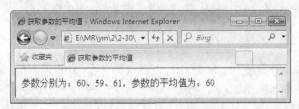

图 2-56　输出参数和参数的平均值

2.5.6　递归函数

所谓递归函数就是函数在自身的函数体内调用自身。使用递归函数时一定要当心，处理不当将会使程序进入死循环。因此，递归函数只在特定的情况下使用，例如处理阶乘问题。其语法格式如下。

递归函数

```
function 函数名(参数1){
        函数名(参数2);
}
```

【例 2-31】　递归函数的应用。

本实例主要使用递归函数取得 10!的值，其中 10!=10*9!，而 9!=9*8!，依次类推，最后 1!=1，这样的数学公式在 JavaScript 程序中可以很容易使用函数进行描述，可以使用 f(n)表示 n!的值，当 1<n<10 时，f(n)=n*f(n-1)，当 n<=1 时，f(n)=1，代码如下。

```
<html>
<head>
<meta http-equiv="Content-Type" content="text/html; charset=UTF-8">
<title>递归函数的应用</title>
<script type="text/javascript">
function f(num){                          //定义递归函数
        if(num<=1){                       //如果num<=1
            return 1;                     //返回1
        }else{
            return f(num-1)*num;          //调用递归函数
        }
}
</script>
</head>
<body>
<script type="text/javascript">
alert("10!的结果为："+f(10));            //调用函数
</script>
</body>
</html>
```

本实例运行结果如图 2-57 所示。

在定义递归函数时需要以下两个必要条件。

（1）包括一个结束递归的条件

如例 2-31 中的 if(num<=1)语句，如果满足条件则执行 return 1 语句，不再递归。

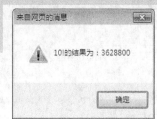

图 2-57　递归函数的应用

（2）包括一个递归调用语句

如例 2-31 中的 return f(num-1)*num 语句，用于实现调用递归函数。

2.5.7 变量的作用域

变量的作用域是指变量在程序中的有效范围，在该范围内可以使用该变量。变量的作用域取决于该变量是哪一种变量。

1. 全局变量和局部变量

在 JavaScript 中，变量根据作用域可以分为两种：全局变量和局部变量。全局变量是定义在所有函数之外的变量，作用范围是该变量定义后的所有代码；局部变量是定义在函数体内的变量，只有在该函数中，且该变量定义后的代码中才可以使用这个变量，函数的参数也是局部性的，只在函数内部起作用。例如，下面的程序代码说明了变量的作用域作用不同的有效范围。

```
var a="这是全局变量";                    //该变量在函数外声明，作用于整个脚本
function send(){
        var b="这是局部变量";            //该变量在函数内声明，只作用于该函数体
        document.write(a+"<br>");
        document.write(b);
}
send();
```

运行结果如图 2-58 所示。

图 2-58　全局变量和局部变量的应用

上述代码中，局部变量 b 只作用于函数体，如果在函数之外输出局部变量 b 的值将会出现错误。

2. 变量的优先级

如果在函数体中定义了一个与全局变量同名的局部变量，那么该全局变量在函数体中将不起作用。例如，下面的程序代码将输出局部变量的值。

```
var a="这是全局变量";
function send(){
        var a="这是局部变量";
        document.write(a);
}
send();
```

运行结果如图 2-59 所示。

图 2-59　变量优先级的应用

上述代码中，定义了一个和全局变量同名的局部变量 *a*，此时在函数中输出变量 *a* 的值为局部变量的值。

3．嵌套函数中变量的作用范围

在嵌套函数中，外部函数中的变量可以在该函数体中以及嵌套的函数体中起作用，而嵌套函数中的变量不能在父级或父级以上的函数体中起作用。例如，下面的程序代码说明了嵌套函数中变量的有效范围。

```javascript
function outFun(){
    var a="这是局部变量";
    function inFun(){
        var b="这是嵌套函数中的变量";
        document.write(a+"<br>");
        document.write(b);
    }
    inFun();
}
outFun();
```

运行结果如图 2-60 所示。

图 2-60　嵌套函数中变量作用范围的应用

上述代码中，外部函数中的变量 *a* 不但可以在 outFun() 函数体中起作用，也可以在嵌套的 inFun() 函数体中起作用。嵌套函数中的变量 *b* 只能在 inFun() 函数体中起作用，而不能在 inFun() 函数体之外起作用。

2.5.8　内置函数

内置函数

在使用 JavaScript 语言时，除了可以自定义函数之外，还可以使用 JavaScript 的内置函数，这些内置函数是由 JavaScript 语言自身提供的函数。

JavaScript 中的一些内置函数如表 2-13 所示。

表 2-13　JavaScript 中的一些内置函数

函数	说明
parseInt()	将字符型转换为整型
parseFloat()	将字符型转换为浮点型
isNaN()	判断一个数值是否为 NaN
isFinite()	判断一个数值是否有限
eval()	求字符串中表达式的值
escape()	将字符串中的一些特殊字符进行编码
unescape()	将应用 escape() 方法编码后的字符进行解码
encodeURI()	将 URI 字符串进行编码
decodeURI()	对已编码的 URI 字符串进行解码

下面将对一些常用的内置函数做详细介绍。

1. 数值处理函数

（1）parseInt()函数

该函数主要将首位为数字的字符串转换成数字，如果字符串不是以数字开头，那么将返回 NaN。其语法格式如下。

```
parseInt(string,[n])
```

参数说明：

❑ string：需要转换为整型的字符串。

❑ n：用于指出字符串中的数据是几进制的数据。这个参数在函数中不是必须的。

例如，将字符串转换成数字，代码如下。

```
var str1="123abc";
var str2="abc123";
document.write(parseInt(str1)+"<br>");
document.write(parseInt(str1,8)+"<br>");
document.write(parseInt(str2));
```

运行结果如图 2-61 所示。

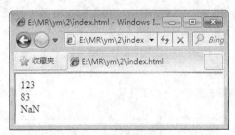

图 2-61　字符串转换成数字

（2）parseFloat()函数

该函数主要将首位为数字的字符串转换成浮点型数字，如果字符串不是以数字开头，那么将返回 NaN。其语法格式如下。

```
parseFloat(string)
```

参数说明：

❑ string：需要转换为浮点型的字符串。

例如，将字符串转换成浮点型数字，代码如下。

```
var str1="123.456abc";
var str2="abc123.456";
document.write(parseFloat(str1)+"<br>");
document.write(parseFloat(str2));
```

运行结果如图 2-62 所示。

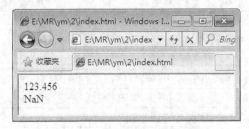

图 2-62　字符串转换成浮点数

（3）isNaN()函数

该函数主要用于检验某个值是否为 NaN。其语法格式如下。

isNaN(num)

参数说明：

❑ num：需要验证的数字。

 如果参数 num 为 NaN，函数返回值为 true；如果参数 num 不是 NaN，函数返回值为 false。

例如，判断其参数是否为 NaN，代码如下。

```
var num1=123;
var num2="123abc";
document.write(isNaN(num1)+"<br>");
document.write(isNaN(num2));
```

运行结果如图 2-63 所示。

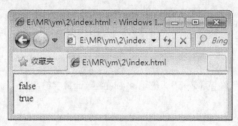

图 2-63　判断其参数是否为 NaN

（4）isFinite()函数

该函数主要用于检验其参数是否有限。其语法格式如下。

isFinite(num)

参数说明：

❑ num：需要验证的数字。

 如果参数 num 是有限数字（或可转换为有限数字），函数返回值为 true；如果参数 num 是 NaN 或无穷大，函数返回值为 false。

例如，判断其参数是否为有限，代码如下。

```
document.write(isFinite(123)+"<br>");
document.write(isFinite("123abc")+"<br>");
document.write(isFinite(1/0));
```

运行结果如图 2-64 所示。

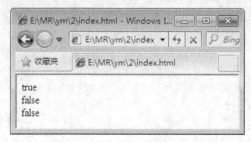

图 2-64　判断其参数是否为有限

2. 字符串处理函数

（1）eval()函数

该函数的功能是计算字符串表达式的值，并执行其中的 JavaScript 代码。其语法格式如下。

```
eval(string)
```

参数说明：

❑ string：需要计算的字符串，其中含有要计算的表达式或要执行的语句。

例如，应用 eval()函数计算字符串，代码如下。

```
document.write(eval("3+6"));                    //返回9
document.write("<br>");
eval("x=5;y=6;document.write(x*y)");            //计算表达式的值
```

运行结果如图 2-65 所示。

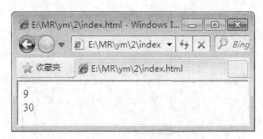

图 2-65　应用 eval()函数计算字符串

（2）escape()函数

该函数用于将一些特殊字符（不包括字母、数字字符，以及*、@、-、_、+、.和/）进行编码，它可以将这些特殊字符转换为"%××"格式的数字，××表示该字符对应的 ASCII 码值的十六进制数。其语法格式如下。

```
escape(string)
```

参数说明：

❑ string：需要进行编码的字符串。

例如，应用 escape()函数对字符串进行编码，代码如下。

```
document.write(escape("You & Me"));
```

运行结果如图 2-66 所示。

图 2-66　对字符串进行编码

（3）unescape()函数

该函数主要用于对应用 escape()方法编码后的字符串进行解码。它可以将字符串中"%××"格式的数字转换为字符。其语法格式如下。

```
unescape(string)
```

参数说明：

❑   string：需要进行解码的字符串。

例如，应用 unescape()函数对字符串进行解码，代码如下。

```
var str=escape("You & Me");
document.write(unescape(str));
```

运行结果如图 2-67 所示。

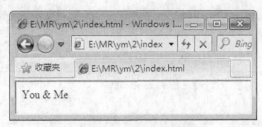

图 2-67　对字符串进行解码

（4）encodeURI()函数

该函数主要用于将 URI 字符串进行编码。其语法格式如下。

```
encodeURI(url)
```

参数说明：

❑   url：需要编码的 URI 字符串。

 URI 与 URL 都可以表示网络资源地址，URI 比 URL 表示范围更加广泛，但在一般情况下，URI 与 URL 可以是等同的。encodeURI()函数只对字符串中有意义的字符进行转义。例如将字符串中的空格转换为 "%20"。

例如，应用 encodeURI()函数对 URI 字符串进行编码，代码如下。

```
var URI="http://127.0.0.1/save.html?name=测试";
document.write(encodeURI(URI));
```

运行结果如图 2-68 所示。

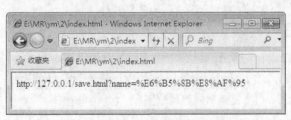

图 2-68　对 URI 字符串进行编码

（5）decodeURI()函数

该函数主要用于对已编码的 URI 字符串进行解码。其语法格式如下。

```
decodeURI(url)
```

参数说明：

❑   url：需要解码的 URI 字符串。

 此函数可以将使用 encodeURI()转码的网络资源地址转换为字符串并返回，也就是说 decodeURI()函数是 encodeURI()函数的逆向操作。

例如，应用 decodeURI()函数对 URI 字符串进行解码，代码如下。

```
var URI=encodeURI("http://127.0.0.1/save.html?name=测试");
document.write(decodeURI(URI));
```

运行结果如图 2-69 所示。

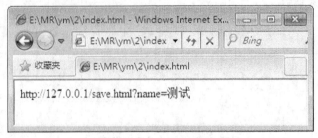

图 2-69　对 URI 字符串进行解码

2.5.9　定义函数的其他方法

除了使用基本的 function 语句之外，还可使用另外两种方式来定义函数，即使用匿名函数和 Function()构造函数。

定义函数的其他方法

1．定义匿名函数

JavaScript 提供了一种定义匿名函数的方法，就是在表达式中直接定义函数，它的语法和 function 语句非常相似。其语法格式如下。

```
var 变量名 = function(参数1,参数2,……) {
        函数体
};
```

这种定义函数的方法不需要指定函数名，把定义的函数赋值给一个变量，后面的程序就可以通过这个变量来调用这个函数，这种定义函数的方法有很好的可读性。

例如：在表达式中直接定义一个返回两个数字和的匿名函数，代码如下。

```
var sum = function(x,y){
        return x+y;                    //返回两个参数的和
};
alert(sum(10,20));                    //调用函数
```

运行结果如图 2-70 所示。

在以上代码中定义了一个匿名函数，并把对它的引用存储在变量 sum 中。该函数有两个参数，分别为 x 和 y。该函数的函数体为"return x+y"，即返回参数 x 与参数 y 的和。

图 2-70　匿名函数的应用

【例 2-32】 定义一个匿名函数，获取从 1 到给定参数之间的所有 3 的倍数。

本实例主要用于演示如何在表达式中定义匿名函数，代码如下。

```
var getOdd,i;                                          //声明变量
getOdd = function(num){
    document.write("1到"+num+"之间所有3的倍数为：");     //输出字符串
    for(i=1;i<num;i++){                                //定义for循环语句
        if(i%3!=0){
            continue;
        }
        document.write(i+"\n");                        //输出变量i的值
```

```
      }
   }
getOdd(20);                                    //调用函数并传递参数
```
运行结果如图 2-71 所示。

图 2-71 获取 1 到给定数值的所有 3 的倍数

2．Function()构造函数

使用 Function()构造函数可以动态地创建函数。Function()构造函数的语法格式如下。

```
var 变量名 = new Function("参数1","参数2",……"函数体");
```

使用 Function()构造函数可以接收一个或多个参数作为函数的参数，也可以一个参数也不使用。Function()构造函数的最后一个参数为函数体的内容。

> Function()构造函数中的所有参数和函数体都必须是字符串类型，因此一定要用双引号或单引号引起来。

例如：使用 Function()构造函数定义一个计算两个数字和的函数，代码如下。

```
var sum = new Function("x","y","alert(x+y);");   //使用Function()构造函数
定义函数
sum(10,20);                                  //调用函数
```

运行结果如图 2-72 所示。

上述代码中，sum 并不是一个函数名，而是一个指向函数的变量，因此，使用 Function()构造函数创建的函数也是匿名函数。在创建的这个构造函数中有两个参数，分别为 x 和 y。该函数的函数体为 "alert(x+y)"，即输出 x 与 y 的和。

图 2-72 Function()构造
函数的应用

小 结

本章主要讲解了 JavaScript 的语言基础，包括数据类型、常量和变量、运算符和表达式、JavaScript 基本语句以及函数等。这些基础知识非常重要，希望读者可以熟练掌握这些内容，只有掌握扎实的基础，才可以学好后面的内容。

上机指导

利用自定义函数向页面中输出自定义的表格，在调用函数时通过传递的参数指定表格的行数和列数。程序运行效果如图 2-73 所示。

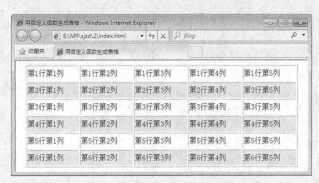

课程设计

图 2-73　生成自定义的表格

程序开发步骤如下。

（1）创建一个含有两个参数的函数 table()，这两个参数分别用来指定表格的行数和列数，然后应用嵌套的 for 循环语句将生成表格的字符串连接在一起，函数 table() 的代码如下。

```javascript
function table(row,col){
    var show = "";                                      //声明变量并初始化
    show = "<table align='center' border='1' width='600'>";  //定义要输出的字符串
    var bgcolor;                                        //声明变量
    for(i=1;i<=row;i++){                                //外层循环，输出表格的行
        if(i%2 != 0){
            bgcolor = "#FFFFFF";                        //如果是奇数行将行背景定义为白色
        }else{
            bgcolor = "#DDDDFF";                        //如果是偶数行将行背景定义为浅蓝色
        }
        show += "<tr bgcolor='"+bgcolor+"'>";           //连接字符串
        for(j=1;j<=col;j++){                            //内层循环，输出表格的列
            show += "<td height='30'>第"+i+"行第"+j+"列</td>";  //定义要输出的表格文字
        }
        show += "</tr>";                                //连接字符串
    }
    show += "</table>";                                 //连接字符串
    return show;                                        //返回变量的值
}
```

（2）在页面中对函数 table() 进行调用，并传递两个参数 6 和 5，然后输出函数的返回值，代码如下。

```javascript
var result = table(6,5);          //调用函数并传递参数
document.write(result);           //输出函数的返回值
```

习 题

2-1　JavaScript 中数字型数据主要有哪几种数据类型？

2-2　常用的条件判断语句有哪几种？

2-3　常见的循环控制语句有哪几种？

2-4　简单描述 continue 语句和 break 语句的区别。

2-5　如何通过链接调用函数？

2-6　简单描述定义函数的几种方法。

PART03

第3章

JavaScript自定义对象

本章要点:

- JavaScript对象简介
- JavaScript自定义对象的创建
- JavaScript对象访问语句

■ 对象是JavaScript中的数据类型之一,是一种复合的数据类型,它将多种数据类型集中在一个数据单元中,并允许通过对象来存取这些数据的值。本章对对象的基本概念和自定义对象的基础知识进行简单介绍。

3.1 对象简介

什么是对象

3.1.1 什么是对象

对象的概念首先来自于对客观世界的认识，它用于描述客观世界存在的特定实体。例如，"人"就是一个典型的对象，"人"包括身高、体重等特性，同时又包含吃饭、睡觉等动作。

在计算机的世界里，不仅存在来自于客观世界的对象，也包含为解决问题而引入的抽象对象。例如，一个用户可以被看作一个对象，它包含用户名、用户密码等特性，也包含注册、登录等动作。其中，用户名和用户密码等特性，可以用变量来描述；而注册、登录等动作，可以用函数来定义。因此，对象实际上就是一些变量和函数的集合。

3.1.2 对象的属性和方法

对象的属性和方法

在 JavaScript 中，对象包含两个要素：属性和方法。通过访问或设置对象的属性，并且调用对象的方法，就可以对对象进行各种操作，从而获得需要的功能。

1. 对象的属性

将包含在对象内部的变量称为对象的属性，它是用来描述对象特性的一组数据。

在程序中使用对象的一个属性类似于使用一个变量，就是在属性名前加上对象名和一个句点"."。获取或设置对象的属性值的语法格式如下。

> 对象名.属性名

以"用户"对象为例，该对象有用户名和密码两个属性，以下代码可以分别获取该对象的这两个属性值。

> var name = 用户.用户名；
> var pwd = 用户.密码；

也可以通过以下代码来设置"用户"对象的这两个属性值。

> 用户.用户名 = "mr"；
> 用户.密码 = "mrsoft"；

2. 对象的方法

将包含在对象内部的函数称为对象的方法，它可以用来实现某个功能。

在程序中调用对象的一个方法类似于调用一个函数，就是在方法名前加上对象名和一个句点"."。其语法格式如下。

> 对象名.方法名(参数)

与函数一样，在对象的方法中有可能使用一个或多个参数，也可能不需要使用参数，同样以"用户"对象为例，该对象有注册和登录两个方法，以下代码可以分别调用该对象的这两个方法。

> 用户.注册()；
> 用户.登录()；

在 JavaScript 中，对象就是属性和方法的集合，这些属性和方法也叫对象的成员。方法是作为对象成员的函数，表明对象所具有的行为；而属性是作为对象成员的变量，表明对象的状态。

3.1.3 JavaScript 对象的种类

在 JavaScript 中可以使用 3 种对象，即自定义对象、内置对象和浏览器对象。内置对象和浏览器对象又称为预定义对象。

在 JavaScript 中将一些常用的功能预先定义成对象，这些对象用户可以直接使用，这种对象就是内置对象。这些内置对象可以帮助用户在编写程序时实现一些最常用最基本的功能，例如 Math、Date、String、Array、Number、Boolean、Global、Object 和 RegExp 对象等。

JavaScript 对象的
种类

浏览器对象是浏览器根据系统当前的配置和所装载的页面为 JavaScript 提供的一些对象。例如 document、window 对象等。

自定义对象就是指用户根据需要自己定义的新对象。

3.2　自定义对象的创建

创建自定义对象主要有 3 种方法：一种是直接创建自定义对象，另一种是通过自定义构造函数创建，还有一种是通过系统内置的 Object 对象创建。

直接创建自定义
对象

3.2.1　直接创建自定义对象

直接创建自定义对象的语法格式如下。

```
var 对象名 = {属性名1:属性值1,属性名2:属性值2,属性名3:属性值3……}
```

由语法格式可以看出，直接创建自定义对象时，所有属性都放在大括号中，属性之间用逗号分隔，每个属性都由属性名和属性值两部分组成，属性名和属性值之间用冒号隔开。

例如，创建一个学生对象 student，并设置 3 个属性，分别为 name、sex 和 age，然后输出这 3 个属性的值，代码如下。

```
var student = {                                  //创建student对象
    name:"张三",
    sex:"男",
    age:25
}
document.write("姓名："+student.name+"<br>");     //输出name属性值
document.write("性别："+student.sex+"<br>");      //输出sex属性值
document.write("年龄："+student.age+"<br>");      //输出age属性值
```

运行结果如图 3-1 所示。

图 3-1　创建自定义对象

另外，还可以使用数组的方式对属性值进行输出，代码如下。

```
var student = {                                  //创建student对象
    name:"张三",
    sex:"男",
    age:25
}
document.write("姓名："+student['name']+"<br>");   //输出name属性值
```

```
document.write("性别："+student['sex']+"<br>");          //输出sex属性值
document.write("年龄："+student['age']+"<br>");          //输出age属性值
```

3.2.2 通过自定义构造函数创建对象

通过自定义构造函
数创建对象

虽然直接创建自定义对象很方便也很直观，但是如果要创建多个相同的对象，使用这种方法就显得很繁琐了。在 JavaScript 中可以自定义构造函数，通过调用自定义的构造函数可以创建并初始化一个新的对象。与普通函数不同，调用构造函数必须要使用 new 运算符。构造函数也可以和普通函数一样使用参数，其参数通常用于初始化新对象。在构造函数的函数体内通过 this 关键字初始化对象的属性与方法。

例如，要创建一个学生对象 student，可以定义一个名称为 Student 的构造函数，代码如下。

```
function Student(name,sex,age){          //定义构造函数
    this.name = name;                    //初始化对象的属性
    this.sex = sex;                      //初始化对象的属性
    this.age = age;                      //初始化对象的属性
}
```

上述代码中，在构造函数内部对 3 个属性 name、sex 和 age 进行了初始化，其中，this 关键字表示对对象自己属性、方法的引用。

利用该函数，可以用 new 运算符创建一个新对象，代码如下。

```
var student1 = new Student("张三","男",25);          //创建对象实例
```

上述代码创建了一个名为 student1 的新对象，新对象 student1 称为对象 student 的实例。使用 new 运算符创建一个对象实例后，JavaScript 会接着自动调用所使用的构造函数，执行构造函数中的程序。

另外，还可以创建多个 student 对象的实例，每个实例都是独立的，代码如下。

```
var student2 = new Student("李四","女",23);          //创建其他对象实例
var student3 = new Student("王五","男",28);          //创建其他对象实例
```

【例 3-1】 应用构造函数创建一个球员的对象 Player，然后创建对象实例，通过对象实例获取对象中的属性并输出。

在文件中编写 JavaScript 代码，首先定义构造函数 Player()，在函数中应用 this 关键字初始化对象中的属性，然后创建一个对象实例，最后输出对象中的属性值，代码如下。

```
function Player(name,height,team){
    this.name = name;                    //对象的name属性
    this.height = height;                //对象的height属性
    this.team = team;                    //对象的team属性
}
var player1 = new Player("科比","1.98米","洛杉矶湖人队");   //创建一个新对象player1
document.write("球员名称："+player1.name+"<br>");     //输出name属性值
document.write("球员身高："+player1.height+"<br>");   //输出height属性值
document.write("所属球队："+player1.team+"<br>");     //输出team属性值
```

运行结果如图 3-2 所示。

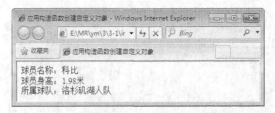

图 3-2 应用构造函数创建对象并输出属性值

对象不但可以拥有属性，还可以拥有方法。在定义构造函数时，也可以定义对象的方法。与对象的属性一样，在构造函数里也需要使用 this 关键字来初始化对象的方法。例如，在 student 对象中定义 3 个方法 showName()、showAge()和 showSex()，代码如下。

```
function Student(name,sex,age){                  //定义构造函数
    this.name = name;                            //初始化对象的属性
    this.sex = sex;                              //初始化对象的属性
    this.age = age;                              //初始化对象的属性
    this.showName = showName;                    //初始化对象的方法
    this.showSex = showSex;                      //初始化对象的方法
    this.showAge = showAge;                      //初始化对象的方法
}
function showName(){
    alert(this.name);
}
function showSex(){
    alert(this.sex);
}
function showAge(){
    alert(this.age);
}
```

另外，也可以在构造函数中直接使用表达式来定义方法，代码如下。

```
function Student(name,sex,age){                  //定义构造函数
    this.name = name;                            //初始化对象的属性
    this.sex = sex;                              //初始化对象的属性
    this.age = age;                              //初始化对象的属性
    this.showName=function(){
        alert(this.name);
    };
    this.showSex=function(){
        alert(this.sex);
    };
    this.showAge=function(){
        alert(this.age);
    };
}
```

【例 3-2】 应用构造函数首先创建一个图书对象 Book，然后创建对象实例，最后通过对象实例调用对象中的方法。运行结果如图 3-3 所示。

图 3-3　应用构造函数创建对象并调用对象中的方法

（1）在文件中编写 JavaScript 代码，定义构造函数 Book()，在函数中应用 this 关键字初始化对象中的属性和方法，代码如下。

```
function Book(name,type,price){
    this.name = name;                            //对象的name属性
```

```
        this.type = type;                    //对象的type属性
        this.price = price;                   //对象的price属性
        this.show = function(){               //对象的show()方法
            document.write("书名："+this.name+" 类型："+this.type+" 价格："+this.price);
        }
    }
```

（2）在文件的<body>标签中编写 JavaScript 代码，创建不同的对象实例并调用对象中的方法，代码如下。

```
var book1 = new Book("JavaScript从入门到精通","JavaScript",60);//创建一个新对象book1
book1.show();
document.write("<p>");
var book2 = new Book("HTML从入门到精通","HTML",50);        //创建一个新对象book2
book2.show();
```

调用构造函数创建对象需要注意一个问题。如果构造函数中定义了多个属性和方法，那么在每次创建对象实例时都会为该对象分配相同的属性和方法，这样会增加对内存的需求，这时可以通过 prototype 属性来解决这个问题。

prototype 属性是 JavaScript 中所有函数都有的一个属性。该属性可以向对象中添加属性或方法。其语法格式如下。

```
object.prototype.name=value
```

参数说明：

❑ object：构造函数名。

❑ name：要添加的属性名或方法名。

❑ value：添加属性的值或执行方法的函数。

例如，在 student 对象中应用 prototype 属性向对象中添加一个 show()方法，通过调用 show()方法输出对象中 3 个属性的值，代码如下。

```
function Student(name,sex,age){              //定义构造函数
    this.name = name;                        //初始化对象的属性
    this.sex = sex;                          //初始化对象的属性
    this.age = age;                          //初始化对象的属性
}
Student.prototype.show=function(){           //定义show()方法
    alert("姓名："+this.name+"\n性别："+this.sex+"\n年龄："+this.age);
}
var student1=new Student("张三","男",25);     //创建对象实例
student1.show();                             //调用对象的show()方法
```

图 3-4　调用对象的方法

运行结果如图 3-4 所示。

【例 3-3】 应用构造函数创建一个圆的对象 Circle，应用 prototype 属性向对象中添加属性和方法，实现计算圆的周长和面积的功能。运行结果如图 3-5 所示。

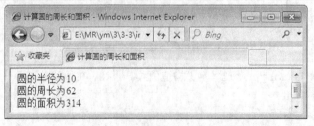

图 3-5　计算圆的周长和面积

在文件中编写 JavaScript 代码，首先定义构造函数 Circle()，然后应用 prototype 属性向对象中添加属性和方法，代码如下。

```
function Circle(r){
    this.r=r;                                        //设置对象的r属性
}
Circle.prototype.pi=3.14;                            //添加对象的pi属性
Circle.prototype.circumference=function(){           //定义计算圆周长的circumference()方法
    return 2*this.pi*this.r;
}
Circle.prototype.area=function(){                    //定义计算圆面积的area()方法
    return this.pi*this.r*this.r;
}
var c=new Circle(10);                                //创建一个新对象c
document.write("圆的半径为"+c.r+"<br>");              //输出圆的半径
document.write("圆的周长为"+parseInt(c.circumference())+"<br>");//输出圆的周长
document.write("圆的面积为"+parseInt(c.area()));      //输出圆的面积
```

3.2.3 通过系统内置的 Object 对象创建自定义对象

Object 对象是 JavaScript 中的内部对象，它提供了对象的最基本功能，这些功能构成了所有其他对象的基础。Object 对象提供了创建自定义对象的简单方式，使用这种方式不需要再定义构造函数。可以在程序运行时为 JavaScript 对象随意添加属性，因此使用 Object 对象能很容易地创建自定义对象。创建 Object 对象的语法格式如下。

通过系统内置的 Object 对象创建自定义对象

```
obj = new Object([value])
```

参数说明：

❑ obj：必选项，要赋值为 Object 对象的变量名。

❑ value：可选项，任意一种 JavaScript 基本数据类型（Number、Boolean 或 String）。如果 value 为一个对象，返回不做改动的该对象；如果 value 为 null、undefined，或者没有给出，则产生没有内容的对象。

使用 Object 对象可以创建一个没有任何属性的空对象。如果要设置对象的属性，只需要将一个值赋给对象的新属性即可。例如，首先使用 Object 对象创建一个自定义对象 student，并设置对象的属性，然后对属性值进行输出，代码如下。

```
var student = new Object();      //创建一个空对象
//设置对象的属性
student.name = "王五";
student.sex = "男";
student.age = 28;
//输出对象的属性
document.write("姓名："+student.name+"<br>");
document.write("性别："+student.sex+"<br>");
document.write("年龄："+student.age+"<br>");
```

运行结果如图 3-6 所示。

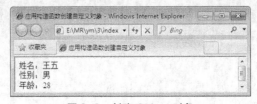

图 3-6 创建 Object 对象

一旦通过给属性赋值创建了该属性，就可以在任何时候修改这个属性的值，此时只需要赋给它新值。

在使用 Object 对象创建自定义对象时，也可以定义对象的方法。例如，在 student 对象中定义方法 show()，并对该方法进行调用，代码如下。

```
var student = new Object();              //创建一个空对象
//设置对象的属性
student.name = "张三";
student.sex = "男";
student.age = 25;
//定义对象的方法
student.show = function(){
    alert("姓名："+student.name+"\n性别："+student.sex+"\n年龄："+student.age);
};
//调用对象的方法
student.show();
```

运行结果如图 3-7 所示。

如果在创建 Object 对象时没有指定参数，JavaScript 将会创建一个 Object 实例，但该实例并没有具体指定为哪种对象类型，这种方法多用于创建一个自定义对象。如果在创建 Object 对象时指定了参数，可以直接将 value 参数的值转换为相应的对象。以下代码就是通过 Object 对象创建了一个字符串对象。

图 3-7　调用对象的方法

```
var myObj = new Object("你好JavaScript");
```

【例 3-4】使用 Object 对象创建一个图书对象 book，通过调用图书对象中的方法获取图书信息。运行结果如图 3-8 所示。

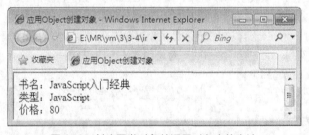

图 3-8　创建图书对象并调用对象中的方法

使用 Object 对象创建自定义对象 book，在 book 对象中定义方法 getBookInfo()，在方法中传递 3 个参数，并对这个方法进行调用，代码如下。

```
var book = new Object();                      //创建一个空对象
//定义对象的方法
book.getBookInfo = getBookInfo;
function getBookInfo(name,type,price){
    document.write("书名："+name+"<br>类型："+type+"<br>价格："+price);
}
//调用对象的方法
book.getBookInfo("JavaScript入门经典","JavaScript","80");
```

3.3 对象访问语句

在 JavaScript 中，for…in 语句和 with 语句都是专门应用于对象的语句。下面对这两个语句分别进行介绍。

3.3.1 for…in 循环语句

for…in 循环和 for 循环语句十分相似，for…in 语句用来遍历对象的每一个属性。
每次都将属性名作为字符串保存在变量里。其语法格式如下。

for…in 循环语句

```
for (变量 in 对象) {
    语句
}
```

参数说明：

- ❑ 变量：用于存储某个对象的所有属性名。
- ❑ 对象：用于指定要遍历属性的对象。
- ❑ 语句：用于指定循环体。

for…in 语句用于对某个对象的所有属性进行循环操作。将某个对象的所有属性名称依次赋值给同一个变量，而不需要事先知道对象属性的个数。

应用 for…in 语句遍历对象的属性，在输出属性值时一定要使用数组的形式（对象名[属性名]）进行输出，而不能使用"对象名.属性名"这种形式。

下面应用 for…in 循环语句输出对象中的属性名和值。首先创建一个对象，并且指定对象的属性，然后应用 for…in 循环语句输出对象的所有属性和值，代码如下。

```
var object={user:"小月",sex:"女",age:23,interest:"运动、唱歌"};      //创建自定义对象
for (var example in object){                                        //应用for…in循环语句
    document.write ("属性："+example+"="+object[example]+"<br>");   //输出各属性名及属性值
}
```

运行结果如图 3-9 所示。

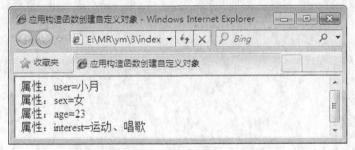

图 3-9　输出对象中的属性名及属性值

【例 3-5】 应用构造函数创建图书对象 Book，并创建对象实例，应用 for…in 循环语句输出对象中的所有属性和值。运行结果如图 3-10 所示。

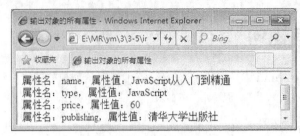

图 3-10　输出图书对象的所有属性

程序代码如下。

```
function Book(name,type,price,publishing){
    this.name = name;                                        //对象的name属性
    this.type = type;                                        //对象的type属性
    this.price = price;                                       //对象的price属性
    this.publishing = publishing;                             //对象的publishing属性
}
var book=new Book("JavaScript从入门到精通","JavaScript",60,"清华大学出版社");
for(var i in book){                                           //应用for…in循环语句
    document.write ("属性名："+i+"，属性值："+book[i]+"<br>");   //输出各属性名及属性值
}
```

3.3.2　with 语句

with 语句

with 语句被用于在访问一个对象的属性或方法时避免重复引用指定对象名。其语法格式如下。

```
with(对象名称){
    语句
}
```

参数说明：

❑　对象名称：用于指定要操作的对象名称。

❑　语句：要执行的语句，可直接引用对象的属性名或方法名。

在一个连续的程序代码中，如果多次使用某个对象的多个属性或方法，那么只要在 with 关键字后的括号（）中写出该对象实例的名称，就可以在随后的大括号{}中的程序语句中直接引用该对象的属性名或方法名，不必在每个属性名或方法名前都加上对象实例名和“.”。

例如，应用 with 语句实现 student 对象的多次引用，代码如下。

```
function Student(name,sex,age){
    this.name = name;                          //设置对象的name属性
    this.sex = sex;                            //设置对象的sex属性
    this.age = age;                            //设置对象的age属性
}
var student=new Student("张三","男",26);        //创建新对象
with(student){
    alert("姓名："+name+"\n性别："+sex+"\n年龄："+age);//输出多个属性的值
}
```

图 3-11　with 语句的应用

运行结果如图 3-11 所示。

小 结

本章主要讲解了自定义对象的创建，以及访问对象的 2 种语句，通过本章的学习，读者可以了解对象的简单应用，并可以使用对象访问语句访问对象。

上机指导

应用构造函数创建一个自定义对象，通过自定义对象生成指定行数、列数的表格。程序运行效果如图 3-12 所示。

课程设计

图 3-12 生成指定行数和列数的表格

程序开发步骤如下。

（1）定义构造函数 Table()，首先在函数中应用 this 关键字初始化对象中的属性，然后应用 prototype 属性为对象添加属性和方法，代码如下。

```
function Table(row,col,width,height){
    //设置对象的属性
    this.row=row;
    this.col=col;
    this.width=width;
    this.height=height;
}
Table.prototype.border=1;                           //为对象添加border属性
Table.prototype.createtable=function(){             //为对象添加createtable()方法
    var show = "";                                  //声明变量并初始化
    //定义要输出的字符串
    show = "<table align='center' border='"+this.border+"' width='"+this.width+"'>";
    var bgcolor;                                    //声明变量
    for(i=1;i<=this.row;i++){                        //外层循环，输出表格的行
        if(i%2 != 0){
            bgcolor = "#FFFFFF";                    //如果是奇数行将行背景定义为白色
        }else{
            bgcolor = "#DDDDFF";                    //如果是偶数行将行背景定义为浅蓝色
        }
        show += "<tr bgcolor='"+bgcolor+"'>";       //连接字符串
        for(j=1;j<=this.col;j++){                    //内层循环，输出表格的列
            show += "<td height='"+this.height+"'></td>";   //连接字符串
        }
```

```
        show += "</tr>";                                    //连接字符串
    }
    show += "</table>";                                     //连接字符串
    return show;                                            //返回变量的值
}
```
（2）创建不同的对象实例并调用对象中的方法，代码如下。
```
var table1=new Table(5,3,600,20);                           //创建对象table1
document.write(table1.createtable());                       //调用对象的方法
document.write("<p>");                                      //输出段落标记
var table2=new Table(3,6,500,25);                           //创建对象table2
document.write(table2.createtable());                       //调用对象的方法
```

习 题

3-1　JavaScript 对象主要有哪几种？

3-2　创建自定义对象主要有哪几种方法？

3-3　什么是对象的属性和方法？

3-4　用来遍历对象属性的语句是哪个语句？

3-5　简述 JavaScript 对象中 with 语句的作用。

第4章

常用内部对象

本章要点：

- Math对象
- Date对象
- 数组对象
- String对象

■ JavaScript 的内部对象也叫内置对象，它将一些常用功能预先定义成对象，用户可以直接使用，这些内部对象可以帮助用户实现一些最常用最基本的功能。本章将对 JavaScript 中的 Math 对象、Date 对象、数组对象以及 String 对象进行详细介绍。

4.1 Math 对象

Math 对象提供了大量的数学常量和数学函数。在使用 Math 对象时，不能使用 new 关键字创建对象实例，而应直接使用"对象名.成员"的格式来访问其属性或方法。下面对 Math 对象的属性和方法进行介绍。

4.1.1 Math 对象的属性

Math 对象的属性是数学中常用的常量，如表 4-1 所示。

表 4-1 Math 对象的属性

属性	描述	属性	描述
E	欧拉常量 （2.718281828459045）	LOG2E	以 2 为底数的 e 的对数 （1.4426950408889633）
LN2	2 的自然对数 （0.6931471805599453）	LOG10E	以 10 为底数的 e 的对数 （0.4342944819032518）
LN10	10 的自然对数 （2.3025850994046）	PI	圆周率常数 π（3.141592653589793）
SQRT2	2 的平方根 （1.4142135623730951）	SQRT1_2	0.5 的平方根（0.7071067811865476）

例如：

```
var piValue = Math.PI;                          //计算圆周率
var rootofTwo = Math.SQRT2;                      //计算平方根
```

【例 4-1】 已知一个圆的半径是 5，计算这个圆的周长和面积。

```
var r = 5;                                       //定义圆的半径变量
var circumference = 2*Math.PI*r;                 //定义圆的周长变量
var area = Math.PI*r*r;                          //定义圆的面积变量
document.write("圆的半径为"+r+"<br>");           //输出圆的半径
document.write("圆的周长为"+circumference+"<br>"); //输出圆的周长
document.write("圆的面积为"+area);               //输出圆的面积
```

运行程序，结果如图 4-1 所示。

图 4-1 计算圆的周长和面积

4.1.2 Math 对象的方法

Math 对象的方法是数学中常用的函数，如表 4-2 所示。

Math 对象的方法

表 4-2　Math 对象的方法

方法	描述	示例
abs(x)	返回 x 的绝对值	Math.abs(−10);　　//返回值为 10
acos(x)	返回 x 弧度的反余弦值	Math.acos(1);　　//返回值为 0
asin(x)	返回 x 弧度的反正弦值	Math.asin(1);　　//返回值为 1.5707963267948965
atan(x)	返回 x 弧度的反正切值	Math.atan(1);　　//返回值为 0.7853981633974483
atan2(x,y)	返回从 x 轴到点（x,y）的角度，其值区间为（−PI，PI）	Math.atan2(10,5);　//返回值为 1.1071487177940904
ceil(x)	返回大于或等于 x 的最小整数	Math.ceil(1.05);　　//返回值为 2 Math.ceil(−1.05);　　//返回值为−1
cos(x)	返回 x 的余弦值	Math.cos(0);　　//返回值为 1
exp(x)	返回 e 的 x 乘方	Math.exp(4);　　//返回值为 54.598150033144236
floor(x)	返回小于或等于 x 的最大整数	Math.floor(1.05);　　//返回值为 1 Math.floor(−1.05);　　//返回值为−2
log(x)	返回 x 的自然对数	Math.log(1);　　//返回值为 0
max(n1,n2...)	返回参数列表中的最大值	Math.max(2,4);　　//返回值为 4
min(n1,n2...)	返回参数列表中的最小值	Math.min(2,4);　　//返回值为 2
pow(x,y)	返回 x 对 y 的次方	Math.pow(2,4);　　//返回值为 16
random()	返回 0~1 的随机数	Math.random();　　//返回值为类似 0.8867056997839715 的随机数
round(x)	返回最接近 x 的整数，即四舍五入函数	Math.round(1.05);　//返回值为 1 Math.round(−1.05);　//返回值为−1
sin(x)	返回 x 的正弦值	Math.sin(0);　　//返回值为 0
sqrt(x)	返回 x 的平方根	Math.sqrt(2);　　//返回值为 1.4142135623730951
tan(x)	返回 x 的正切值	Math.tan(90);　　//返回值为 −1.995200412208242

例如，计算两个数值中的较大值，可以通过 Math 对象的 max()函数，代码如下。

```
var larger = Math.max(value1,value2);
```

或者计算一个数的 10 次方，代码如下。

```
var result = Math.pow(value1,10);
```

或者使用四舍五入函数计算最相近的整数值，代码如下。

```
var result = Math.round(value);
```

【例 4-2】 生成指定位数的随机数。

（1）在页面中创建表单，在表单中添加一个用于输入随机数位数的文本框和一个"生成"按钮，代码如下。

```
请输入要生成随机数的位数：<p>
<form name="form">
  <input type="text" name="digit" />
  <input type="button" value="生成" />
</form>
```

（2）编写生成指定位数的随机数的函数 ran()，该函数只有一个参数 digit，用于指定生成的随机数的位数，代码如下。

```
function ran(digit){
    var result="";                                  //声明变量并初始化
    for(i=0;i<digit;i++){
        result=result+(Math.floor(Math.random()*10));   //将生成的单个随机数连接起来
    }
    alert(result);                                  //输出随机数
}
```

（3）在"生成"按钮的 onClick 事件中调用 ran() 函数生成随机数，代码如下。

```
<input type="button" value="生成" onclick="ran(form.digit.value)" />
```

运行结果如图 4-2 所示。

图 4-2　生成指定位数的随机数

4.2　Number 对象

由于 JavaScript 使用简单数值完成日常数值的计算，因此，Number 对象很少被使用，当需要访问某些常量值时，如数字的最大或最小可能值、正无穷大或负无穷大时，该对象显得非常有用。

4.2.1　创建 Number 对象

Number 对象是原始数值的包装对象，使用该对象可以将数字作为对象直接进行访问。它可以不与运算符 new 一起使用，而直接作为转化函数来使用。以这种方式调用 Number() 时，它会把自己的参数转化成一个数字，然后返回转换后的原始数值（或 NaN）。其语法格式如下。

创建 Number 对象

```
numObj=new Number(value)
```

参数说明：

❑　numObj：要赋值为 Number 对象的变量名。

❑　value：是可选项，是新对象的数字值。如果忽略 value，则返回值为 0。

例如，创建一个 Number 对象，代码如下。

```
var numObj1=new Number();
```

```
var numObj2=new Number(0);
var numObj3=new Number(-1);
document.write(numObj1+"<br>");
document.write(numObj2+"<br>");
document.write(numObj3+"<br>");
```

运行结果如图 4-3 所示。

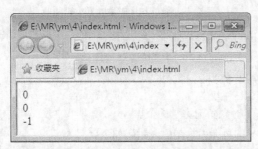

图 4-3　创建 Number 对象

4.2.2　Number 对象的属性

Number 对象的
属性

1. MAX_VALUE 属性

该属性用于返回 Number 对象的最大可能值。其语法格式如下。

```
value=Number.MAX_VALUE
```

参数说明：

❑　value：存储 Number 对象的最大可能值的变量。

例如，获取 Number 对象的最大可能值，代码如下。

```
var maxvalue=Number.MAX_VALUE;
document.write(maxvalue);
```

运行结果如图 4-4 所示。

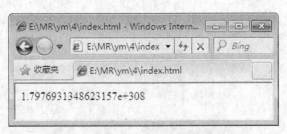

图 4-4　Number 对象的最大可能值

2. MIN_VALUE 属性

该属性用于返回 Number 对象的最小可能值。其语法格式如下。

```
value=Number.MIN_VALUE
```

参数说明：

❑　value：存储 Number 对象的最小可能值的变量。

例如，获取 Number 对象的最小可能值，代码如下。

```
var minvalue=Number.MIN_VALUE;
document.write(minvalue);
```

运行结果如图 4-5 所示。

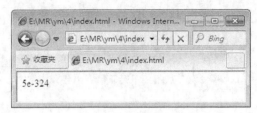

图 4-5　Number 对象的最小可能值

3. NEGATIVE_INFINITY 属性

该属性用于返回 Number 对象的负无穷大的值。其语法格式如下。

value=Number.NEGATIVE_INFINITY

参数说明：

❑　value：存储 Number 对象负无穷大的值。

例如，获取 Number 对象的负无穷大的值，代码如下。

var negative=Number.NEGATIVE_INFINITY;
document.write(negative);

运行结果如图 4-6 所示。

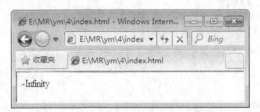

图 4-6　Number 对象负无穷大的值

4. POSITIVE_INFINITY 属性

该属性用于返回 Number 对象的正无穷大的值。其语法格式如下。

value=Number.POSITIVE_INFINITY

参数说明：

❑　value：存储 Number 对象正无穷大的值。

例如，获取 Number 对象的正无穷大的值，代码如下。

var positive=Number.POSITIVE_INFINITY;
document.write(positive);

运行结果如图 4-7 所示。

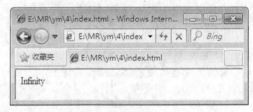

图 4-7　Number 对象正无穷大的值

4.2.3　Number 对象的方法

1. toString()方法

该方法可以把 Number 对象转换成一个字符串，并返回结果。其语法格式如下。

Number 对象的方法

NumberObject.toString(radix)

参数说明：

❑ radix：可选项，规定表示数字的基数，使用 2~36 的整数。若省略该参数，则使用基数为 10。
但要注意，如果该参数是 10 以外的其他值，则 ECMAScript 标准允许返回任意值。

返回值：数字的字符串表示。

例如，将数字转换成字符串，代码如下。

```
var num=new Number(10);
document.write(num.toString()+"<br>");              //将数字以十进制形式转换成字符串
document.write(num.toString(2)+"<br>");             //将数字以二进制形式转换成字符串
document.write(num.toString(8)+"<br>");             //将数字以八进制形式转换成字符串
document.write(num.toString(16));                   //将数字以十六进制形式转换成字符串
```

运行结果如图 4-8 所示。

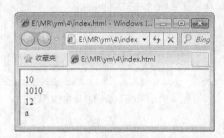

图 4-8　将数字对象转换成字符串

2. toLocaleString()方法

该方法可以把 Number 对象转换为本地格式的字符串。其语法格式如下。

NumberObject.toLocaleString()

返回值：数字的字符串表示，根据本地的规范进行格式化，可能影响到小数点或千分位分隔符采用
的标点符号。

例如，将数字转换成本地格式的字符串，代码如下。

```
var num=new Number(10);
document.write(num.toLocaleString()+"<br>");
```

运行结果如图 4-9 所示。

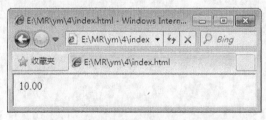

图 4-9　将数字转换成本地格式的字符串

3. toFixed()方法

该方法将 Number 对象四舍五入为指定小数位数的数字，然后转换成字符串。其语法格式如下。

NumberObject.toFixed(num)

参数说明：

❑ Num：必选项，规定小数的位数，是 0~20 的值（包括 0 和 20），有些可以支持更大的数值范围。
如果省略该参数，用 0 代替。

返回值：数字的字符串表示，不采用科学计数法，小数点后有固定的 num 位数字。如果 num 参数为空，默认值为 0。如果格式化的数值右边的位数比指定参数大，方法将后面的值四舍五入。

例如，将数字的小数部分以指定位数进行四舍五入后转换成字符串，代码如下。

```
var num=new Number(10.25416);
document.write(num.toFixed()+"<br>");
document.write(num.toFixed(1)+"<br>");
document.write(num.toFixed(3)+"<br>");
document.write(num.toFixed(7)+"<br>");
```

运行结果如图 4-10 所示。

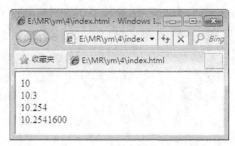

图 4-10　toFixed()方法的应用

4. toExponential()方法

该方法利用科学计数法计算 Number 对象的值，然后将其转换成字符串。其语法格式如下。

```
NumberObject.toExponential(num)
```

参数说明：

❑ num：可选项，规定科学计数法中的小数位数，是 0~20 的值（包括 0 和 20），有些可以支持更大的数值范围。如果省略该参数，将使用尽可能多的数字。

返回值：数字的字符串表示，采用科学计数法，即小数点之前有一位数字，小数点之后有 num 位数字，必要时该数字的小数部分会被舍入，或用 0 补足。

例如，将数字以科学计数法计算后转换成字符串，代码如下。

```
var num=new Number(2000.45);
document.write(num.toExponential()+"<br>");
document.write(num.toExponential(1)+"<br>");
document.write(num.toExponential(4)+"<br>");
```

运行结果如图 4-11 所示。

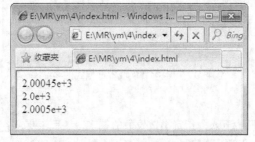

图 4-11　toExponential()方法的应用

5. toPrecision()方法

该方法会根据不同的情况选择定点计数法或科学计数法，然后把转换后的数字转换成字符串。其语法格式如下。

```
NumberObject.toPrecision (num)
```

参数说明：

❑ num：可选项，规定结果中有效数字的位数，是 0~20 的值（包括 0 和 20），有些可以支持更大的数值范围。如果省略该参数，将使用尽可能多的数字。

返回值：数字的字符串表示，包含 num 个有效数字。如果 num 足够大，能够包括整数部分的所有数字，那么返回的字符串将采用定点计数法。否则，采用科学计数法，即小数点前有一位数字，小数点后有 num-1 位数字。必要时，该数字会被舍入或用 0 补足。

例如，根据不同的情况，使用定点计数法或科学计数法将数字转换成字符串，代码如下。

```
var num = new Number(10000);
document.write (num.toPrecision(4)+"<br>");                  //返回的字符串采用指数计数法
document.write (num.toPrecision(10));                        //返回的字符串采用定点计数法
```

运行结果如图 4-12 所示。

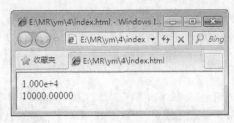

图 4-12　toPrecision()方法的应用

4.3　Date 对象

在 Web 开发过程中，可以使用 JavaScript 的 Date 对象（日期对象）来实现对日期和时间的控制。如果想在网页中显示计时时钟，就得重复生成新的 Date 对象来获取当前计算机的时间。用户可以使用 Date 对象执行各种使用日期和时间的过程。

4.3.1　创建 Date 对象

Date 对象是对一个对象数据类型求值，该对象主要负责处理与日期和时间有关的数据信息。在使用 Date 对象前，首先要创建该对象，其创建格式如下。

创建 Date 对象

```
dateObj = new Date()
dateObj = new Date(dateVal)
dateObj = new Date(year, month, date[, hours[, minutes[, seconds[, ms]]]])
```

Date 对象语法中各参数的说明如表 4-3 所示。

表 4-3　Date 对象的参数说明

参数	说明
dateObj	必选项。要赋值为 Date 对象的变量名
dateVal	必选项。如果是数字值，dateVal 表示指定日期与 1970 年 1 月 1 日午夜间全球标准时间的毫秒数。如果是字符串，常用的格式为"月 日,年 小时:分钟:秒"，其中月份用英文表示，其余用数字表示，时间部分可以省略；另外，还可以使用"年/月/日 小时:分钟:秒"的格式

续表

参数	说明
year	必选项。完整的年份，比如 1976（而不是 76）
month	必选项。表示的月份，是 0～11 的整数（1～12 月）
date	必选项。表示日期，是从 1～31 的整数
hours	可选项。如果提供了 minutes 则必须给出。表示小时，是 0～23 的整数（午夜到 11pm）
minutes	可选项。如果提供了 seconds 则必须给出。表示分钟，是 0～59 的整数
seconds	可选项。如果提供了 ms 则必须给出。表示秒钟，是 0～59 的整数
ms	可选项。表示毫秒，是 0～999 的整数

下面以实例的形式来介绍如何创建日期对象。

例如，返回当前的日期和时间，代码如下。

```
var newDate=new Date();
document.write(newDate);
```

运行结果如图 4-13 所示。

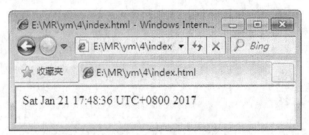

图 4-13　输出当前的日期和时间

例如，用年、月、日（2016-12-25）来创建日期对象，代码如下。

```
var newDate=new Date(2016,11,25);
document.write(newDate);
```

运行结果如图 4-14 所示。

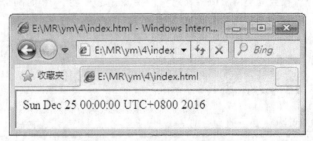

图 4-14　输出指定日期和时间

例如，用年、月、日、小时、分钟、秒（2016-12-25 13:12:56）来创建日期对象，代码如下。

```
var newDate=new Date(2016,11,25,13,12,56);
document.write(newDate);
```

运行结果如图 4-15 所示。

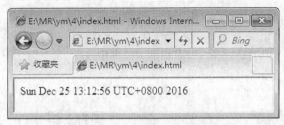

图 4-15　输出指定日期和时间

例如，以字符串形式创建日期对象（2016-12-25 13:12:56），代码如下。

```
var newDate=new Date("Dec 25,2016 13:12:56");
document.write(newDate);
```

运行结果如图 4-15 所示。

例如，以另一种字符串的形式创建日期对象（2016-12-25 13:12:56），代码如下。

```
var newDate=new Date("2016/12/25 13:12:56");
document.write(newDate);
```

运行结果如图 4-15 所示。

4.3.2　Date 对象的属性

Date 对象的属性有 constructor 和 prototype。在这里介绍这两个属性的用法。

Date 对象的属性

1. constructor 属性

该属性可以判断一个对象的类型，该属性引用的是对象的构造函数，其语法格式
如下。

```
object.constructor
```

参数说明：

❑　object：必选项，是对象实例的名称。

例如，判断当前对象是否为日期型对象，代码如下。

```
var newDate=new Date();
if (newDate.constructor==Date)
    document.write("日期型对象");
```

运行结果如图 4-16 所示。

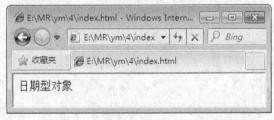

图 4-16　判断当前对象是否为日期型对象

2. prototype 属性

该属性可以为 Date 对象添加自定义的属性或方法。其语法格式如下。

```
Date.prototype.name=value
```

参数说明：

❑　name：要添加的属性名或方法名。

❑　value：添加属性的值或执行方法的函数。

例如，用自定义属性来记录当前的完整年份，代码如下。

```
var newDate=new Date();                    //创建日期对象
Date.prototype.mark=newDate.getFullYear(); //向日期对象中添加属性
alert(newDate.mark);                       //输出新添加的属性的值
```

运行结果如图 4-17 所示。

4.3.3　Date 对象的方法

Date 对象是 JavaScript 的一种内部对象。该对象没有可以直接读写的属性，所有对日期和时间的操作都是通过方法完成的。Date 对象的方法如表 4-4 所示。

Date 对象的方法

图 4-17　输出当前的完整年份

表 4-4　Date 对象的方法

方法	说明
Date()	返回系统当前的日期和时间
getDate()	从 Date 对象返回一个月中的某一天（1~31）
getDay()	从 Date 对象返回一周中的某一天（0~6）
getMonth()	从 Date 对象返回月份（0~11）
getFullYear()	从 Date 对象以四位数字返回年份
getYear()	从 Date 对象以两位或 4 位数字返回年份
getHours()	返回 Date 对象的小时（0~23）
getMinutes()	返回 Date 对象的分钟（0~59）
getSeconds()	返回 Date 对象的秒数（0~59）
getMilliseconds()	返回 Date 对象的毫秒（0~999）
getTime()	返回 1970 年 1 月 1 日至今的毫秒数
getTimezoneOffset()	返回本地时间与格林尼治标准时间的分钟差（GMT）
getUTCDate()	根据世界时从 Date 对象返回月中的一天（1~31）
getUTCDay()	根据世界时从 Date 对象返回周中的一天（0~6）
getUTCMonth()	根据世界时从 Date 对象返回月份（0~11）
getUTCFullYear()	根据世界时从 Date 对象返回四位数的年份
getUTCHours()	根据世界时返回 Date 对象的小时（0~23）
getUTCMinutes()	根据世界时返回 Date 对象的分钟（0~59）
getUTCSeconds()	根据世界时返回 Date 对象的秒钟（0~59）
getUTCMilliseconds()	根据世界时返回 Date 对象的毫秒（0~999）
parse()	返回 1970 年 1 月 1 日午夜到指定日期（字符串）的毫秒数
setDate()	设置 Date 对象中月的某一天（1~31）
setMonth()	设置 Date 对象中月份（0~11）
setFullYear()	设置 Date 对象中的年份（四位数字）

续表

方法	说明
setYear()	设置 Date 对象中的年份（两位或四位数字）
setHours()	设置 Date 对象中的小时（0~23）
setMinutes()	设置 Date 对象中的分钟（0~59）
setSeconds()	设置 Date 对象中的秒钟（0~59）
setMilliseconds()	设置 Date 对象中的毫秒（0~999）
setTime()	通过从 1970 年 1 月 1 日午夜添加或减去指定数目的毫秒来计算日期和时间
setUTCDate()	根据世界时设置 Date 对象中月份的一天（1~31）
setUTCMonth()	根据世界时设置 Date 对象中的月份（0~11）
setUTCFullYear()	根据世界时设置 Date 对象中的年份（四位数字）
setUTCHours()	根据世界时设置 Date 对象中的小时（0~23）
setUTCMinutes()	根据世界时设置 Date 对象中的分钟（0~59）
setUTCSeconds()	根据世界时设置 Date 对象中的秒（0~59）
setUTCMilliseconds()	根据世界时设置 Date 对象中的毫秒（0~999）
toSource()	代表对象的源代码
toString()	把 Date 对象转换为字符串
toTimeString()	把 Date 对象的时间部分转换为字符串
toDateString()	把 Date 对象的日期部分转换为字符串
toGMTString()	根据格林尼治时间，把 Date 对象转换为字符串
toUTCString()	根据世界时，把 Date 对象转换为字符串
toLocaleString()	根据本地时间格式，把 Date 对象转换为字符串
toLocaleTimeString()	根据本地时间格式，把 Date 对象的时间部分转换为字符串
toLocaleDateString()	根据本地时间格式，把 Date 对象的日期部分转换为字符串
UTC()	根据世界时，获得一个日期，然后返回 1970 年 1 月 1 日午夜到该日期的毫秒数
valueOf()	返回 Date 对象的原始值

UTC 是协调世界时（Coordinated Universal Time）的简称，GMT 是格林尼治时间（Greenwich Mean Time）的简称。

应用 Date 对象中的 getMonth()方法获取的值要比系统中实际月份的值小 1。

【例 4-3】 应用 Date 对象中的方法输出当前的日期和时间。

```
var now=new Date();                                        //创建日期对象
```

```
var year=now.getFullYear();                        //获取当前年份
var month=now.getMonth()+1;                         //获取当前月份
var date=now.getDate();                             //获取当前日期
var hour=now.getHours();                            //获取当前小时数
var minute=now.getMinutes();                        //获取当前分钟数
var second=now.getSeconds();                        //获取当前秒数
document.write("今天是："+year+"年"+month+"月"+date+"日");     //输出当前的日期
document.write("<br>现在是："+hour+":"+minute+":"+second);     //输出当前的时间
```

运行结果如图 4-18 所示。

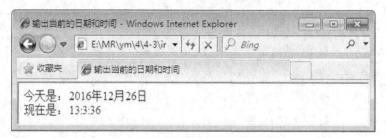

图 4-18　输出当前的日期和时间

应用 Date 对象的方法除了可以获取日期和时间之外，还可以设置日期和时间。在 JavaScript 中只要定义了一个日期对象，就可以针对该日期对象的日期部分或时间部分进行设置。实例代码如下。

```
var myDate=new Date();                    //创建当前日期对象
myDate.setFullYear(2016);                 //设置完整的年份
myDate.setMonth(5);                       //设置月份
myDate.setDate(12);                       //设置日期
myDate.setHours(10);                      //设置小时
myDate.setMinutes(10);                    //设置分钟
myDate.setSeconds(10);                    //设置秒钟
document.write(myDate);                   //输出日期对象
```

运行结果如图 4-19 所示。

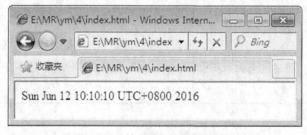

图 4-19　输出设置的日期和时间

在脚本编程中可能需要处理许多对日期的计算，例如，计算经过固定天数或星期之后的日期或计算两个日期之间的天数。在这些计算中，JavaScript 日期值都是以毫秒为单位的。

【例 4-4】 应用 Date 对象中的方法获取当前日期距离明年元旦的天数。

```
var date1=new Date();                     //创建当前的日期对象
var theNextYear=date1.getFullYear()+1;    //获取明年的年份
date1.setFullYear(theNextYear);           //设置日期对象date1中的年份
date1.setMonth(0);                        //设置日期对象date1中的月份
```

```
date1.setDate(1);                                  //设置日期对象date1中的日期
var date2=new Date();                              //创建当前的日期对象
var date3=date1.getTime()-date2.getTime();         //获取两个日期相差的毫秒数
var days=Math.ceil(date3/(24*60*60*1000));         //将毫秒数转换成天数
alert("今天距离明年元旦还有"+days+"天");            //输出结果
```

运行结果如图 4-20 所示。

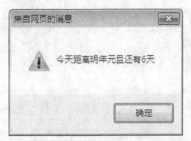

图 4-20　输出当前日期距离明年元旦的天数

Date 对象还提供了一些以"to"开头的方法，这些方法可以将 Date 对象转换为不同形式的字符串。实例代码如下。

```
var newDate=new Date();
document.write(newDate.toString()+"<br>");         //把Date对象转换为字符串
document.write(newDate.toTimeString()+"<br>");     //把Date对象的时间部分转换为字符串
document.write(newDate.toDateString()+"<br>");     //把Date对象的日期部分转换为字符串
document.write(newDate.toLocaleString()+"<br>");   //把Date对象转换为本地格式的字符串
document.write(newDate.toLocaleTimeString()+"<br>");//把Date对象的时间部分转换为本地格式的字符串
document.write(newDate.toLocaleDateString());      //把Date对象的日期部分转换为本地格式的字符串
```

运行结果如图 4-21 所示。

图 4-21　将日期对象转换为字符串

4.4　数组对象

数组介绍

4.4.1　数组介绍

　　数组是 JavaScript 中的一种复合数据类型。变量中保存单个数据，而数组中则保存的是多个数据的集合。数组与变量的比较效果如图 4-22 所示。

图 4-22　数组与变量的比较效果

1. 数组概念

数组（Array）就是一组数据的集合。数组是 JavaScript 中用来存储和操作有序数据集的数据结构。可以把数组看作一个单行表格，该表格的每一个单元格中都可以存储一个数据，即一个数组中可以包含多个元素，如图 4-23 所示。

图 4-23　数组示意图

由于 JavaScript 是一种弱类型的语言，所以在数组中的每个元素的类型可以是不同的。数组中的元素类型可以是数字型、字符串型和布尔型等，甚至也可以是一个数组。

2. 数组元素

数组是数组元素的集合，在图 4-23 中，每个单元格里所存放的就是数组元素。每个数组元素都有一个索引号（数组的下标），通过索引号可以方便地引用数组元素。数组的下标从 0 开始编号，例如，第一个数组元素的下标是 0，第二个数组元素的下标是 1，依此类推。

4.4.2　定义数组

在 JavaScript 中数组也是一种对象，这种对象被称为数组对象。因此在定义数组时，也可以使用构造函数。JavaScript 中定义数组的方法主要有 4 种。

定义数组

1. 定义空数组

使用不带参数的构造函数可以定义一个空数组，顾名思义，空数组中是没有数组元素的，可以在定义空数组后再向数组中添加数组元素。其语法格式如下。

```
arrayObject = new Array()
```

参数说明：

❑　arrayObject：必选项，新创建的数组对象名。

例如，创建一个空数组，然后向该数组中添加数组元素，代码如下。

```
var arr = new Array();          //定义一个空数组
arr[0] = "功夫JavaScript";      //向数组中添加第一个数组元素
arr[1] = "功夫PHP";             //向数组中添加第二个数组元素
arr[2] = "功夫Java";            //向数组中添加第三个数组元素
```

在上述代码中定义了一个空数组，此时数组中元素的个数为 0。在为数组的元素赋值后，数组中才有了数组元素。

2. 指定数组长度

在定义数组的同时可以指定数组元素的个数。此时并没有为数组元素赋值，所有数组元素的值都是 undefined。其语法格式如下。

```
arrayObject = new Array(size)
```

参数说明：

❑　arrayObject：必选项，新创建的数组对象名。

❑ size：设置数组的长度。由于数组的下标是从 0 开始的，创建元素的下标将是 0 ~ size-1。

例如，创建一个数组元素个数为 3 的数组，并向该数组中存入数据，代码如下。

```
var arr = new Array(3);          //定义一个元素个数为3的数组
arr[0] = 1;                      //为第一个数组元素赋值
arr[1] = 2;                      //为第二个数组元素赋值
arr[2] = 3;                      //为第三个数组元素赋值
```

在上述代码中定义了一个元素个数为 3 的数组。在为数组元素赋值之前，这 3 个数组元素的值都是 undefined。

3. 指定数组元素

在定义数组的同时可以直接给出数组元素的值。此时数组的长度就是在括号中给出的数组元素的个数。其语法格式如下。

```
arrayObject = new Array(element1, element2, element3, …)
```

参数说明：

❑ arrayObject：必选项，新创建的数组对象名。

❑ element：存入数组中的元素。使用该语法时必须有一个以上元素。

例如，创建 Array 对象的同时，向该对象中存入数组元素，代码如下。

```
var arr = new Array(123, "功夫JavaScript", true);        //定义一个包含3个元素的数组
```

4. 直接定义数组

在 JavaScript 中还有一种定义数组的方式，这种方式不需要使用构造函数，直接将数组元素放在一个中括号中，元素与元素之间用逗号分隔。其语法格式如下。

```
arrayObject = [element1, element2, element3, …]
```

参数说明：

❑ arrayObject：必选项，新创建的数组对象名。

❑ element：存入数组中的元素。使用该语法时必须有一个以上元素。

例如，直接定义一个含有 3 个元素的数组，代码如下。

```
var arr = [123, "功夫JavaScript", true];                //直接定义一个包含3个元素的数组
```

4.4.3 操作数组元素

数组是数组元素的集合，在对数组进行操作时，实际上是对数组元素进行输入输出、添加或者删除的操作。

操作数组元素

1. 数组元素的输入输出

（1）数组元素的输入

向 Array 对象中输入数组元素有以下 3 种方法。

第一种方法是在定义 Array 对象时直接输入数组元素，这种方法只能在数组元素确定的情况下才可以使用。

例如，在创建 Array 对象的同时存入字符串数组，代码如下。

```
var arr = new Array("a","b","c","d");        //定义一个包含4个元素的数组
```

第二种方法是利用 Array 对象的元素下标向其输入数组元素，该方法可以随意地向 Array 对象中的各元素赋值，或是修改数组中的任意元素值。

例如，在创建一个长度为 7 的 Array 对象后，向下标为 3 和 4 的元素中赋值。

```
var arr = new Array(7);          //定义一个长度为7的数组
arr[3] = "a";                    //为下标为3的数组元素赋值
arr[4] = "b";                    //为下标为4的数组元素赋值
```

第三种方法是利用 for 语句向 Array 对象中输入数组元素，该方法主要用于批量向 Array 对象中输入数组元素，一般用于向 Array 对象中赋初值。

例如，使用者可以通过改变变量 n 的值（必须是数值型），给数组对象 arrayObj 赋指定个数的数值元素，代码如下。

```
var n=7;                          //定义变量并对其赋值
var arr = new Array();            //定义一个空数组
for (var i=0;i<n;i++){            //应用for循环语句为数组元素赋值
    arr[i]=i;
}
```

（2）数组元素的输出

将 Array 对象中的元素值进行输出有以下 3 种方法。

第一种方法是用下标获取指定元素值，该方法通过 Array 对象的下标，获取指定的元素值。

例如，获取 Array 对象中的第 3 个元素的值，代码如下。

```
var arr = new Array("a","b","c","d");    //定义数组
var third = arr[2];                      //获取下标为2的数组元素
document.write(third);                    //输出变量的值
```

Array 对象的元素下标是从 0 开始的。

第二种方法是用 for 语句获取数组中的元素值，该方法是利用 for 语句获取 Array 对象中的所有元素值。

例如，获取 Array 对象中的所有元素值，代码如下。

```
var str = "";                            //定义变量并进行初始化
var arr = new Array("a","b","c","d");    //定义数组
for (var i=0;i<4;i++){                    //应用for循环语句将各个数组元素连接在一起
    str=str+arr[i];
}
document.write(str);                      //输出变量的值
```

运行结果如图 4-24 所示。

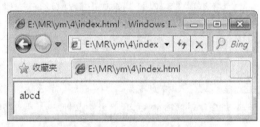

图 4-24　输出数组中的所有元素值

第三种方法是用数组对象名输出所有元素值，该方法是用创建的数组对象本身显示数组中的所有元素值。

例如，显示数组中的所有元素值，代码如下。

```
var arr = new Array("a","b","c","d");    //定义数组
document.write(arr);                      //输出数组中所有元素的值
```

运行结果如图 4-25 所示。

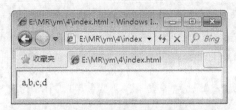

图 4-25　输出数组中的所有元素值

【例 4-5】 创建一个存储 3 个学生姓名（张三、李四、王五）的数组，然后输出这 3 个数组元素。

首先创建一个包含 3 个元素的数组，并为每个数组元素赋值，然后使用 for 循环语句遍历输出数组中的所有元素，代码如下。

```
var students = new Array(3);          //定义数组
students[0] = "张三";                  //为下标为0的数组元素赋值
students[1] = "李四";                  //为下标为1的数组元素赋值
students[2] = "王五";                  //为下标为2的数组元素赋值
for(var i=0;i<3;i++){
    document.write("第"+(i+1)+"个学生姓名是："+students[i]+"<br>");
}
```

运行结果如图 4-26 所示。

图 4-26　使用 for 循环语句输出数组中存储的学生姓名

2．数组元素的添加

在定义数组时虽然已经设置了数组元素的个数，但是该数组的元素个数并不是固定的。可以通过添加数组元素的方法来增加数组元素的个数。添加数组元素的方法非常简单，只要对新的数组元素进行赋值就可以了。

例如，首先定义一个包含两个元素的数组，然后为数组添加 3 个元素，最后输出数组中的所有元素值，代码如下。

```
var arr = new Array("功夫JavaScript","功夫PHP");    //定义数组
arr[2] = "功夫Java";                                //添加新的数组元素
arr[3] = "功夫C#";                                  //添加新的数组元素
arr[4] = "功夫Oracle";                              //添加新的数组元素
document.write(arr);                               //输出添加元素后的数组
```

运行结果如图 4-27 所示。

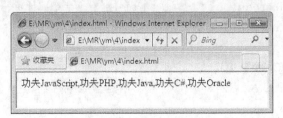

图 4-27　添加数组元素并输出

另外，还可以对已经存在的数组元素进行重新赋值。例如，定义一个包含两个元素的数组，将第二个数组元素进行重新赋值并输出数组中的所有元素值，代码如下。

```
var arr = new Array("功夫JavaScript","功夫PHP");          //定义数组
arr[1] = "功夫Java";                                      //为下标为1的数组元素重新赋值
document.write(arr);                                      //输出重新赋值后的新数组
```

运行结果如图 4-28 所示。

图 4-28　对数组元素重新赋值并输出

3. 数组元素的删除

使用 delete 运算符可以删除数组元素的值，但是只能将该元素恢复为未赋值的状态，即 undefined，而不能真正地删除一个数组元素，数组中的元素个数也不会减少。

例如，首先定义一个包含 3 个元素的数组，然后应用 delete 运算符删除下标为 1 的数组元素，最后输出数组中的所有元素值，代码如下。

```
var arr = new Array("功夫JavaScript","功夫PHP","功夫Java");     //定义数组
delete arr[1];                                                  //删除下标为1的数组元素
document.write(arr);                                            //输出删除元素后的数组
```

运行结果如图 4-29 所示。

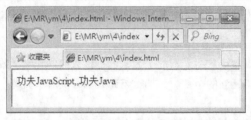

图 4-29　删除下标为 1 的数组元素并输出数组

　应用 delete 运算符删除数组元素之前和删除数组元素之后，元素个数并没有改变。

4.4.4　数组的属性

数组的属性

数组对象有 length 和 prototype 两个属性。下面分别对这两个属性进行详细介绍。

1. length 属性

该属性用于返回数组的长度。其语法格式如下。

```
arrayObject.length
```

参数说明：

❑　arrayObject：数组名称。

例如，获取已创建的数组对象的长度，代码如下。

```
var arr=new Array(1,2,3,4,5,6,7,8);          //定义数组
document.write(arr.length);                  //输出数组的长度
```

运行结果如图 4-30 所示。

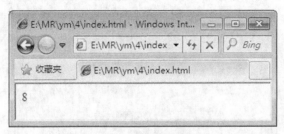

图 4-30 输出数组的长度

例如，增加已有数组的长度，代码如下。

```
var arr=new Array(1,2,3,4,5,6,7,8);          //定义数组
arr[arr.length]=arr.length+1;                //为新的数组元素赋值
document.write(arr.length);                  //输出数组的新长度
```

运行结果如图 4-31 所示。

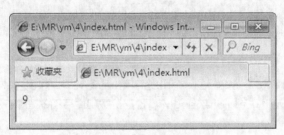

图 4-31 增加数组的长度并输出

【例 4-6】 在 365 影视网中，将影片名称和影片主演分别定义在数组中，应用 for 循环语句和数组对象的 length 属性循环输出影片信息。

```
<table width="300" border="0" cellpadding="0" cellspacing="0">
<script type="text/javascript">
    var num = 1;//定义变量值为1
    var nameArr = new Array("终结者5","飓风营救","我是传奇","一线声机","罗马假日","史密斯夫妇","午夜邂逅");//定义影片名称数组
    var dnumArr = new Array("阿诺德.施瓦辛格","连姆.尼森","威尔.史密斯","杰森.斯坦森","格里高利.派克","布拉德.皮特","克里斯.埃文斯");//定义影片主演数组
    //循环输出影片信息
    for(var i=0; i<nameArr.length; i++){
        document.write('<tr height="43">');
        document.write('<td width="26" align="center" class="f_td">'+(num++)+'</td>');
        document.write('<td width="75" align="left" class="f_td"><a href="#">'+nameArr[i]+'</td>');
        document.write('<td width="90" align="right" class="f_td">'+dnumArr[i]+'</td></tr>');
    }
</script>
</table>
```

运行结果如图 4-32 所示。

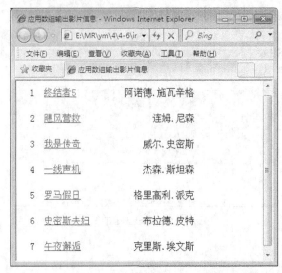

图 4-32　循环输出影片信息

（1）当用 new Array()创建数组时，并不对其进行赋值，length 属性的返回值为 0。

（2）数组的长度是由数组的最大下标决定的。

如果为数组的 length 属性设置了一个比当前值小的值，那么数组将会被截断，该长度后的元素都会被删除。因此，可以使用 length 属性删除数组中后面的几个元素。

2. prototype 属性

该属性可以为数组对象添加自定义的属性或方法。其语法格式如下。

```
Array.prototype.name=value
```

参数说明：

❑　name：要添加的属性名或方法名。

❑　value：添加属性的值或执行方法的函数。

例如，利用 prototype 属性自定义一个方法，用于显示数组中的最后一个元素，代码如下。

```
Array.prototype.outLast=function(){        //自定义outLast()方法
    document.write(this[this.length-1]);   //输出数组中最后一个元素
}
var arr=new Array(1,2,3,4,5,6,7,8);        //定义数组
arr.outLast();                             //执行自定义方法
```

运行结果如图 4-33 所示。

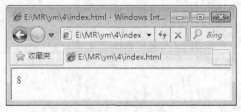

图 4-33　输出数组中最后一个元素

【例 4-7】 利用自定义方法显示数组中的全部数据。本实例是利用 prototype 属性自定义一个方法，用于显示数组中的全部数据。

```
Array.prototype.outAll=function(ar){
    for(var i=0;i<this.length;i++){
        document.write(this[i]);
        document.write(ar);
    }
}
var arr=new Array(1,2,3,4,5,6,7,8);              //定义数组
arr.outAll(" ");                                  //对数组应用自定义方法
```

运行结果如图 4-34 所示。

图 4-34　利用自定义方法显示数组中的全部数据

4.4.5　数组的方法

Array 对象中的方法如表 4-5 所示。

数组的方法

表 4-5　Array 对象的方法

方法	说明
concat()	连接两个或更多的数组，并返回结果
push()	向数组的末尾添加一个或多个元素，并返回新的长度
unshift()	向数组的开头添加一个或多个元素，并返回新的长度
pop()	删除并返回数组的最后一个元素
shift()	删除并返回数组的第一个元素
splice()	删除元素，并向数组添加新元素
reverse()	颠倒数组中元素的顺序
sort()	对数组的元素进行排序
slice()	从某个已有的数组返回选定的元素
toSource()	代表对象的源代码
toString()	把数组转换为字符串，并返回结果
toLocaleString()	把数组转换为本地字符串，并返回结果
join()	把数组的所有元素放入一个字符串，元素通过指定的分隔符进行分隔
valueOf()	返回数组对象的原始值

1. 数组的添加和删除

数组的添加和删除可以使用 concat()、push()、unshift()、pop()、shift()和 splice()方法实现。

（1）concat()方法

该方法用于将其他数组连接到当前数组的末尾。其语法格式如下。

arrayObject.concat(arrayX,arrayX,…,arrayX)

参数说明：

❏ arrayObject：必选项，数组名称。

❏ arrayX：必选项，该参数可以是具体的值，也可以是数组对象。

返回值：返回一个新的数组，而原数组中的元素和数组长度不变。

例如，在数组的尾部添加数组元素，代码如下。

```
var arr=new Array(1,2,3,4,5,6,7,8);            //定义数组
document.write(arr.concat(9,10));              //输出添加元素后的新数组
```

运行结果如图 4-35 所示。

图 4-35　向数组中添加元素后输出

例如，在数组的尾部添加其他数组，代码如下。

```
var arr1=new Array('a','b','c');               //定义数组
var arr2=new Array('d','e','f');               //定义数组
document.write(arr1.concat(arr2));             //输出连接后的数组
```

运行结果如图 4-36 所示。

图 4-36　向数组中添加数组后输出

（2）push()方法

该方法向数组的末尾添加一个或多个元素，并返回添加后的数组长度。其语法格式如下。

arrayObject.push(newelement1,newelement2,…,newelementX)

push()方法中各参数的说明如表 4-6 所示。

表 4-6　push()方法中的参数说明

参数	说明
arrayObject	必选项。数组名称
newelement1	必选项。要添加到数组的第一个元素
newelement2	可选项。要添加到数组的第二个元素
newelementX	可选项。可添加多个元素

返回值：把指定的值添加到数组后的新长度。

例如，向数组（1,2,3,4）的末尾添加元素 5、6 和 7，代码如下。

```
var arr=new Array(1,2,3,4);                              //定义数组
document.write('原数组:'+arr+'<br>');                     //输出原数组
document.write('添加元素后的数组长度:'+arr.push(5,6,7)+'<br>');   //向数组末尾添加3个元素并输出数组长度
document.write('新数组:'+arr);                            //输出添加元素后的新数组
```

运行结果如图 4-37 所示。

图 4-37　向数组的末尾添加元素

（3）unshift()方法

该方法向数组的开头添加一个或多个元素。其语法格式如下。

```
arrayObject.unshift(newelement1,newelement2,....,newelementX)
```

unshift()方法中各参数的说明如表 4-7 所示。

表 4-7　unshift()方法中的参数说明

参数	说明
arrayObject	必选项。数组名称
newelement1	必选项。向数组添加的第一个元素
newelement2	可选项。向数组添加的第二个元素
newelementX	可选项。可添加多个元素

返回值：把指定的值添加到数组后的新长度。

例如，向 arr 数组的开头添加元素 1、2 和 3，代码如下。

```
var arr=new Array(4,5,6,7);              //定义数组
document.write('原数组:'+arr+'<br>');     //输出原数组
arr.unshift(1,2,3);                      //向数组开头添加3个元素
document.write('新数组:'+arr);            //输出添加元素后的新数组
```

运行程序，会将原数组和新数组中的内容显示在页面中，如图 4-38 所示。

图 4-38　向数组的开头添加元素

（4）pop()方法

该方法用于将数组中的最后一个元素从数组中删除，并返回删除元素的值。其语法格式如下。

arrayObject.pop()

参数说明：

❑ arrayObject：必选项，数组名称。

返回值：在数组中删除的最后一个元素的值。

例如，删除数组中的最后一个元素，代码如下。

```
var arr=new Array(1,2,3,4,5,6,7,8);              //定义数组
var del=arr.pop();                                //删除数组中最后一个元素
document.write('删除元素为:'+del+'<br>');          //输出删除的元素
document.write('删除后的数组为:'+arr);             //输出删除后的新数组
```

运行结果如图 4-39 所示。

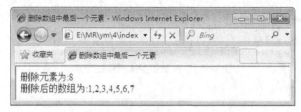

图 4-39　删除数组中最后一个元素

（5）shift()方法

该方法用于把数组中的第一个元素从数组中删除，并返回删除元素的值。其语法格式如下。

arrayObject.shift()

参数说明：

❑ arrayObject：必选项，数组名称。

返回值：在数组中删除的第一个元素的值。

例如，删除数组中的第一个元素，代码如下。

```
var arr=new Array(1,2,3,4,5,6,7,8);              //定义数组
var del=arr.shift();                              //删除数组中第一个元素
document.write('删除元素为:'+del+'<br>');          //输出删除的元素
document.write('删除后的数组为:'+arr);             //输出删除后的新数组
```

运行结果如图 4-40 所示。

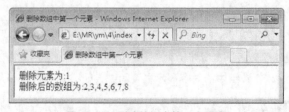

图 4-40　删除数组中第一个元素

（6）splice()方法

pop()方法的作用是删除数组的最后一个元素，shift()方法的作用是删除数组的第一个元素，而要想更灵活地删除数组中的元素，可以使用 splice()方法。通过 splice()方法可以删除数组中指定位置的元素，还可以向数组中的指定位置添加新元素。其语法格式如下。

arrayObject.splice(start,length,element1,element2,…)

参数说明：

❑ arrayObject：必选项，数组名称。

❑ start：必选项，指定要删除数组元素的开始位置，即数组的下标。

❑ length：可选项，指定删除数组元素的个数。如果未设置该参数，则不会删除元素。

❑ element：可选项，要添加到数组的新元素。

例如，在 splice() 方法中应用不同的参数，对相同的数组中的元素进行删除操作，代码如下。

```
var arr1 = new Array("a","b","c","d");          //定义数组
arr1.splice(1);                                 //删除数组中的第2个到最后一个元素
document.write(arr1+"<br>");                     //输出删除后的数组
var arr2 = new Array("a","b","c","d");          //定义数组
arr2.splice(1,2);                               //删除数组中的第2个和第3个元素
document.write(arr2+"<br>");                     //输出删除后的数组
var arr3 = new Array("a","b","c","d");          //定义数组
arr3.splice(1,2,"e","f");                       //删除数组中的第2个和第3个元素，并添加新元素
document.write(arr3+"<br>");                     //输出删除后的数组
var arr4 = new Array("a","b","c","d");          //定义数组
arr4.splice(1,0,"e","f");                       //在第2个元素前添加新元素
document.write(arr4+"<br>");                     //输出删除后的数组
```

运行结果如图 4-41 所示。

图 4-41　删除数组元素

2．设置数组的排列顺序

将数组中的元素按照指定的顺序进行排列，可以通过 reverse() 和 sort() 方法实现。

（1）reverse() 方法

该方法用于颠倒数组中元素的顺序。其语法格式如下。

```
arrayObject.reverse()
```

参数说明：

❑ arrayObject：必选项，数组名称。

该方法会改变原来的数组，而不创建新数组。

【例 4-8】　将数组中的元素顺序颠倒后显示。

```
var arr=new Array(1,2,3,4);                     //定义数组
document.write('原数组：'+arr+'<br>');            //输出原数组
arr.reverse();                                  //对数组元素顺序进行颠倒
document.write('颠倒后的数组：'+arr);              //输出颠倒后的数组
```

运行结果如图 4-42 所示。

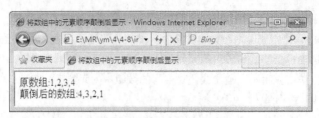

图 4-42　将数组颠倒输出

（2）sort()方法

该方法用于对数组的元素进行排序。其语法格式如下。

arrayObject.sort(sortby)

参数说明：

❑ arrayObject：必选项，数组名称。

❑ sortby：可选项，规定排序的顺序，必须是函数。

 如果调用该方法时没有使用参数，将按字母顺序对数组中的元素进行排序，也就是按照字符的编码顺序进行排序。如果想按照其他标准进行排序，就需要提供比较函数。

例如，将数组中的元素按字符的编码顺序进行显示，代码如下。

```
var arr=new Array("PHP","HTML","JavaScript");          //定义数组
document.write('原数组:'+arr+'<br>');                  //输出原数组
arr.sort();                                            //对数组进行排序
document.write('排序后的数组:'+arr);                   //输出排序后的数组
```

运行本实例，将原数组和排序后的数组输出，结果如图 4-43 所示。

图 4-43　输出排序前与排序后的数组元素

如果想要将数组元素按照其他方法进行排序，就需要指定 sort()方法的参数。该参数通常是一个比较函数，该函数应该有两个参数（假设为 a 和 b）。在对元素进行排序时，每次比较两个元素都会执行比较函数，并将这两个元素作为参数传递给比较函数。其返回值有以下两种情况。

❑ 如果返回值大于 0，则交换两个元素的位置。

❑ 如果返回值小于等于 0，则不进行任何操作。

【例 4-9】　将数组中的元素按从小到大的顺序进行输出。

```
var arr=new Array(2,11,4,13);          //定义数组
document.write('原数组:'+arr+'<br>');  //输出原数组
function ascOrder(x,y){
    if(x>y){
        return 1;
    }else{
        return -1;
```

```
        }
}
arr.sort(ascOrder);                      //对数组进行排序
document.write('排序后的数组:'+arr);      //输出排序后的数组
```
运行结果如图 4-44 所示。

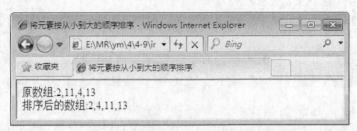

图 4-44　输出排序前与排序后的数组元素

3．获取某段数组元素

获取数组中的某段数组元素主要用 slice() 方法实现。slice() 方法可从已有的数组中返回选定的元素。其语法格式如下。

```
arrayObject.slice(start,end)
```
参数说明:

❑　start:必选项,规定从何处开始选取。如果是负数,那么它规定从数组尾部开始算起的位置。也就是说,-1 指最后一个元素,-2 指倒数第二个元素,依次类推。

❑　end:可选项,规定从何处结束选取。该参数是数组片断结束处的数组下标。如果没有指定该参数,那么切分的数组包含从 start 到数组结束的所有元素。如果这个参数是负数,那么它将从数组尾部开始算起。

返回值:返回截取后的数组元素,该方法返回的数据中不包括 end 索引所对应的数据。

【例 4-10】 获取指定数组中某段数组元素。

```
var arr=new Array("a","b","c","d","e","f");                        //定义数组
document.write("原数组:"+arr+"<br>");                             //输出原数组
document.write("获取数组中第3个元素后的所有元素信息:"+arr.slice(2)+"<br>");   //输出截取后的数组
document.write("获取数组中第2个到第5个的元素信息"+arr.slice(1,5)+"<br>");     //输出截取后的数组
document.write("获取数组中倒数第2个元素后的所有信息"+arr.slice(-2));          //输出截取后的数组
```
运行程序,会将原数组以及截取数组中元素后的数据输出,运行结果如图 4-45 所示。

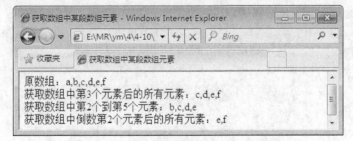

图 4-45　获取数组中某段数组元素

4．数组转换成字符串

将数组转换成字符串主要通过 toString()、toLocaleString() 和 join() 方法实现。

（1）toString()方法

该方法可把数组转换为字符串，并返回结果。其语法格式如下。

arrayObject.toString()

参数说明：

❑ arrayObject：必选项，数组名称。

返回值：以字符串显示数组对象。返回值与没有参数的 join()方法返回的字符串相同。

在转换成字符串后，数组中的各元素以逗号分隔。

例如，将数组转换成字符串，代码如下。

```
var arr=new Array("a","b","c","d","e","f");        //定义数组
document.write(arr.toString());                    //输出转换后的字符串
```

运行结果如图 4-46 所示。

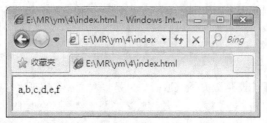

图 4-46　将数组转换成字符串并输出

（2）toLocaleString()方法

该方法将数组转换成本地字符串。其语法格式如下。

arrayObject.toLocaleString()

参数说明：

❑ arrayObject：必选项，数组名称。

返回值：以本地格式的字符串显示的数组对象。

该方法首先调用每个数组元素的 toLocaleString()方法，然后使用地区特定的分隔符把生成的字符串连接起来，形成一个字符串。

例如，将数组转换成用 "," 号分隔的字符串，代码如下。

```
var arr=new Array("a","b","c","d","e","f");        //定义数组
document.write(arr.toLocaleString());              //输出转换后的字符串
```

运行结果如图 4-47 所示。

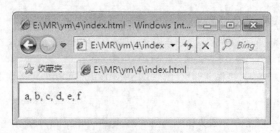

图 4-47　将数组转换成本地字符串并输出

（3）join()方法

该方法将数组中的所有元素放入一个字符串中。其语法格式如下。

arrayObject.join(separator)

参数说明：

❑ arrayObject：必选项，数组名称。

❑ separator：可选项，指定要使用的分隔符。如果省略该参数，则使用逗号作为分隔符。

返回值：返回一个字符串。该字符串是把 arrayObject 的每个元素转换为字符串，然后把这些字符串用指定的分隔符连接起来。

例如，以指定的分隔符将数组中的元素转换成字符串，代码如下。

```
var arr=new Array("a","b","c","d","e","f");              //定义数组
document.write(arr.join("#"));                           //输出转换后的字符串
```

运行结果如图 4-48 所示。

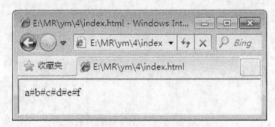

图 4-48　以指定分隔符输出数组

4.5　String 对象

4.5.1　String 对象的创建

String 对象是动态对象，使用构造函数可以显式创建字符串对象。String 对象用于操纵和处理文本串，可以通过该对象在程序中获取字符串长度、提取子字符串，以及将字符串转换为大写或小写字符。其语法格式如下。

String 对象的创建

var newstr=new String(StringText)

参数说明：

❑ newstr：创建的 String 对象名。

❑ StringText：可选项，字符串文本。

例如，创建一个 String 对象，代码如下。

var newstr=new String("欢迎使用JavaScript脚本")

实际上，JavaScript 会自动在字符串与字符串对象之间进行转换。因此，任何一个字符串常量（用单引号或双引号括起来的字符串）都可以看作是一个 String 对象，其可以直接作为对象来使用，只要在字符变量的后面加 "."，便可以直接调用 String 对象的属性和方法。字符串与 String 对象的不同在于返回的 typeof 值，前者返回的是 string 类型，后者返回的是 object 类型。

String 对象的属性

4.5.2　String 对象的属性

在 String 对象中有 3 个属性，分别是 length、constructor 和 prototype。下面

对这 3 个属性进行详细介绍。

1. length 属性

该属性用于获得当前字符串的长度。该字符串的长度为字符串中所有字符的个数，而不是字节数（一个英文字符占一个字节，一个中文字符占两个字节）。其语法格式如下。

```
stringObject.length
```

参数说明：

❑ stringObject：当前获取长度的 String 对象名，也可以是字符变量名。

通过 length 属性返回的字符串长度包括字符串中的空格。

例如，获取已创建的字符串对象 newString 的长度，代码如下。

```
var p=0;
var newString=new String("abcdefg");      //实例化一个字符串对象
var p=newString.length;                    //获取字符串对象的长度
alert(p);                                  //用提示框显示长度值
```

运行结果如图 4-49 所示。

例如，获取自定义的字符变量 newStr 的长度，代码如下。

```
var p=0;
var newStr="abcdefg";                      //定义一个字符串变量
var p=newStr.length;                       //获取字符变量的长度
alert(p);                                  //用提示框显示字符串变量的长度值
```

运行结果如图 4-50 所示。

图 4-49　输出定义的字符串对象的长度　　　　图 4-50　输出定义的字符串变量的长度

【例 4-11】　获取字符串变量和字符串对象的长度。

```
var str1="我喜欢JavaScript";                                    //定义字符串变量
var str2=new String("I like JavaScript");                      //创建字符串对象
document.write("\"我喜欢JavaScript\"的长度为："+str1.length+"<br>");  //输出字符串长度
document.write("\"I like JavaScript\"的长度为："+str2.length);      //输出字符串对象的长度
```

运行结果如图 4-51 所示。

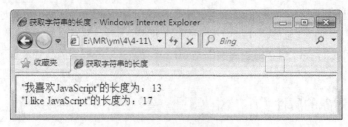

图 4-51　输出字符串的长度

2．constructor 属性

该属性用于对当前对象的构造函数的引用。其语法格式如下。

stringObject.constructor

参数说明：

❑ stringObject：String 对象名或字符变量名。

例如，使用 constructor 属性判断当前对象的类型，代码如下。

```
var newStr=new String("One World One Dream");        //创建字符串对象
if (newStr.constructor==String){                     //判断当前对象是否为字符串对象
    alert("这是一个字符串对象");
}
```

运行结果如图 4-52 所示。

 constructor 属性是一个公共属性，在 Array、Date 对象中都可以调用该属性，用法与 String 对象相同。

3．prototype 属性

该属性可以为字符串对象添加自定义的属性或方法。其语法格式如下。

String.prototype.name=value

参数说明：

❑ name：要添加的属性名或方法名。

❑ value：添加属性的值或执行方法的函数。

例如，给 String 对象添加一个自定义方法 getLength，通过该方法获取字符串的长度，代码如下。

```
String.prototype.getLength=function(){        //定义添加的方法
    alert(this.length);
}
var str=new String("abcdefg");                //创建字符串对象
str.getLength();                              //调用添加的方法
```

运行结果如图 4-53 所示。

图 4-52　输出对象的类型

图 4-53　输出字符串的长度

 该属性也是一个公共属性，在 Array、Date 对象中都可以调用该属性，用法与 String 对象相同。

4.5.3　String 对象的方法

String 对象提供了很多处理字符串的方法，通过这些方法可以对字符串进行查找、截取、大小写转换、连接和拆分，以及格式化等操作。下面分别对这些方法进行详细介绍。

String 对象中的方法与属性，字符串变量也可以使用，为了便于读者用字符串变量执行 String 对象中的方法与属性，下面的例子都用字符串变量进行操作。

1. 查找字符串

字符串对象提供了很多用于查找字符串中的字符或子字符串的方法。

（1）charAt()方法

该方法可以返回字符串中指定位置的字符。其语法格式如下。

```
stringObject.charAt(index)
```

参数说明：

- ❑ stringObject：String 对象名或字符变量名。
- ❑ index：必选参数，表示字符串中某个位置的数字，即字符在字符串中的下标。

字符串中第一个字符的下标是 0，因此，index 参数的取值范围是 0~string.length-1。如果参数 index 超出了这个范围，则返回一个空字符串。

例如，在字符串"你好 JavaScript"中返回下标为 1 的字符，代码如下。

```
var str="你好JavaScript";                    //定义字符串
alert(str.charAt(1));                        //输出字符串中下标为1的字符
```

运行结果如图 4-54 所示。

（2）indexOf()方法

该方法可以返回某个子字符串在字符串中首次出现的位置。其语法格式如下。

```
stringObject.indexOf(substring,startindex)
```

参数说明：

- ❑ stringObject：String 对象名或字符变量名。
- ❑ substring：必选参数，要在字符串中查找的子字符串。
- ❑ startindex：可选参数，用于指定在字符串中开始查找的位置。它的取值范围是 0~stringObject. length-1。如果省略该参数，则从字符串的首字符开始查找。如果要查找的子字符串没有出现，则返回-1。

例如，在字符串"你好 JavaScript"中进行不同的检索，代码如下。

```
var str="你好JavaScript";                    //定义字符串
document.write(str.indexOf("a")+"<br>");
document.write(str.indexOf("a", 4)+"<br>");
document.write(str.indexOf("java"));
```

运行结果如图 4-55 所示。

图 4-54　输出字符串中下标为 1 的字符

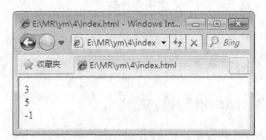

图 4-55　输出不同的检索结果

右侧二维码说明：查找字符串

【例 4-12】 获取指定字符在字符串中的出现次数。

```
var str="四是四，十是十，十四是十四，四十是四十";        //定义字符串
var position=0;                                          //字符在字符串中出现的位置
var num=-1;                                              //字符在字符串中出现的次数
var index=0;                                             //开始查找的位置
while(position!=-1){
    position=str.indexOf("四",index);                   //获取指定字符在字符串中出现的位置
    num+=1;                                              //将指定字符出现的次数加1
    index=position+1;                                   //指定下次查找的位置
}
document.write("定义的字符串："+str+"<br>");            //输出定义的字符串
document.write("字符串中有"+num+"个四");               //输出结果
```

运行结果如图 4-56 所示。

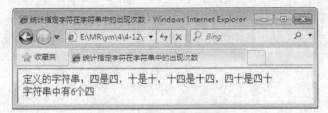

图 4-56　输出字符串的长度

（3）lastIndexOf()方法

该方法可以返回某个子字符串在字符串中最后出现的位置。其语法格式如下。

stringObject.lastIndexOf(substring,startindex)

参数说明：

❑　stringObject：String 对象名或字符变量名。

❑　substring：必选参数，要在字符串中查找的子字符串。

❑　startindex：可选参数，用于指定在字符串中开始查找的位置，在这个位置从后向前查找。它的
取值范围是 0 ~ stringObject.length-1。如果省略该参数，则从字符串的最后一个字符开始查找。
如果要查找的子字符串没有出现，则返回-1。

例如，在字符串 "你好 JavaScript" 中进行不同的检索，代码如下。

```
var str="你好JavaScript";                              //定义字符串
document.write(str.lastIndexOf("a")+"<br>");
document.write(str.lastIndexOf("a",4)+"<br>");
document.write(str.lastIndexOf("java"));
```

运行结果如图 4-57 所示。

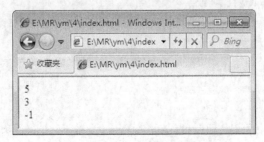

图 4-57　输出不同的检索结果

2. 截取字符串

（1）slice()方法

该方法可以提取字符串的片断，并在新的字符串中返回被提取的部分。其语法格式如下。

截取字符串

```
stringObject.slice(startindex,endindex)
```

参数说明：

❑ stringObject：String 对象名或字符变量名。

❑ startindex：必选参数，指定要提取的字符串片断的开始位置。该参数可以是负数，如果是负数，则从字符串的尾部开始算起。也就是说，-1 指字符串的最后一个字符，-2 指倒数第二个字符，依此类推。

❑ endindex：可选参数，指定要提取的字符串片断的结束位置。如果省略该参数，表示结束位置为字符串的最后一个字符。如果该参数是负数，则从字符串的尾部开始算起。

 使用 slice()方法提取的字符串片断中不包括 endindex 下标所对应的字符。

例如，在字符串"你好 JavaScript"中提取子字符串，代码如下。

```
var str="你好JavaScript";                     //定义字符串
document.write(str.slice(2)+"<br>");
document.write(str.slice(2,6)+"<br>");
document.write(str.slice(0,-6));
```

运行结果如图 4-58 所示。

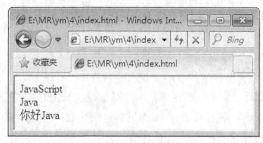

图 4-58　输出截取的字符串

（2）substr()方法

该方法可以从字符串的指定位置开始提取指定长度的子字符串。其语法格式如下。

```
stringObject.substr(startindex,length)
```

参数说明：

❑ stringObject：String 对象名或字符变量名。

❑ startindex：必选参数，指定要提取的字符串片断的开始位置。该参数可以是负数，如果是负数，则从字符串的尾部开始算起。

❑ length：可选参数，用于指定提取的子字符串的长度。如果省略该参数，表示结束位置为字符串的最后一个字符。

 由于浏览器的兼容性问题，substr()方法的第一个参数不建议使用负数。

例如，在字符串"你好 JavaScript"中提取指定个数的字符，代码如下。

```
var str="你好JavaScript";                        //定义字符串
document.write(str.substr(2)+"<br>");
document.write(str.substr(2,4));
```

运行结果如图 4-59 所示。

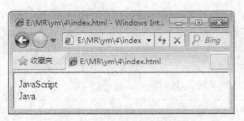

图 4-59　输出截取的字符串

【例 4-13】　在开发 Web 程序时，为了保持整个页面的合理布局，经常需要对一些（例如公告标题、公告内容、文章的标题、文章的内容等）超长输出的字符串内容进行截取，并通过"…"代替省略内容。本实例将应用 substr() 方法截取超长字符串。

```
str="明日科技即将重磅推出功夫系列视频课程，敬请关注！"; //定义字符串
document.write("截取前的字符串："+str+"<br>");
document.write("截取后的字符串：");
if(str.length>10){                              //如果字符串长度大于10
    document.write(str.substr(0,10)+"...");      //输出字符串前10个字符，然后输出省略号
}else{                                          //如果字符串长度不大于10
    document.write(str);                         //直接输出文本
}
```

运行结果如图 4-60 所示。

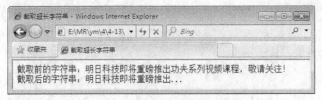

图 4-60　输出字符串的长度

（3）substring()方法

该方法用于提取字符串中两个指定的索引号之间的字符。其语法格式如下。

```
stringObject.substring(startindex,endindex)
```

参数说明：

- ❑　stringObject：String 对象名或字符变量名。
- ❑　startindex：必选参数，一个非负整数，指定要提取的字符串片断的开始位置。
- ❑　endindex：可选参数，一个非负整数，指定要提取的字符串片断的结束位置。如果省略该参数，表示结束位置为字符串的最后一个字符。

（1）使用 substring() 方法提取的字符串片断中不包括 endindex 下标所对应的字符。

（2）如果参数 startindex 与 endindex 相等，那么该方法返回的是一个空字符串；如果 startindex 比 endindex 大，那么 JavaScript 会自动交换这两个参数值。

例如，在字符串"你好 JavaScript"中提取子字符串，代码如下。

```
var str="你好JavaScript";                              //定义字符串
document.write(str.substring(2)+"<br>");
document.write(str.substring(2,6)+"<br>");
document.write(str.substring(4,2));
```

运行结果如图 4-61 所示。

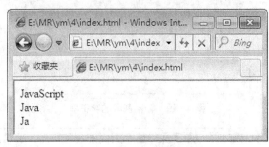

图 4-61　输出截取的字符串

3. 大小写转换

（1）toLowerCase()方法

该方法用于把字符串转换为小写。其语法格式如下。

```
stringObject.toLowerCase()
```

参数说明：

stringObject：String 对象名或字符变量名。

大小写转换

例如，将字符串"你好 JavaScript"中的大写字母转换为小写，代码如下。

```
var str="你好JavaScript";                              //定义字符串
document.write(str.toLowerCase());
```

运行结果如图 4-62 所示。

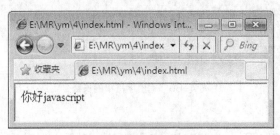

图 4-62　将字符串转换为小写

（2）toUpperCase()方法

该方法用于把字符串转换为大写。其语法格式如下。

```
stringObject.toUpperCase()
```

参数说明：

❑　stringObject：String 对象名或字符变量名。

例如，将字符串"你好 JavaScript"中的小写字母转换为大写，代码如下。

```
var str="你好JavaScript";                              //定义字符串
document.write(str.toUpperCase());
```

运行结果如图 4-63 所示。

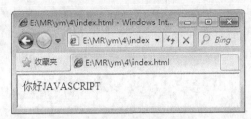

图 4-63　将字符串转换为大写

4．连接和拆分

（1）concat()方法

该方法用于连接两个或多个字符串。其语法格式如下。

连接和拆分

```
stringObject.concat(string1,string2,…)
```

参数说明：

- ❑　stringObject：String 对象名或字符变量名。
- ❑　string：必选参数，被连接的字符串可以是一个或多个。

> 使用 concat()方法可以返回连接后的字符串，而原字符串对象并没有改变。

例如，定义两个字符串，并应用 concat()方法对两个字符串进行连接，代码如下。

```
var str1="你好";
var str2="JavaScript";
document.write(str1.concat(str2));
```

运行结果如图 4-64 所示。

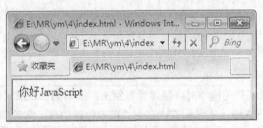

图 4-64　对两个字符串进行连接

（2）split()方法

该方法用于把一个字符串分割成字符串数组。其语法格式如下。

```
stringObject.split(separator,limit)
```

参数说明：

- ❑　stringObject：String 对象名或字符变量名。
- ❑　separator：必选参数，指定的分割符。该参数可以是字符串，也可以是正则表达式。如果把空字符串（""）作为分割符，那么字符串对象中的每个字符都会被分割。
- ❑　limit：可选参数，该参数可指定返回的数组的最大长度。如果设置了该参数，返回的数组元素个数不会多于这个参数。如果省略该参数，整个字符串都会被分割，不考虑数组元素的个数。

例如，将字符串"I like JavaScript"按照不同方式进行分割，代码如下。

```
var str="I like JavaScript";
document.write(str.split(" ")+"<br>");
```

```
document.write(str.split("")+"<br>");
document.write(str.split(" ",2));
```

运行结果如图 4-65 所示。

图 4-65　对字符串按照不同方式进行分割

【例 4-14】　对字符串以指定分隔符进行拆分，再将字符串数组中的内容以另一个分隔符进行连接，从而组合成一个新的字符串。

```
var str="功夫JavaScript@功夫PHP@功夫Java";         //定义字符串
var arr=str.split("@");                          //将字符串分割为数组
var newstr=arr.join("*");                        //将数组元素连接成字符串
document.write("原字符串："+str+"<br>");          //输出原字符串
document.write("新字符串："+newstr);              //输出新字符串
```

运行结果如图 4-66 所示。

图 4-66　分割合成字符串

【例 4-15】　在开发网络应用程序时，经常会遇到由系统自动生成指定位数的随机字符串的情况，例如，生成随机密码或验证码等。本实例将实现生成指定位数的随机字符串的功能。

实现步骤如下。

（1）在页面中创建表单，在表单中添加一个用于输入生成随机字符串位数的文本框和一个"生成"按钮，代码如下。

```
请输入要生成随机字符串的位数：<p>
<form name="form">
  <input type="text" name="digit" />
  <input type="button" value="生成" />
</form>
```

（2）编写随机生成指定位数的字符串的函数 ranStr()，该函数只有一个参数 digit，用于指定生成的随机字符串的位数，代码如下。

```
function ranStr(digit){
    if(digit=="" || isNaN(digit)){              //判断输入的值是否为空或非数字
        alert("请输入数字");
    }else{
    var sourceStr="0,1,2,3,4,5,6,7,8,9,A,B,C,D,E,F,G";   //定义字符串
```

```
        arrStr=sourceStr.split(",");                        //将字符串拆分成数组
        var result="";                                      //定义变量并初始化
        var index=0;                                         //定义变量并初始化
        for(i=0;i<digit;i++){
                index=parseInt(Math.random()*arrStr.length);  //获取字符串随机索引
                result=result+arrStr[index];                //对单个字符进行连接
        }
        alert(result);                                      //输出结果
    }
}
```

（3）在"生成"按钮的 onClick 事件中调用 ranStr()函数生成随机字符串，代码如下。

```
<input type="button" value="生成" onClick="ranStr(form.digit.value)"/>
```

运行结果如图 4-67 所示。

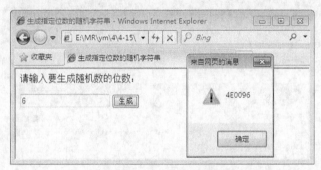

图 4-67　生成随机字符串

5．格式化字符串

在 String 对象中还有一些用来格式化字符串的方法，这些方法如表 4-8 所示。

格式化字符串

表 4-8　String 对象中格式化字符串的方法

方法	说明
anchor()	创建 HTML 锚
big()	用大号字体显示字符串
small()	使用小字号来显示字符串
fontsize()	使用指定的字体大小来显示字符串
bold()	使用粗体显示字符串
italics()	使用斜体显示字符串
link()	将字符串显示为链接
strike()	使用删除线来显示字符串
blink()	显示闪动字符串，此方法不支持 IE 浏览器
fixed()	以打字机文本显示字符串，相当于在字符串两端增加<tt>标签
fontcolor()	使用指定的颜色来显示字符串
sub()	把字符串显示为下标
sup()	把字符串显示为上标

例如，将字符串"你好 JavaScript"按照不同的格式进行输出，代码如下。

```
var str="你好JavaScript";                                              //定义字符串
document.write("原字符串："+str+"<br>");                              //输出原字符串
document.write("big："+str.big()+"<br>");                            //用大号字体显示字符串
document.write("small："+str.small()+"<br>");                        //用小号字体显示字符串
document.write("fontsize："+str.fontsize(6)+"<br>");                 //设置字体大小为6
document.write("bold："+str.bold()+"<br>");                          //使用粗体显示字符串
document.write("italics："+str.italics()+"<br>");                    //使用斜体显示字符串
document.write("link与anchor："+str.link("http://www.mingribook.com").anchor("name")+"<br>");//创建超
链接和书签
document.write("strike："+str.strike()+"<br>");                      //为字符串添加删除线
document.write("blink："+str.blink()+"<br>");                        //为字符串添加闪烁效果
document.write("fixed："+str.fixed()+"<br>");                        //以打字机文本显示字符串
document.write("fontcolor："+str.fontcolor("blue")+"<br>");          //设置字体颜色
document.write("sub："+str.sub()+"<br>");                            //把字符串显示为下标
document.write("sup："+str.sup());                                   //把字符串显示为上
```

运行结果如图 4-68 所示。

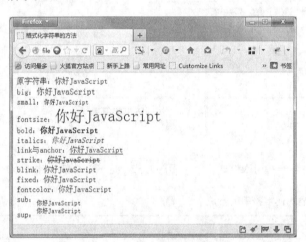

图 4-68　对字符串进行格式化

小　结

　　本章主要讲解了 JavaScript 中常用的内部对象，包括 Math 对象、Number 对象、Date 对象、数组对象以及 String 对象。通过本章的学习，读者可以了解这些内部对象的简单应用。

上机指导

　　实际网站开发过程中，很有可能遇到这样的情况：客户要求将一串长数字分位显示，例如将"13630016"显示为"13,630,016"。在本练习中通过编写一个自定义函数，将输入的数字字符格式化为分位显示的字符串。运行本练习，在"请输入要转换的长数字"文本框中输入要转换的数字后，单击"提交"按钮，将会在转换结果中显示"13,630,016"。程序运行结果如图 4-69 所示。

课程设计

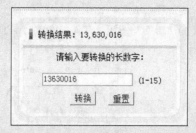

图 4-69　把一个长数字分位显示

程序开发步骤如下。

（1）编写把一个长数字分位显示的函数 convert()，该函数只有一个参数 num，用于传递需要转换的数字字符串，返回值为转换后的字符串，代码如下。

```
function convert(num){
    var result=0;                        //定义变量并初始化
    var dec="";                          //定义变量并初始化
    if(isNaN(num)){
        result=0;                        //如果输入的是NaN，将变量赋值为0
    }else{
        if (num.length<4){
            result=num;                  //如果输入的数字小于4位，将该数字赋值给变量
        }else{
            pos=num.indexOf(".",1);      //获取数字中小数点的位置
            if (pos>0){
                dec=num.substr(pos);     //获取小数部分的字符串，包括小数点
                res=num.substr(0,pos);   //获取整数部分的字符串
            }else{
                res=num;                 //如果没有小数部分，将数字赋值给变量res
            }
            var tempResult="";           //定义变量并初始化
            for(i=res.length;i>0;i-=3){
                if(i-3>0){
                    tempResult=","+res.substr(i-3,3)+tempResult;
                }else{
                    tempResult=res.substr(0,i)+tempResult;
                }
            }
            result=tempResult+dec;       //连接整数部分和小数部分
        }
    }
    return result;                       //返回结果
}
```

（2）编写自定义函数 deal()，用于将转换后的字符串输出到页面的指定位置，代码如下。

```
function deal(){
    result.innerHTML=" 转换结果："+convert(form1.number.value);
}
```

（3）在页面添加一个<div>标记，将其命名为"result"，用于显示转换后的字符串，代码如下。

```
<div id="result">转换结果：</div>
```

（4）在页面的合适位置添加"转换"按钮，在该按钮的 onClick 事件中调用 deal()函数将长数字分位显示，代码如下。

```
<input name="Submit" type="button" class="go-wenbenkuang" value="转换" onClick="deal()">
```

习 题

4-1　简述定义数组的几种方法。

4-2　数组元素的输入通常有哪几种方法？

4-3　向数组中添加元素主要有哪几种方法？

4-4　将数组转换为字符串的方法有哪几种？

4-5　描述 substr()方法和 substring()方法的区别。

4-6　分割字符串需要使用字符串对象的哪个方法？

第5章

JavaScript事件处理

本章要点：

- 事件与事件处理概述
- 表单相关事件
- 鼠标键盘事件
- 页面事件

■ JavaScript 是基于对象（object-based）的语言。它的一个最基本的特征就是采用事件驱动（event-driven），它可以使在图形界面环境下的一切操作变得简单化。通常鼠标或热键的动作称之为事件（event）。由鼠标或热键引发的一连串程序动作，称之为事件驱动（Event Driver）。而对事件进行处理的程序或函数，称之为事件处理程序（Event Handler）。

5.1 事件与事件处理概述

事件处理是对象化编程的一个很重要的环节，它可以使程序的逻辑结构更加清晰，使程序更具有灵活性，提高了程序的开发效率。事件处理的过程分为三步：①发生事件；②启动事件处理程序；③事件处理程序作出反应。其中，要使事件处理程序能够启动，首先必须通过指定的对象来调用相应的事件，然后通过该事件调用事件处理程序。事件处理程序可以是任意的 JavaScript 语句，但是我们一般用特定的自定义函数（function）来对事件进行处理。

5.1.1 什么是事件

事件是一些可以通过脚本响应的页面动作。当用户按下鼠标键或者提交一个表单，甚至在页面上移动鼠标时，事件就会出现。事件处理是一段 JavaScript 代码，总是与页面中的特定部分以及一定的事件相关联。当与页面特定部分关联的事件发生时，事件处理器就会被调用。

什么是事件

绝大多数事件的命名都是描述性的，很容易理解。例如 click、submit、mouseover 等，通过名称就可以猜测其含义。但也有少数事件的名称不易理解，例如 blur（英文的字面意思为"模糊"），表示一个域或者一个表单失去焦点。通常，事件处理器的命名原则是，在事件名称前加上前缀 on。例如，对于 click 事件，其处理器名为 onClick。

5.1.2 JavaScript 的常用事件

为了便于读者查找 JavaScript 中的常用事件，下面以表格的形式对各事件进行说明。JavaScript 的相关事件如表 5-1 所示。

JavaScript 的常用事件

表 5-1　JavaScript 的相关事件

	事件	说明
鼠标键盘事件	onclick	鼠标单击时触发此事件
	ondblclick	鼠标双击时触发此事件
	onmousedown	按下鼠标时触发此事件
	onmouseup	鼠标按下后松开鼠标时触发此事件
	onmouseover	当鼠标移动到某对象范围的上方时触发此事件
	onmousemove	鼠标移动时触发此事件
	onmouseout	当鼠标离开某对象范围时触发此事件
	onkeypress	当键盘上的某个键被按下并且释放时触发此事件
	onkeydown	当键盘上某个按键被按下时触发此事件
	onkeyup	当键盘上某个按键被按下后松开时触发此事件
页面相关事件	onabort	图片在下载时被用户中断时触发此事件
	onbeforeunload	当前页面的内容将要被改变时触发此事件
	onerror	出现错误时触发此事件
	onload	页面内容完成时触发此事件（也就是页面加载事件）
	onresize	当浏览器的窗口大小被改变时触发此事件
	onunload	当前页面将被改变时触发此事件

续表

	事件	说明
表单 相关 事件	onblur	当前元素失去焦点时触发此事件
	onchange	当前元素失去焦点并且元素的内容发生改变时触发此事件
	onfocus	当某个元素获得焦点时触发此事件
	onreset	当表单中 RESET 的属性被激活时触发此事件
	onsubmit	一个表单被提交时触发此事件
滚动 字幕 事件	onbounce	当 Marquee 内的内容移动至 Marquee 显示范围之外时触发此事件
	onfinish	当 Marquee 元素完成需要显示的内容后触发此事件
	onstart	当 Marquee 元素开始显示内容时触发此事件
编辑 事件	onbeforecopy	当页面当前被选择内容将要复制到浏览者系统的剪贴板前触发此事件
	onbeforecut	当页面中的一部分或全部内容被剪切到浏览者系统剪贴板时触发此事件
	onbeforeeditfocus	当前元素将要进入编辑状态时触发此事件
	onbeforepaste	将内容要从浏览者的系统剪贴板中粘贴到页面上时触发此事件
	onbeforeupdate	当浏览者粘贴系统剪贴板中的内容时通知目标对象
	oncontextmenu	当浏览者按下鼠标右键出现菜单时或者通过键盘的按键触发页面菜单时触发此事件
	oncopy	当页面当前的被选择内容被复制后触发此事件
	oncut	当页面当前的被选择内容被剪切时触发此事件
	ondrag	当某个对象被拖动时触发此事件（活动事件）
	ondragend	当鼠标拖动结束时触发此事件，即鼠标的按钮被释放时
	ondragenter	当对象被鼠标拖动进入其容器范围内时触发此事件
	ondragleave	当对象被鼠标拖动的对象离开其容器范围内时触发此事件
	ondragover	当被拖动的对象在另一对象容器范围内拖动时触发此事件
	ondragstart	当某对象将被拖动时触发此事件
	ondrop	在一个拖动过程中，释放鼠标键时触发此事件
	onlosecapture	当元素失去鼠标移动所形成的选择焦点时触发此事件
	onpaste	当内容被粘贴时触发此事件
	onselect	当文本内容被选择时触发此事件
	onselectstart	当文本内容的选择将开始发生时触发此事件
数据 绑定 事件	onafterupdate	当数据完成由数据源到对象的传送时触发此事件
	oncellchange	当数据来源发生变化时触发此事件
	ondataavailable	当数据接收完成时触发此事件
	ondatasetchanged	数据在数据源发生变化时触发此事件
	ondatasetcomplete	当数据源的全部有效数据读取完毕时触发此事件
	onerrorupdate	当使用 onBeforeUpdate 事件触发取消了数据传送时，代替 onAfter Update 事件

续表

	事件	说明
数据绑定事件	onrowenter	当前数据源的数据发生变化并且有新的有效数据时触发此事件
	onrowexit	当前数据源的数据将要发生变化时触发此事件
	onrowsdelete	当前数据记录将被删除时触发此事件
	onrowsinserted	当前数据源将要插入新数据记录时触发此事件
外部事件	onafterprint	当文档被打印后触发此事件
	onbeforeprint	当文档即将打印时触发此事件
	onfilterchange	当某个对象的滤镜效果发生变化时触发此事件
	onhelp	当浏览者按下 F1 或者浏览器的帮助菜单时触发此事件
	onpropertychange	当对象的属性之一发生变化时触发此事件
	onreadystatechange	当对象的初始化属性值发生变化时触发此事件

5.1.3 事件的调用

事件的调用

在使用事件处理程序对页面进行操作时，最主要的是如何通过对象的事件来指定事件处理程序。指定方式主要有以下两种。

1. 在 HTML 中调用

在 HTML 中分配事件处理程序，只需要在 HTML 标记中添加相应的事件，并在其中指定要执行的代码或函数名即可。例如：

```
<input name="save" type="button" value="保存" onclick="alert('单击了保存按钮');">
```

在页面中添加如上代码，同样会在页面中显示"保存"按钮，当单击该按钮时，将弹出"单击了保存按钮"对话框。

上面的实例也可以通过调用函数来实现，代码如下。

```
<input name="save" type="button" value="保存" onclick="clickFunction();">
function clickFunction(){
    alert("单击了保存按钮");
}
```

2. 在 JavaScript 中调用

在 JavaScript 中调用事件处理程序，首先需要获得要处理对象的引用，然后将要执行的处理函数赋值给对应的事件。例如，当单击"保存"按钮时将弹出提示对话框，代码如下。

```
<input id="save" name="save" type="button" value="保存">
  <script language="javascript">
    var b_save=document.getElementById("save");
    b_save.onclick=function(){
        alert("单击了保存按钮");
    }
  </script>
```

在上面的代码中，一定要将<input id="save" name="save" type="button" value="保存">放在 JavaScript 代码的上方，否则将弹出"'b_save'为空或不是对象"的错误提示。

上面的实例也可以通过以下代码来实现。

```
<form id="form1" name="form1" method="post" action="">
<input id="save" name="save" type="button" value="保存">
</form>
 <script language="javascript">
    form1.save.onclick=function(){
        alert("单击了保存按钮");
    }
 </script>
```

在 JavaScript 中指定事件处理程序时，事件名称必须小写，这样才能正确响应事件。

5.1.4 事件对象

在 IE 浏览器中事件对象是 window 对象的一个属性 event，并且 event 对象只能在事件发生时候被访问，所有事件处理完，该对象就消失了。而标准的 DOM 中规定 event 必须作为唯一的参数传给事件处理函数。故为了实现兼容性，通常采用下面的方法。

事件对象

```
function someHandle(event) {
    if(window.event)
        event=window.event;
}
```

在 IE 中，事件的对象包含在 event 的 srcElement 属性中，而在标准的 DOM 浏览器中，对象包含在 target 属性中。为了处理两种浏览器兼容性，举例如下。

```
function handle(oEvent){
    if(window.event) oEvent = window.event;          //处理兼容性，获得事件对象
    var oTarget;
    if(oEvent.srcElement)                            //处理兼容性，获取事件目标
        oTarget = oEvent.srcElement;
    else
        oTarget = oEvent.target;
    alert(oTarget.tagName);                          //弹出目标的标记名称
}
window.onload = function(){
    var oImg = document.getElementsByTagName("img")[0];
    oImg.onclick = handle;
}
```

上面实例使用 event 对象的 srcElement 属性在事件发生时获取鼠标所在对象的名称，便于对该对象进行操作。

5.2 表单相关事件

表单事件实际上就是对元素获得或失去焦点的动作进行控制。用户可以利用表单事件来改变获得或失去焦点的元素样式，这里所指的元素可以是同一类型，也可以是多个不同类型的元素。

5.2.1 获得焦点事件与失去焦点事件

获得焦点事件（onfocus）是当某个元素获得焦点时触发事件处理程序；失去焦

获得焦点事件与
失去焦点事件

点事件（onblur）是当前元素失去焦点时触发事件处理程序。在一般情况下，这两个事件是同时使用的。

【例 5-1】 本实例是在用户选择页面中的文本框时，改变文本框的背景颜色，当选择其他文本框时，将失去焦点的文本框恢复为原来的颜色。

```html
<table align="center" width="337" height="204" border="0">
  <tr>
    <td width="108">用户名:</td>
    <td width="213"><form name="form1" method="post" action="">
      <input type="text" name="textfield" onfocus="txtfocus()" onBlur="txtblur()">
    </form></td>
  </tr>
  <tr>
    <td>密码:</td>
    <td><form name="form2" method="post" action="">
      <input type="text" name="textfield2" onfocus="txtfocus()" onBlur="txtblur()">
    </form></td>
  </tr>
  <tr>
    <td>真实姓名:</td>
    <td><form name="form3" method="post" action="">
      <input type="text" name="textfield3" onfocus="txtfocus()" onBlur="txtblur()">
    </form></td>
  </tr>
  <tr>
    <td>性别:</td>
    <td><form name="form4" method="post" action="">
      <input type="text" name="textfield5" onfocus="txtfocus()" onBlur="txtblur()">
    </form></td>
  </tr>
  <tr>
    <td>邮箱:</td>
    <td><form name="form5" method="post" action="">
      <input type="text" name="textfield4" onfocus="txtfocus()" onBlur="txtblur()">
    </form></td>
  </tr>
</table>
<script language="javascript">
<!--
function txtfocus(event){                 //当前元素获得焦点
    var e=window.event;
    var obj=e.srcElement;                 //用于获取当前对象的名称
    obj.style.background="#FF9966";
}
function txtblur(event){                   //当前元素失去焦点
    var e=window.event;
    var obj=e.srcElement;
    obj.style.background="#FFFFFF";
}
//-->
</script>
```

运行程序，可以看到当文本框获得焦点时，该文本框的背景颜色发生了改变，如图 5-1 所示。当文本框失去焦点时，该文本框的背景又恢复为原来的颜色，如图 5-2 所示。

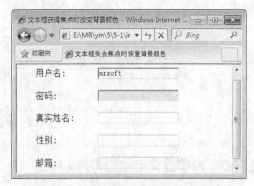

图 5-1　文本框获得焦点时改变背景颜色　　　图 5-2　文本框失去焦点时恢复背景颜色

 由于浏览器的兼容性，请在 IE 浏览器中运行本章实例。

5.2.2　失去焦点内容改变事件

失去焦点内容修改事件（onchange）是当前元素失去焦点并且元素的内容发生改变时触发事件处理程序。该事件一般在下拉文本框中使用。

失去焦点内容改变事件

【例 5-2】 本实例是在用户选择下拉菜单中的颜色时，通过 onchange 事件来相应的改变文本框的字体颜色。

```html
<form name="form1" method="post" action="">
  <input name="textfield" type="text" size="23" value="JavaScript自学视频教程">
  <select name="menu1" onChange="Fcolor()">
    <option value="black">黑</option>
    <option value="yellow">黄</option>
    <option value="blue">蓝</option>
    <option value="green">绿</option>
    <option value="red">红</option>
    <option value="purple">紫</option>
  </select>
</form>
<script language="javascript">
<!--
function Fcolor(){
    var e=window.event;
    var obj=e.srcElement;
    form1.textfield.style.color=obj.options[obj.selectedIndex].value;
}
//-->
</script>
```

运行结果如图 5-3 所示。

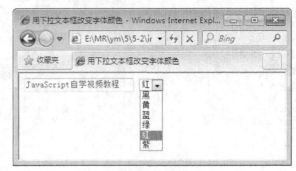

图 5-3　改变文本框的字体颜色

5.2.3　表单提交与重置事件

表单提交事件（onsubmit）是在用户提交表单时（通常使用"提交"按钮，也就是将按钮的 type 属性设为 submit），在表单提交之前被触发，因此，该事件的处理程序通过返回 false 值来阻止表单的提交。该事件可以用来验证表单输入项的正确性。

表单提交与重置事件

表单重置事件（onreset）与表单提交事件的处理过程相同，该事件只是将表单中的各元素的值设置为原始值。一般用于清空表单中的文本框。

这两个事件的语法格式如下。

```
<form name="formname" onReset="return Funname" onsubmit="return Funname " ></form>
```

参数说明：

❑　formname：表单名称。

❑　Funname：函数名或执行语句，如果是函数名，在该函数中必须有布尔型的返回值。

如果在 onsubmit 和 onreset 事件中调用的是自定义函数名，那么，必须在函数名的前面加 return 语句，否则，不论在函数中返回的是 true，还是 false，当前事件所返回的值一律是 true 值。

【例 5-3】　本实例是在提交表单时，通过 onsubmit 事件来判断提交的表单中是否有空文本框，如果有，则不允许提交，并通过表单的 onreset 事件将表单中的文本框清空，以便重新输入信息。

```
    <table width="487" height="333" border="0" align="center" cellpadding="0" cellspacing="0" background=
"bg.JPG">
    <tr>
    <td align="center" valign="top"><br>
    <br>
    <br>
    <br><br><table width="86%" border="0" align="center" cellpadding="2" cellspacing="1" bgcolor=
"#6699CC">
        <form name="form1" onReset="return AllReset()" onsubmit="return AllSubmit()">
        <tr bgcolor="#FFFFFF">
        <td height="22" align="right">所属类别：</td>
        <td height="22" align="left">
            <select name="txt1" id="txt1">
                <option value="数码设备">数码设备</option>
```

```
                    <option value="家用电器">家用电器</option>
                    <option value="礼品工艺">日常用品</option>
                </select>
                  <select name="txt2" id="txt2">
                    <option value="数码相机">数码相机</option>
                    <option value="打印机">打印机</option>
                </select></td>
        </tr>
        <tr bgcolor="#FFFFFF">
          <td height="22" align="right">商品名称：</td>
          <td height="22" align="left"><input name="txt3" type="text" id="txt3" size="30" maxlength=
"50"></td>
        </tr>
        <tr bgcolor="#FFFFFF">
          <td height="22" align="right">市场价格：</td>
          <td height="22" align="left"><input name="txt4" type="text" id="txt4" size="10"></td>
        </tr>
        <tr bgcolor="#FFFFFF">
          <td height="22" align="right">会员价格：</td>
          <td height="22" align="left"><input name="txt5" type="text" id="txt5" size="10" maxlength=
"50"></td>
        </tr>
        <tr bgcolor="#FFFFFF">
          <td height="22" align="right">商品简介：</td>
          <td height="22" align="left"><textarea name="txt6" cols="35" rows="4" id="txt6"></textarea></td>
        </tr>
        <tr bgcolor="#FFFFFF">
          <td height="22" align="right">商品数量：</td>
          <td height="22" align="left"><input name="txt7" type="text" id="txt7" size="10"></td>
        </tr>
        <tr bgcolor="#FFFFFF">
          <td height="22" colspan="2" align="center"><input name="sub" type="submit" id="sub2" value="提交">
 
          <input type="reset" name="Submit2" value="重  置">        </td>
        </tr>
      </form>
    </table></td>
  </tr>
</table>
<script language="javascript">
<!--
function AllReset(){
    if (window.confirm("是否进行重置？"))
        return true;
    else
        return false;
}
function AllSubmit(){
    var T=true;
    var e=window.event;
```

```
        var obj=e.srcElement;
        for (var i=1;i<=7;i++){
            if (eval("obj."+"txt"+i).value==""){
                T=false;
                break;
            }
        }
        if (!T){
            alert("提交信息不允许为空");
        }
        return T;
    }
    //-->
</script>
```

运行结果如图 5-4 所示。

图 5-4　表单提交的验证

5.3　鼠标键盘事件

鼠标和键盘事件是在页面操作中使用最频繁的操作，可以利用鼠标事件在页面中实现鼠标移动、单击时的特殊效果，也可以利用键盘事件来制作页面的快捷键等。

5.3.1　鼠标单击事件

鼠标单击事件（onclick）是在鼠标单击时被触发的事件。单击是指鼠标停留在对象上，按下鼠标键，在没有移动鼠标的同时放开鼠标键的这一完整过程。

鼠标单击事件一般应用于 Button 对象、Checkbox 对象、Image 对象、Link 对象、Radio 对象、Reset 对象和 Submit 对象。Button 对象一般只会用到 onclick 事件处理程序，因为该对象不能从用户那里得到任何信息，如果没有 onclick 事件处理程序，按钮对象将不会有任何作用。

鼠标单击事件

在使用对象的单击事件时，如果在对象上按下鼠标键，然后移动鼠标到对象外再松开鼠标，单击事件无效，单击事件必须在对象上松开鼠标后，才会执行单击事件的处理程序。

【例 5-4】 本实例是通过单击"变换背景"按钮，动态地改变页面的背景颜色，当用户再次单击按钮时，页面背景将以不同的颜色进行显示。

```javascript
<script language="javascript">
var Arraycolor=new Array("olive","teal","red","blue","maroon","navy","lime",
"fuschia","green","purple","gray","yellow","aqua","white","silver"); //定义颜色数组
var n=0;                                  //为变量赋初值
function turncolors(){                     //自定义函数
    if (n==(Arraycolor.length-1)) n=0;     //判断数组指针是否指向最后一个元素
    n++;                                   //变量自加1
    document.bgColor = Arraycolor[n];      //设置背景颜色为对应数组元素的值
}
</script>
<form name="form1" method="post" action="">
<p>
    <input type="button" name="Submit" value="变换背景" onclick="turncolors()">
</p>
<p>用按钮随意变换背景颜色.</p>
</form>
```

运行结果如图 5-5 和图 5-6 所示。

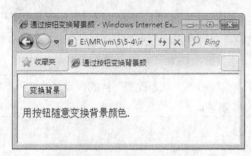

图 5-5　按钮单击前的效果

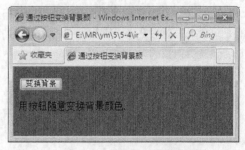

图 5-6　按钮单击后的效果

5.3.2　鼠标按下和松开事件

鼠标的按下和松开事件分别是 onmousedown 和 onmouseup 事件。其中，onmousedown 事件用于在鼠标按下时触发事件处理程序，onmouseup 事件是在鼠标松开时触发事件处理程序。在用鼠标单击对象时，可以用这两个事件实现其动态效果。

鼠标按下和松开事件

【例 5-5】 本实例是用 onmousedown 和 onmouseup 事件将文本制作成类似于<a>（超链接）标记的功能，也就是在文本上按下鼠标时，改变文本的颜色，当在文本上松开鼠标时，恢复文本的默认颜色，并弹出一个空白页（可以设置链接到任意网页）。

```
<p id="p1" style="color:#AA9900" onmousedown="mousedown()" onmouseup="mouseup()"><u>JavaScript
自学视频教程</u></p>
<script language="javascript">
```

```
<!--
function mousedown(){
    var obj=document.getElementById('p1');
    obj.style.color='#0022AA';
}
function mouseup(){
    var obj=document.getElementById('p1');
    obj.style.color='#AA9900';
    window.open("","明日图书网","");
}
//-->
</script>
```

运行结果如图 5-7 和图 5-8 所示。

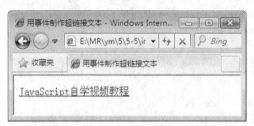

图 5-7 按下鼠标时改变字体颜色

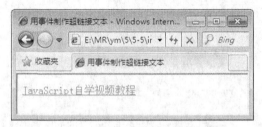

图 5-8 松开鼠标时恢复字体颜色

5.3.3 鼠标移入移出事件

鼠标的移入和移出事件分别是 onmouseover 和 onmouseout 事件。其中，onmouseover 事件在鼠标移动到对象上方时触发事件处理程序，onmouseout 事件在鼠标移出对象上方时触发事件处理程序。用户可以用这两个事件在指定的对象上移动鼠标时，实现其对象的动态效果。

鼠标移入移出事件

> 【例 5-6】 本实例的主要功能是鼠标在图片上移入或移出时，动态改变图片的焦点，完成鼠标的移入和移出动作主要用 onmouseover 和 onmouseout 事件。

```
<script language="javascript">
<!--
function visible(cursor,i){
    if (i==0)
        cursor.filters.alpha.opacity=100;
    else
        cursor.filters.alpha.opacity=50;
}
//-->
</script>
<table border="0" cellpadding="0" cellspacing="0">
  <tr>
    <td align="center" bgcolor="#CCCCCC">
      <img src="Temp.jpg" border="0" style="filter:alpha(opacity=100)" onMouseOver="visible(this,1)"
onMouseOut="visible(this,0)" width="148" height="121">
    </td>
  </tr>
</table>
```

运行结果如图 5-9 和图 5-10 所示。

图 5-9 鼠标移入时获得焦点　　　　图 5-10 鼠标移出时失去焦点

5.3.4　鼠标移动事件

鼠标移动事件（onmousemove）是鼠标在页面上进行移动时触发事件处理程序，可以在该事件中用 document 对象实时读取鼠标在页面中的位置。

鼠标移动事件

> 【例 5-7】　本实例是鼠标在页面中移动时，在页面的状态栏中显示当前鼠标在页面上的位置，也就是（x,y）值。

```
<script language="javascript">
<!--
var x=0,y=0;
function MousePlace(){
    x=window.event.x;
    y=window.event.y;
    window.status="鼠标在页面中的当前位置的横坐标X："+x+"  "+"纵坐标Y："+y;
}
document.onmousemove=MousePlace;              //读取鼠标在页面中的位置
//-->
</script>
```

运行结果如图 5-11 所示。

图 5-11 在状态栏中显示鼠标在页面中的当前位置

5.3.5　键盘事件

键盘事件包含 onkeypress、onkeydown 和 onkeyup 事件。其中，onkeypress 事件是在键盘上的某个键被按下并且释放时触发此事件的处理程序，一般用于键盘上的单键操作；onkeydown 事件是在键盘上的某个键被按下时触发此事件的处理程序，

键盘事件

一般用于组合键的操作；onkeyup 事件是在键盘上的某个键被按下后松开时触发此事件的处理程序，一般用于组合键的操作。

为了便于读者对键盘上的按键进行操作，下面以表格的形式给出字母和数字键的键码值，如表 5-2 所示。

表 5-2　字母和数字键的键码值

按键	键值	按键	键值	按键	键值	按键	键值
A(a)	65	J(j)	74	S(s)	83	1	49
B(b)	66	K(k)	75	T(t)	84	2	50
C(c)	67	L(l)	76	U(u)	85	3	51
D(d)	68	M(m)	77	V(v)	86	4	52
E(e)	69	N(n)	78	W(w)	87	5	53
F(f)	70	O(o)	79	X(x)	88	6	54
G(g)	71	P(p)	80	Y(y)	89	7	55
H(h)	72	Q(q)	81	Z(z)	90	8	56
I(i)	73	R(r)	82	0	48	9	57

下面是数字键盘上按键的键码值，如表 5-3 所示。

表 5-3　数字键盘上按键的键码值

按键	键值	按键	键值	按键	键值	按键	键值
0	96	8	104	F1	112	F7	118
1	97	9	105	F2	113	F8	119
2	98	*	106	F3	114	F9	120
3	99	+	107	F4	115	F10	121
4	100	Enter	108	F5	116	F11	122
5	101	−	109	F6	117	F12	123
6	102	.	110				
7	103	/	111				

下面是键盘上控制键的键码值，如表 5-4 所示。

表 5-4　　控制键的键码值

按键	键值	按键	键值	按键	键值	按键	键值
Back Space	8	Esc	27	Right Arrow(→)	39	-_	189
Tab	9	Spacebar	32	Down Arrow(↓)	40	.>	190
Clear	12	Page Up	33	Insert	45	/?	191
Enter	13	Page Down	34	Delete	46	`~	192
Shift	16	End	35	Num Lock	144	[{	219
Control	17	Home	36	;:	186	|	220
Alt	18	Left Arrow(←)	37	=+	187	]}	221
Cape Lock	20	Up Arrow(↑)	38	,<	188	"'	222

以上键码值只有在文本框中才完全有效，如果在页面中使用（也就是在<body>标记中使用），则只有字母键、数字键和部分控制键可用，其字母键和数字键的键值与 ASCII 值相同。

如果想要在 JavaScript 中使用组合键，可以利用 event.ctrlKey、event.shiftKey、event.altKey 判断是否按了 Ctrl 键、Shift 键以及 Alt 键。

【例 5-8】 本实例是利用键盘中的 A 键，对页面进行刷新，而无需用鼠标在 IE 浏览器中单击"刷新"按钮。

```javascript
<script language="javascript">
<!--
function Refurbish(){
    if (window.event.keyCode==97){
        location.reload();
    }
}
//-->
</script>
```

运行结果如图 5-12 所示。

图 5-12　按 A 键对页面进行刷新

5.4　页面事件

页面事件是在页面加载或改变浏览器大小、位置，以及对页面中的滚动条进行操作时，所触发的事件处理程序。本节将通过页面事件对浏览器进行相应的控制。

5.4.1　加载与卸载事件

加载与卸载事件

加载事件（onload）是在网页加载完毕后触发相应的事件处理程序，它可以在网页加载完成后对网页中的表格样式、字体、背景颜色等进行设置。卸载事件（unload）是在卸载网页时触发相应的事件处理程序，卸载网页是指关闭当前页或从当前页跳转到其他网页中，该事件常被用于在关闭当前页或跳转其他网页时，弹出询问提示框。

在制作网页时，为了便于网页资源的利用，可以在网页加载事件中对网页中的元素进行设置。下面以实例的形式讲解如何在页面中合理利用图片资源。

> 【例 5-9】　本实例是在网页加载时，将图片缩小成指定的大小，当鼠标移动到图片上时，将图片大小恢复成原始大小，这样可以避免使用大小相同的两个图片进行切换，并在重载网页时，用提示框显示欢迎信息。

```
<body onunload="pclose()"> <!--调用窗体的卸载事件-->
<img src="image1.jpg" name="img1" onload="blowup()" onmouseout="blowup()" onmouseover="reduce()">
<!--在图片标记中调用相关事件-->
<script language="javascript">
<!--
var h=img1.height;
var w=img1.width;
function blowup(){              //缩小图片
    if (img1.height>=h){
        img1.height=h-100;
        img1.width=w-100;
    }
}
function reduce(){             //恢复图片的原始大小
    if (img1.height<h){
        img1.height=h;
        img1.width=w;
    }
}
function pclose(){            //卸载网页时弹出提示框
    alert("欢迎浏览本网页");
}
//-->
</script>
</body>
```

运行结果如图 5-13 和图 5-14 所示。

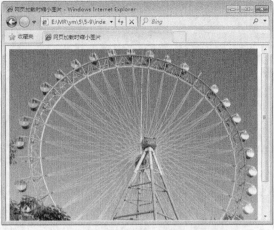

图 5-13　网页加载后的效果　　　　　图 5-14　鼠标移到图片时的效果

5.4.2　页面大小事件

页面的大小事件（onresize）是用户改变浏览器的大小时触发事件处理程序，它主要用于固定浏览器的大小。

页面大小事件

【例 5-10】　本实例是在用户打开网页时，将浏览器以固定的大小显示在屏幕上，当用鼠标拽动浏览器边框改变其大小时，浏览器将恢复原始大小。

```
<script language="JavaScript">
function fastness(){                          //设置浏览器窗口大小
    window.resizeTo(650,500);
}
document.body.onresize=fastness;              //固定浏览器的大小
document.body.onload=fastness;
</script>
```

运行结果如图 5-15 所示。

图 5-15　固定浏览器的大小

小 结

　　本章主要讲解了事件与事件处理相关内容，通过本章的学习，读者可以熟悉事件与事件处理的概念，并应该熟练掌握鼠标、键盘、页面、表单等事件的处理技术，从而实现各种网站效果。

上机指导

　　在设计表单时，为了方便用户填写表单，可以设置按回车键自动切换到下一个控件的焦点，而不是直接提交表单。运行本实例，当用户填写完一项信息后，按回车键时将焦点自动切换到下一个文本框中。程序运行结果如图 5-16 所示。

课程设计

　　程序开发步骤如下。

　　（1）编写用户输入表单，在表单元素中应用键盘事件 onKeyPress，当触发该事件时执行自定义函数 Myenter()，代码如下。

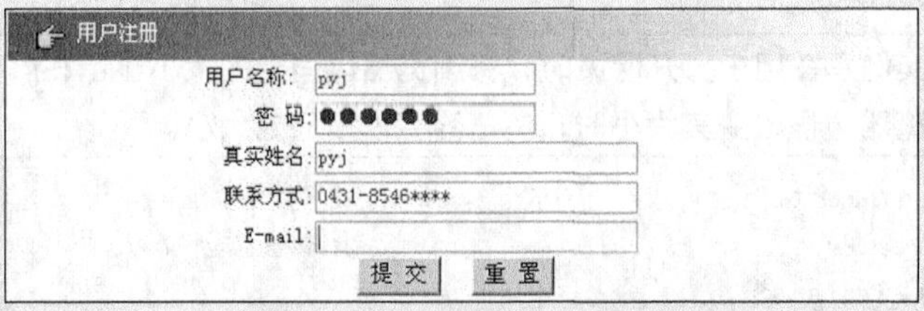

图 5-16　按下回车键时自动切换焦点

```
<table width="547" border="0" align="center" cellpadding="0" cellspacing="0">
  <tr>
    <td height="8" background="images/right_a01.jpg"></td>
  </tr>
  <tr>
    <td valign="top" background="images/right_a03.jpg"><table width="532" border="0" align=
"center" cellpadding="0" cellspacing="0">
      <form name="form1">
        <tr>
          <td height="27" colspan="2" align="left" background="images/sub_02.jpg" class=
"font_white">       <span class="style1">用户注册
</span></td>
        </tr>
        <tr>
          <td width="172" height="22" align="right">用户名称:</td>
          <td width="328" height="22"><input name="用户名称" type="text" class=
"wenbenkuang" id="用户名称" maxlength="50" onKeyPress="Myenter(form1.密码)" /></td>
        </tr>
        <tr>
          <td height="22" align="right">密码:</td>
          <td height="22"><input name="密码" type="password" class="wenbenkuang" id="
密码" maxlength="50" onKeyPress="Myenter(form1.真实姓名)" /></td>
```

```
                    </tr>
                    <tr>
                        <td height="22" align="right">真实姓名:</td>
                        <td height="22"><input name="真实姓名" type="text" class="wenbenkuang" id="真
实姓名" size="30" maxlength="50" onKeyPress="Myenter(form1.联系方式)" /></td>
                    </tr>
                    <tr>
                        <td height="22" align="right">联系方式:</td>
                        <td height="22"><input name="联系方式" type="text" class="wenbenkuang" id="联
系方式" size="30" maxlength="30" onKeyPress="Myenter(form1.Email)"   /></td>
                    </tr>
                    <tr>
                        <td height="22" align="right">E-mail:</td>
                        <td height="22"><input name="Email" type="text" class="wenbenkuang" id=
"Email" size="30" maxlength="100" onKeyPress="Myenter(form1.add)"/></td>
                    </tr>
                    <tr>
                        <td height="22" colspan="2" align="center"><input name="add" type="button"
class="button" id="add" value="提 交" onClick="form1.submit();" />
     
                            <input type="reset" name="Submit2" value="重 置" class="button" /></td>
                    </tr>
                </form>
            </table></td>
        </tr>
        <tr>
            <td height="8" background="images/right_a02.jpg"></td>
        </tr>
    </table>
```

（2）编写自定义函数 Myenter()，实现按回车键时自动切换焦点的功能，关键代码如下。

```
<script type="text/javascript">
function Myenter(str){
 if (event.keyCode == 13){
    str.focus();}
}
</script>
```

习 题

5-1 简单描述事件的作用。

5-2 如何分别在 JavaScript 中和 HTML 中调用事件处理程序？

5-3 列举常见的表单相关事件。

5-4 列举常见的几种鼠标键盘事件。

5-5 列举常见的页面相关事件。

第6章

JavaScript常用文档对象

本章要点：

- Document对象
- JavaScript中的cookie设置
- 表单对象
- 图像对象

■ 文档对象（Document）是浏览器窗口对象（Window）的一个主要部分，它包含了网页显示的各个元素对象，是最常用的对象之一。本章将介绍 Document 对象以及该对象中的表单对象和图像对象的应用。

6.1　Document 对象

6.1.1　文档对象概述

文档对象（Document）代表浏览器窗口中的文档，该对象是 window 对象的子对象，由于 Window 对象是 DOM 对象模型中的默认对象，因此 Window 对象中的方法和子对象不需要使用 Window 来引用。通过 Document 对象可以访问 HTML 文档中包含的任何 HTML 标记，并可以动态地改变 HTML 标记中的内容，例如表单、图像、表格和超链接等。该对象在 JavaScript 1.0 版本中就已经存在，在随后的版本中又增加了几个属性和方法。Document 对象层次结构如图 6-1 所示。

文档对象概述

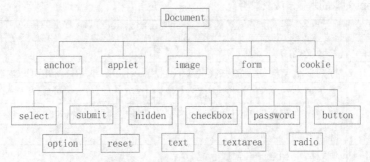

图 6-1　Document 对象层次结构

6.1.2　文档对象的常用属性、方法与事件

本节将详细介绍文档（Document）对象的常用属性、方法和事件。

1. Document 对象的常用属性

Document 对象的常用属性及说明如表 6-1 所示。

文档对象的常用
属性、方法与事件

表 6-1　Document 对象的常用属性及说明

属性	说明
alinkColor	链接文字被单击时的颜色，对应于\<body\>标记中的 alink 属性
all[]	存储 HTML 标记的一个数组（该属性本身也是一个对象）
anchors[]	存储锚点的一个数组（该属性本身也是一个对象）
bgColor	文档的背景颜色，对应于\<body\>标记中的 bgcolor 属性
cookie	表示 cookie 的值
fgColor	文档的文本颜色（不包含超链接的文字）对应于\<body\>标记中的 text 属性值
forms[]	存储窗体对象的一个数组（该属性本身也是一个对象）
fileCreatedDate	创建文档的日期
fileModifiedDate	文档最后修改的日期
fileSize	当前文件的大小
lastModified	文档最后修改的时间
images[]	存储图像对象的一个数组（该属性本身也是一个对象）
linkColor	未被访问的链接文字的颜色，对应于\<body\>标记中的 link 属性

属性	说明
links[]	存储 link 对象的一个数组（该属性本身也是一个对象）
vlinkColor	表示已访问的链接文字的颜色，对应于<body>标记的 vlink 属性
title	当前文档标题对象
body	当前文档主体对象
readyState	获取某个对象的当前状态
URL	获取或设置 URL

2. Document 对象的常用方法

Document 对象的常用方法及说明如表 6-2 所示。

表 6-2　Document 对象的常用方法及说明

方法	说明
close	关闭文档的输出流
open	打开一个文档输出流并接收 write 和 writeln 方法的创建页面内容
write	向文档中写入 HTML 或 JavaScript 语句
writeln	向文档中写入 HTML 或 JavaScript 语句，并以换行符结束
createElement	创建一个 HTML 标记
getElementById	获取指定 id 的 HTML 标记

3. Document 对象的常用事件

多数浏览器内部对象都拥有很多事件，下面将以表格的形式给出常用的事件并介绍何时触发这些事件。JavaScript 的常用事件如表 6-3 所示。

表 6-3　JavaScript 的常用事件

事件	何时触发
onabort	对象载入被中断时触发
onblur	元素或窗口本身失去焦点时触发
onchange	改变<select>元素中的选项或其他表单元素失去焦点，并且在其获取焦点后内容发生过改变时触发
onclick	单击鼠标左键时触发。当光标的焦点在按钮上，并按下回车键时，也会触发该事件
ondblclick	双击鼠标左键时触发
onerror	出现错误时触发
onfocus	任何元素或窗口本身获得焦点时触发
onkeydown	键盘上的按键（包括 Shift 或 Alt 等键）被按下时触发，如果一直按着某键，则会不断触发。当返回 false 时，取消默认动作
onkeypress	键盘上的按键被按下，并产生一个字符时发生。也就是说，当按下 Shift 或 Alt 等键时不触发。如果一直按下某键时，会不断触发。当返回 false 时，取消默认动作
onkeyup	释放键盘上的按键时触发

续表

事件	何时触发
onload	页面完全载入后，在 Window 对象上触发；所有框架都载入后，在框架集上触发；<img>标记指定的图像完全载入后，在其上触发；或<object>标记指定的对象完全载入后，在其上触发
onmousedown	单击任何一个鼠标按键时触发
onmousemove	鼠标在某个元素上移动时持续触发
onmouseout	将鼠标从指定的元素上移开时触发
onmouseover	鼠标移到某个元素上时触发
onmouseup	释放任意一个鼠标按键时触发
onreset	单击重置按钮时，在<form>上触发
onresize	窗口或框架的大小发生改变时触发
onscroll	在任何带滚动条的元素或窗口上滚动时触发
onselect	选中文本时触发
onsubmit	单击提交按钮时，在<form>上触发
onunload	页面完全卸载后，在 Window 对象上触发；或者所有框架都卸载后，在框架集上触发

6.1.3 Document 对象的应用

本节主要通过使用 Document 对象的属性和方法来完成一些常用的实例，例如链接文字颜色设置、获取并设置 URL 等，本节将对 Document 对象常用的应用进行详细介绍。

Document 对象的
应用

1. 链接文字颜色设置

链接文字颜色设置通过使用 alinkColor 属性、linkColor 属性和 vlinkColor 属性来实现。

（1）alinkColor 属性

该属性用来获取或设置当链接被单击时显示的颜色。其语法格式如下。

`[color=]document.alinkcolor[=setColor]`

参数说明：

❑ setColor：可选项，用来设置颜色的名称或颜色的 RGB 值。

❑ color：可选项，是一个字符串变量，用来获取颜色值。

（2）linkColor 属性

该属性用来获取或设置页面中未单击的链接的颜色。其语法格式如下。

`[color=]document.linkColor[=setColor]`

参数说明：

❑ setColor：可选项，用来设置颜色的名称或颜色的 RGB 值。

❑ color：可选项，是一个字符串变量，用来获取颜色值。

（3）vlinkColor 属性

该属性用来获取或设置页面中单击过的链接的颜色。其语法格式如下。

`[color=]document.vlinkColor[=setColor]`

参数说明：

❑ setColor：可选项，用来设置颜色的名称或颜色的 RGB 值。

❑ color：可选项，是一个字符串变量，用来获取颜色值。

【例 6-1】 本实例分别设置了超链接 3 个状态的文字颜色。

```
<body>
<font size="10pt"  face="隶书"><a id="a1" href="#">JavaScript技术论坛</a></font>
<script language="JavaScript">
    document.vlinkColor ="#00CCFF";        //设置单击过的链接的颜色
    document.linkColor="blue";             //设置未单击的链接的颜色
    document.alinkColor="#000000";         //设置当链接被单击时显示的颜色
</script>
</body>
```

当未单击超链接时超链接字体的颜色为蓝色，如图 6-2 所示；当单击超链接时超链接字体的颜色为黑色，如图 6-3 所示；当单击过超链接时超链接的字体颜色为淡蓝色，如图 6-4 所示。

图 6-2　未单击链接时为蓝色

图 6-3　单击链接时为黑色

图 6-4　单击过的链接为淡蓝色

2. 文档背景色和前景色设置

文档背景色和前景色的设置可以使用 bgColor 属性和 fgColor 属性来实现。

（1）bgColor 属性

该属性用来获取或设置页面的背景颜色。其语法格式如下。

```
[color=]document.bgColor[=setColor]
```

参数说明：

❑　setColor：可选项，用来设置颜色的名称或颜色的 RGB 值。

❑　color：可选项，是一个字符串变量，用来获取颜色值。

（2）fgColor 属性

该属性用来获取或设置页面的前景颜色，即页面中文字的颜色。其语法格式如下。

```
[color=]document.fgColor[=setColor]
```

参数说明：

❑　setColor：可选项，用来设置颜色的名称或颜色的 RGB 值。

❑　color：可选项，是一个字符串变量，用来获取颜色值。

【例 6-2】 本实例每间隔一秒将改变文档的前景色和背景色。

```
<body>
背景自动变色
```

```
<script language="javascript">
var Arraycolor=new Array("#00FF66","#FFFF99","#99CCFF","#FFCCFF","#FFCC99","#00FFFF");
var n=0;
function changecolors(){
    n++;
    if (n==(Arraycolor.length-1)) n=0;
    document.bgColor = Arraycolor[n];
    document.fgColor=Arraycolor[n-1];
    setTimeout("changecolors()",1000);
}
changecolors();
</script>
</body>
```

当运行实例时，文档的前景色和背景色如图 6-5 所示；在间隔一秒后文档的前景色和背景色将会自动改变，如图 6-6 所示。

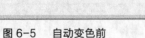

图 6-5 自动变色前

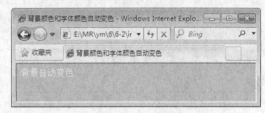

图 6-6 自动变色后

3. 获取并设置 URL

获取并设置 URL 可以使用 Document 对象的 URL 属性来实现，该属性可以获取或设置当前文档的 URL。其语法格式如下。

```
[url=]document.URL[=setUrl]
```

参数说明：

❑ url：可选项，字符串表达式，用来存储当前文档的 URL。

❑ setUrl：可选项，字符串变量，用来设置当前文档的 URL。

【例 6-3】 本实例在页面中显示了当前文档的 URL。

```
<body>
<script language="javascript">
<!--
    document.write("<b>当前页面的URL: </b>"+document.URL);//获取当前页面的URL地址
-->
</script>
</body>
```

运行结果如图 6-7 所示。

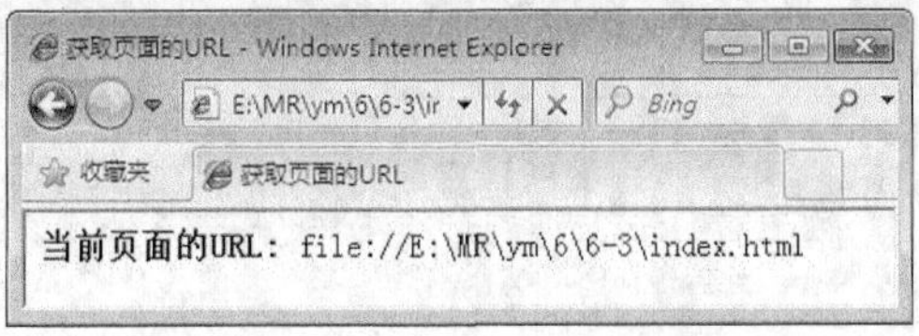

图 6-7 显示当前页面的 URL

4．在文档中输出数据

在文档中输出数据可以使用 write 方法和 writeln 方法来实现。

（1）write 方法

该方法用来向 HTML 文档中输出数据，其数据包括字符串、数字和 HTML 标记等。其语法格式如下。

```
document.write(text);
```

参数说明：

❑　text：在 HTML 文档中输出的内容。

（2）writeln 方法

该方法与 write 方法作用相同，唯一的区别在于 writeln 方法在所输出的内容后，添加了一个回车换行符。但回车换行符只有在 HTML 文档中的<pre></pre>标记（此标记可以把文档中的空格、回车、换行等表现出来）内才能被识别。其语法格式如下。

```
document.writeln(text);
```

参数说明：

❑　text：在 HTML 文档中输出的内容。

> 【例 6-4】　本实例使用 write()方法和 writeln()方法在页面中输出了几段文字，注意这两种方法的区别。

```
<body>
<script language="javascript">
    <!--
        document.write("使用write方法输出的第一段内容！ ");
        document.write("使用write方法输出的第二断内容<hr>");
        document.writeln("使用writeln方法输出的第一段内容！ ");
        document.writeln("使用writeln方法输出的第二断内容<hr>");
    -->
</script>
<pre>
<script language="javascript">
    <!--
        document.writeln("在pre标记内使用writeln方法输出的第一段内容！ ");
        document.writeln("在pre标记内使用writeln方法输出的第二段内容");
    -->
</script>
</pre>
</body>
```

运行效果如图 6-8 所示。

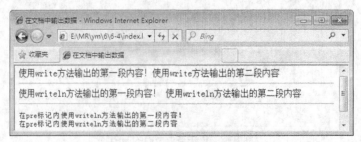

图 6-8　在文档中输出数据

5. 动态添加一个 HTML 标记

动态添加一个 HTML 标记可以使用 createElement()方法来实现。createElement()方法可以根据一个指定的类型来创建一个 HTML 标记。其语法格式如下。

```
sElement=document.createElement(sName)
```

参数说明：

❑ sElement：用来接收该方法返回的一个对象。

❑ sName：用来设置 HTML 标记的类型和基本属性。

【例 6-5】 本实例通过单击"动态添加文本框"按钮，将会在页面中动态添加一个文本框。

```html
<html xmlns="http://www.w3.org/1999/xhtml">
<head>
<meta http-equiv="Content-Type" content="text/html; charset=gb2312" />
<title>动态添加一个文本框</title>
<script>
<!--
    function addInput(){
        var txt=document.createElement("input");          //动态添加一个input文本框
        txt.type="text";                                  //为添加的文本框type属性赋值
        txt.name="txt";                                   //为添加的文本框name属性赋值
        txt.value="动态添加的文本框";                      //为添加的文本框value属性赋值
        document.form1.appendChild(txt);                  //把文本框作为子节点追加到表单中
    }
-->
</script>
</head>
<body>
<form name="form1">
<input type="button" name="btn1" value="动态添加文本框" onclick="addInput();" />
</form>
</body>
</html>
```

运行效果如图 6-9 所示。

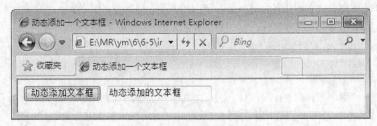

图 6-9　动态添加一个文本框

6. 获取文本框并修改其内容

获取文本框并修改其内容可以使用 getElementById()方法来实现。getElementById()方法可以通过指定的 id 来获取 HTML 标记，并将其返回。其语法格式如下。

```
sElement=document.getElementById(id)
```

参数说明：

❑ sElement：用来接收该方法返回的一个对象。

❑ id：用来设置需要获取 HTML 标记的 id 值。

【例 6-6】 本实例在页面加载后的文本框中将会显示"初始文本内容"，当单击按钮后将会改变文本框中的内容。

```
<body>
<script>
<!--
    function chg(){
        var t=document.getElementById("txt");
        t.value="修改文本内容";
    }
-->
</script>
<input type="text" id="txt" value="初始文本内容"/>
<input type="button" value="更改文本内容" name="btn" onclick="chg();" />
</body>
```

运行结果如图 6-10 和图 6-11 所示。

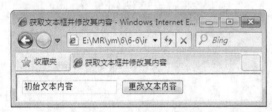

图 6-10　文本框中显示"初始文本内容"

图 6-11　文本框中显示"修改文本内容"

6.1.4　JavaScript 中的 Cookie 设置

使用 JavaScript 可以非常方便地对 Cookie 进行操作，包括 Cookie 的读取、写入和删除等。

JavaScript 中的
Cookie 设置

1. Cookie 写入和读取

（1）Cookie 的写入

Cookie 存储在 document 对象的 cookie 属性中，它实际上是一个字符串，当页面载入时自动生成。Cookie 的一组信息由分号和一个空格隔开，每个信息都由 Cookie 名称和 Cookie 值组成，例如：

```
name1=value1;name2=value2;name3=value3;name4=value4;
```

Cookie 的写入首先将 Cookie 的名称和 Cookie 值放入一个变量中。其语法格式如下。

```
var cookiename="name5";
var cookievalue="value5";
var totalcookie=cookiename+"="+cookievalue;
```

参数说明：

❑ cookiename：Cookie 名称。

❑ cookievalue：Cookie 值。

然后将该变量赋给 document 对象的 cookie 属性即可。其语法格式如下。

```
document.cookie=totalcookie;
```

当用户将 Cookie 写入后，新的 Cookie 字符串并不覆盖原来的字符串，而是自动添加到原来 Cookie 字符串的后面。例如：

```
name1=value1;name2=value2;name3=value3;name4=value4;name5=value5
```

一般情况下，Cookie 本身不能包括分号、逗号或空格等专用字符，但是对于这些字符可以使用编码的形式进行传输，也就是将文本字符串中的专用字符转换成对应的十六进制 ASCII 值。在 JavaScript 中可以使用 encodeURI() 函数将文本字符串编辑为一个有效的 URI。要读取编辑后字符串，需要使用 decodeURI() 函数进行解码操作。

> 在对 Cookie 值进行编码时也可以使用 escape() 函数，在读取 Cookie 时再通过 unescape() 函数将其还原。

Cookie 中的 expires 属性写入 Cookie 的方式是 expires=date，其中 name=value 和 expires=date 之间以分号和空格隔开。例如：

```
var date=new Date();
name=value; expires=date.toUTCString();
```

> 不要使用 encodeURI() 函数来编码 expires 属性，JavaScript 不能识别 URI 中的编码格式，如果使用 encodeURI() 函数来编辑 expires 属性，JavaScript 将不能正确设置 Cookie 的过期时间。

Date 对象的每个部分，包括星期、月份、年份、小时、分钟、秒数都可以通过相应的函数来获取，这些函数包括对应的 set×××() 函数与 get×××() 函数。例如，获取星期使用 getDate() 方法，如果需要获取下一星期的时间可以通过 setDate() 与 getDate() 取得，代码如下。

```
var date=new Date();
date.setDate(date.getDate()+7);
```

如果写入一个名称为 test，过期时间为一个星期的 Cookie 时，需要使用如下代码。

```
var date=new Date();
date.setDate(date.getDate()+7);
document.cookie=encodeURI("test=value")+";expires="+date.toUTCString();
```

使用 path 属性指定 Cookie 作用的范围，假如使名称为 test 的 Cookie 可用于 test 路径及其子路径下，可以使用如下代码。

```
document.cookie="test=value"+";path=/test";
```

在开发 Cookie 的 JavaScript 程序中，如果目录中还存在其他设置 Cookie 的程序，则 JavaScript 程序不能正常运行，这时需要设置 path 属性使 Cookie 在某一个范围内有效。

在 Cookie 的写入过程中，同样可以使用 domain 属性设置相同域共享同一个 Cookie，如果 Web 服务器的域名在 9 个顶级域名之内，那么在设置 domain 属性时需要使用两个句点的域名，例如：.test*.com，如果 Web 服务器的域名不在 9 个顶级域名之内，那么需要使用 3 个句点的域名。下面的代码用于实现名称为 test、域名为 test*.test*.com 的 Web 服务器的 Cookie 共享于域为 test*.com 的所有 Web 服务器。

```
document.cookie="test=value; domain=test*.com";
```

在使用 JavaScript 客户端时，secure 属性一般都会被忽略，如果需要使用这个属性，可以使用布尔型值设置 Cookie 的 secure 属性。如果一个名称 test 用 Cookie 的 secure 属性激活，可以使用如下代码。

```
document.cookie="test=value;secure=true";
```

可以将 Cookie 的写入操作封装在一个 JavaScript 函数中，例如：

```
function setCookie(name, value, expires, path, domain, secure){
    document.cookie = name + "=" + encodeURI(value) +
    ((expires) ? "; expires=" + expires : "") +
    ((path) ? "; path=" + path : "") +
```

```
        ((domain) ? "; domain=" + domain : "") +
        ((secure) ? "; secure" : "");
    }
```

上述函数中共有 6 个参数，分别设置 Cookie 中的 5 个属性，其中参数 value 为 name 属性的值，除了必须设置的 name 属性之外，其他属性的值都使用三目运算符进行设置，如果参数值为空，则不进行此参数的设置，如果参数值不为空，则需要对 Cookie 的相应属性进行设置。

【例 6-7】 本实例主要实现将表单注册信息写入 Cookie 中。

① 首先在页面中创建注册表单，同时对表单中一些关键文本框进行 JavaScript 表单验证，关键代码如下。

```
<table width="800" height="689" border="0" align="center">
<form action="" method="post" name="form1">
  <tr>
    <td background="博客用户注册.jpg">
      <table width="800" height="451" border="0">
        <tr>
          <td width="113" rowspan="3"> </td>
          <td width="491" height="140"> </td>
          <td width="182" rowspan="3"> </td>
        </tr>
        <tr>
          <td height="175" valign="top"><table width="100%"  border="0">
            <tr>
              <td width="30%" class="zi"><div align="right">用户名：</div></td>
              <td width="70%" align="center">
                <div align="left">
                  <input name="username" type="text" size="40">
                </div></td></tr>
            <tr>
              <td class="zi"><div align="right">密码：</div></td>
              <td>
                <div align="left">
                  <input name="password1" type="password" size="20" maxlength="10" oncopy=
"return false" oncut="return false" onpaste="return false">
                </div></td></tr>
            <tr>
              <td class="zi"><div align="right">重复密码：</div></td>
              <td>
                <div align="left">
                  <input name="password2" type="password" size="20" maxlength="10" oncopy=
"return false" oncut="return false" onpaste="return false">
                </div></td></tr>
            <tr>
              <td class="zi"><div align="right">姓名：</div></td>
              <td>
                <div align="left">
                  <input name="realname" type="text" size="40">
                </div></td></tr>
            <tr>
              <td class="zi"><div align="right">性别：</div></td>
```

```
            <td>
                <div align="left">
                    <input type="radio" name="sex" value="男" checked>
                    <span class="zi">男</span>
                    <input type="radio" name="sex" value="女">
                    <span class="zi">女</span>
                    </div></td></tr>
        <tr>
            <td class="zi"><div align="right">QQ号码：</div></td>
            <td>
                <div align="left">
                    <input name="qqnum" type="text" size="40">
                    </div></td></tr>
        <tr>
            <td class="zi"><div align="right">主页：</div></td>
            <td>
                <div align="left">
                    <input name="zy" type="text" size="40">
                    </div></td></tr>
        <tr>
            <td class="zi"><div align="right">兴趣：</div></td>
            <td>
                <div align="left">
                    <input name="xq" type="text" size="40">
                    </div></td></tr>
        <tr>
            <td class="zi"><div align="right">Email：</div></td>
            <td>
                <div align="left">
                    <input name="mail" type="text" size="40">
                    </div></td></tr>
        </table></td>
    </tr>
    <tr>
        <td valign="top"><table width="100%"    border="0">
        <tr>
            <td width="33%"> </td>
            <td width="14%"><input type="image" src="1.gif" width="51" height="20" onClick="return
submit2();"></td>
            <td width="14%"><input type="image" src="2.gif" width="51" height="20" onClick="javascript:
reset();"></td>
            <td width="22%"><input type="image" src="3.gif" width="51" height="20" onClick="javascript:
window.close();"></td>
            <td width="17%"> </td>
        </tr>
        </table></td>
    </tr>
    </table></td>
</tr>
</form>
</table>
```

② 定义 writeCookie()函数，用于将用户在表单中输入的数据写入 Cookie 中，关键代码如下。

```
function writeCookie(){
    document.cookie=encodeURI("username="+document.form1.username.value);
    document.cookie=encodeURI("password="+document.form1.password1.value);
}
```

当提交表单后，如果用户在表单中输入的所有信息都符合表单验证规则，则将弹出"提交成功"对话框，因为在表单提交时调用了 writeCookie()函数，所以此时完成了 Cookie 写入的操作，在 Cookie 写入的过程中，需要使用 JavaScript 中的 encodeURL()函数将所要写入 Cookie 的文本框中的数据进行编码操作。

③ 将单选按钮的值放入 Cookie 需要遍历页面中所有的单选按钮，应用 if 语句进行判断，如果用户选择了此单选按钮，则将此单选按钮的值放入 Cookie 中，关键代码如下。

```
function testRadio(){
    var charactergroup=document.forms[0].elements["sex"];
    for(var i=0;i<charactergroup.length;i++){
        if(charactergroup[i].checked==true){
            document.cookie=encodeURI("sex="+charactergroup[i].value);
        }
    }
}
function writeCookie(){
    document.cookie=encodeURI("username="+document.form1.username.value);
    document.cookie=encodeURI("password="+document.form1.password1.value);
    testRadio();
}
```

运行结果如图 6-12 所示。

图 6-12　Cookie 的写入

（2）Cookie 的读取

特定网页的 Cookie 保存在 Document 对象的 cookie 属性中，所以可以使用 document.cookie 语句来获取 Cookie，存在 Web 服务器中的 Cookie 是由一连串的字符串组成，而且在 Cookie 写入的过程中曾经使用 encodeURI()函数对这些字符串进行编码操作，所以获取 Cookie 首先需要对这些字符串进行解码操作，可以调用 decodeURI()函数，然后调用 String 对象的方法来提取相应的字符串。例如：

```
var cookieString=decodeURI(document.cookie);
```

```
var cookieArray=cookieString.split(";");
```

上述代码首先使用 String 对象的 split()函数，将 Web 服务器中的 Cookie 以分号和空格隔开；然后将字符串中所有的字符放入相应数组中，可以循环遍历此数组的所有值；最后对数组中的所有值使用 slipt()函数以等号进行分隔，可以取得 Cookie 的名称和值。例如：

```
for(var i=0;i<cookieArray.length;i++){
    var cookieNum=cookieArray[i].split("=");
    var cookieName=cookieNum[0];
    var cookieValue=cookieNum[1];
}
```

【例 6-8】 本实例实现读取【例 6-7】中写入 Cookie 中的注册信息。

定义一个 JavaScript 函数，用于读取写入的 Cookie 值，关键代码如下。

```
function readCookie(){
    var cookieString=decodeURI(document.cookie);
    var cookieArray=cookieString.split(";");
    for(var i=0;i<cookieArray.length;i++){
        var cookieNum=cookieArray[i].split("=");
        var cookieName=cookieNum[0];
        var cookieValue=cookieNum[1];
        alert("Cookie名称为:"+cookieName+" Cookie值为:"+cookieValue);
    }
}
```

在上述代码中，使用 String 对象的 split()函数将获取的 Cookie 字符串以等号进行分隔，可以分别获取 Cookie 的名称与 Cookie 的值。

为了方便 Cookie 的读取，在页面中添加了一个"读取 Cookie"的按钮，在该按钮的 onClick 事件中调用上述函数，关键代码如下。

```
<td width="39%"><input type="image" src="4.gif" width="65" height="20" onClick="readCookie();"></td>
```

除了可以使用上述方法获取 Cookie 值之外，同样还可以通过 Cookie 名称查询相应的值，只需要修改上述函数即可。例如：

```
function readCookie(value){
var cookieString=decodeURI(document.cookie);
    var cookieArray=cookieString.split(";");
    for(var i=0;i<cookieArray.length;i++){
        var cookieNum=cookieArray[i].split("=");
        var cookieName=cookieNum[0];
        var cookieValue=cookieNum[1];
        if(cookieValue==value){
            return cookieValue;
        }
        return false;
    }
}
```

使用上述函数可以查询相应的 Cookie 值。在循环中判断当前的参数值是否与 Cookie 中的值一致，如果相同，返回此值。同时也可以根据 Cookie 名称查询 Cookie 值，只需要将上述代码中的参数替换成 Cookie 名称即可。如果 Cookie 名称与当前函数参数相同，则返回此 Cookie 的值，代码如下。

```
function readCookie(name){
var cookieString=decodeURI(document.cookie);
    var cookieArray=cookieString.split(";");
```

```
        for(var i=0;i<cookieArray.length;i++){
            var cookieNum=cookieArray[i].split("=");
            var cookieName=cookieNum[0];
            var cookieValue=cookieNum[1];
            if(cookieName==name){
                return cookieValue;
            }
            return false;
        }
    }
```

运行结果如图 6-13 ~ 图 6-15 所示。

图 6-13　Cookie 的读取一　　　　　图 6-14　Cookie 的读取二　　　　　图 6-15　Cookie 的读取三

当用户重新打开一个 Web 浏览器时，直接单击"读取 Cookie"的按钮，并不能获取 Cookie 的名称和值，只有重新写入 Cookie，才能获取 Cookie 值，即使 Cookie 值已经写入，关闭浏览器后重新打开浏览器，单击"读取 Cookie"按钮，依然获取不到 Cookie 值，这是因为默认 Cookie 设置在浏览器关闭时自动失效，如果需要 Cookie 在浏览器关闭后依然可以获取，需要设置 Cookie 的过期时间。

2. 删除 Cookie

Cookie 除了可以在浏览器中存储信息之外，还可以使用代码进行删除。用户可以根据 Cookie 的名称删除指定的 Cookie，例如：

```
function deleteCookie(name){
    var date=new Date();
    date.setTime(date.getTime()-1000); //删除一个cookie，就是将其过期时间设定为一个过去的时间
    document.cookie=name+"=删除"+"; expires="+date.toGMTString();
}
```

从上述代码中可以看出，删除一个 Cookie 的操作实质上是使 Cookie 值过期。

【例 6-9】　本实例实现删除 Cookie 的功能。

```
<script language="javascript">
setCookie("test","test");//创建Cookie
alert("删除Cookie之前"+document.cookie);
deleteCookie("test");
alert("删除Cookie之后"+document.cookie);
function setCookie(name, value, expires, path, domain, secure){
    document.cookie = name + "=" + encodeURI(value) +
    ((expires) ? "; expires=" + expires : "") +
    ((path) ? "; path=" + path : "") +
    ((domain) ? "; domain=" + domain : "") +
    ((secure) ? "; secure" : "");
}
function deleteCookie(name){
var date=new Date();
```

```
date.setTime(date.getTime()-1000); //删除一个cookie，就是将其过期时间设定为一个过去的时间
document.cookie=name+"=删除"+"; expires="+date.toGMTString();
}
</script>
```

运行结果如图 6-16 和图 6-17 所示。

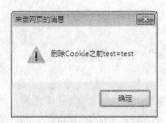

图 6-16　删除 Cookie 前

图 6-17　删除 Cookie 后

从上述代码中可以看到，首先使用自定义函数 setCookie() 创建一个 Cookie，使用 alert 语句将 Cookie 值弹出，然后调用 deleteCookie() 函数删除指定的 Cookie 值。实际上删除 Cookie 的操作就是将 Cookie 的 expires 属性重新设置为当前时间的过去时间。这样再次使用 alert 语句将 Cookie 值弹出时，对话框中的值将为空值。

6.2　表单对象

Document 对象的 forms 属性可以返回一个数组，数组中的每个元素都是一个 Form 对象。Form 对象又称为表单对象，通过该对象可以实现输入文字、选择选项和提交数据等功能。

6.2.1　访问表单与表单元素

Form 对象代表了 HTML 文档中的表单，由于表单是由表单元素组成的，因此 Form 对象也包含多个子对象。

访问表单与表单元素

1. JavaScript 访问表单

在 HTML 文档中可能会包含多个<form>标签，JavaScript 会为每个<form>标签创建一个 Form 对象，并将这些 Form 对象存放在 forms[]数组中。在操作表单元素之前，首先应当确定要访问的表单，JavaScript 中主要有 3 种访问表单的方式，分别如下。

❑　通过 document.forms[]按编号访问，例如 document.forms[0]。

❑　通过 document.formname 按名称访问，例如 document.form1。

❑　在支持 DOM 的浏览器中，使用 document.getElementById("formID")来定位要访问的表单。

例如，定义一个用户登录表单，代码如下。

```
<form id="form1" name="myform" method="post" action="">
用户名：<input type="text" name="username" size=15><br>
密码：<input type="password" name="password" maxlength=8 size=15><br>
  <input type="submit" name="sub1" value="登录">
</form>
```

对于该登录表单，可以使用 document.forms[0]、document.myform 或者 document.getElementById ("form1")等方式来访问该表单。

2. JavaScript 访问表单元素

每个表单都是一个表单元素的聚集，访问表单元素同样也有 3 种方式，分别如下。

❑ 通过 elements[]进行访问，例如 document.form1.elements[0]。

❑ 通过 name 属性按名称访问，例如 document.form1.text1。

❑ 在支持 DOM 的浏览器中，使用 document.getElementById("elementID")来定位要访问的表单元素。

例如，定义一个用户登录表单，代码如下。

```
<form name="form1" method="post" action="">
用户名：<input id="user" type="text" name="username" size=15><br>
密码：<input type="password" name="password" maxlength=8 size=15><br>
  <input type="submit" name="sub1" value="登录">
</form>
```

对于该登录表单，可以使用 document.form1.elements[0]访问第一个表单元素；还可以使用名称访问表单元素，如 document.form1.password；还可以使用表单元素的 id 来定位表单元素，如 document.getElementById("user ")。

6.2.2　表单对象的常用属性、方法与事件

本节将详细介绍表单对象的常用属性、方法与事件。

1. 表单对象的常用属性

表单对象的属性与 form 元素的属性相关。表单对象的常用属性如表 6-4 所示。

表单对象的常用属性、方法与事件

表 6-4　表单对象的常用属性

属性	说明
name	返回或设置表单的名称
action	返回或设置表单提交的 URL
method	返回或设置表单提交的方式，可取值为 get 或 post
encoding	返回或设置表单信息提交的编码方式
id	返回或设置表单的 id
length	返回表单对象中元素的个数
target	返回或设置提交表单时目标窗口的打开方式
elements	返回表单对象中的元素构成的数组，数组中的元素也是对象

2. 表单对象的方法

表单对象只有 reset()和 submit()两个方法，这两个方法相当于单击了重置按钮和提交按钮。表单对象的方法如表 6-5 所示。

表 6-5　表单对象的方法

方法	说明
reset()	将所有表单元素重置为初始值，相当于单击了重置按钮
submit()	提交表单数据，相当于单击了提交按钮

3. 表单对象的事件

表单对象的事件和表单对象的方法类似。表单对象的事件如表 6-6 所示。

表 6-6　表单对象的事件

事件	说明
reset	重置表单时触发的事件
submit	提交表单时触发的事件

6.2.3　表单对象的应用

表单是实现动态网页的一种主要的外在形式，使用表单可以收集客户端提交的有关信息，是实现网站互动功能的重要组成部分。本节将介绍 2 个表单对象的常见应用。

表单对象的应用

1. 验证表单内容是否为空

验证表单中输入的内容是否为空是表单对象最常见的应用之一。在提交表单前进行表单验证，可以节约服务器的处理器周期，为用户节省等待的时间。

【例 6-10】 下面制作一个简单的用户登录界面，并且验证用户名和密码不能为空，如果为空则给出提示信息。程序运行结果如图 6-18 所示。

图 6-18　提示请输入用户名

程序具体步骤如下。

（1）首先，设计登录页面，效果如图 6-18 所示。

（2）通过 javascript 脚本判断用户名和密码是否为空，具体代码如下。

```
<script language="javascript">
function checkinput(){                          //自定义函数
    if(form1.name.value==""){                   //判断用户名是否为空
        alert("请输入用户名!");
        form1.name.select();
        return false;
    }
    if(form1.pwd.value==""){                     //判断密码是否为空
        alert("请输入密码!");
        form1.pwd.select();
        return false ;
    }
```

```
    return true;
  }
</script>
```

（3）通过"登录"按钮的 onclick 事件调用自定义函数 checkinput()，代码如下。

```
<input type="image" name="imageField" onclick="return checkinput();" src="images/dl_06.gif" />
<input type="image" name="imageField2" onclick="form.reset(); return false;" src="images/dl_07.gif" />
```

2．获取表单元素的值

用户在浏览网页时，经常需要填写一些动态表单。当用户提交表单时，程序需要获取表单内容，并对表单内容进行验证或者存储。在 JavaScript 中应用表单对象可以方便地获取表单元素的值。

【例 6-11】 用户在互联网上发表自己的文章时，需要填写作者名称、文章标题以及文章内容。本实例将介绍如何获取表单中的文本框、文本域以及隐藏域的值。程序运行结果如图 6-19 所示。

图 6-19 获取文本框/文本域/隐藏域的值

关键代码如下。

```
<script type="text/javascript">
function Mycheck(){
 var checkstr="获取内容如下:\n";
 if (document.form1.文章作者.value != ""){
  checkstr+="作者名称:"+document.form1.文章作者.value+"\n";
 }
 if (document.form1.文章主题.value != ""){
  checkstr+="文章主题:"+document.form1.文章主题.value+"\n";
 }
 if (document.form1.文章内容.value != ""){
  checkstr+="文章内容:"+document.form1.文章内容.value+"\n";
 }
 if (document.form1.隐藏域.value != ""){
  checkstr+=document.form1.隐藏域.value;
 }
 if (checkstr != ""){
  alert(checkstr);
  return false;
 }
 else return
  return true;
}
</script>
<form name="form1" onSubmit="Mycheck()">
```

6.3 图像对象

图像是 Web 页面中非常重要的组成部分，如果一个网页只存在文本、表格以及单一的颜色来表达是不够的，JavaScript 提供了图像处理的功能。本节将介绍图像处理的一些功能。

6.3.1 图像对象概述

在网页中图片的使用非常普遍，只需要在 HTML 文件中使用<img>标签，并将其中的 src 属性值设置为图片的 URL 即可。网页中图片的属性如表 6-7 所示。

图像对象概述

表 6-7　图片的属性

属性	说明
border	表示图片边界宽度，以像素为单位
height	表示图像的高度
hspace	表示图像与左边和右边的水平空间大小，以像素为单位
lowsrc	低分辨率显示候补图像的 URL
name	图片名称
src	图像 URL
vspace	表示上下边界垂直空间的大小
width	表示图片的宽度
alt	鼠标经过图片时显示的文字

Web 页面中的所有<img>元素在 document.images[]数组中都可以索引到。document.images[]是一个数组，它包含了所有页面中的图像对象，可以使用 document.images[0]表示页面中第一个图像对象，document.images[1]表示页面中第二图像对象，依此类推。也可以使用 document.images[imageName] 来获取图像对象，其中 imageName 代表<img>标签的 name 属性定义的图像名称。

经常使用的图像对象属性与表 6-7 中<img>标签的属性基本相同，含义也相同，唯一不同的是图像对象属性多了一个 complete 属性，它用于判断图像是否完全被加载，如果图像完全被加载，该属性将返回 true 值。

6.3.2 图像对象的应用

1. 图片的随机显示

在网页中随机显示图片可以达到装饰和宣传的作用，例如随机变化的网页背景和横幅广告图片等。使用随机显示图片的方式可以优化网站的整体效果。

图像对象的应用

为了可以实现图片随机显示的功能，可以使用 Math 对象的 random()函数和 floor()函数。

random()函数用于返回 0 ~ 1 的随机数，如果需要返回 0 至某个数字的随机数只需要使用 Math.random()乘以该数字的即可。例如取 0 ~ 5 的随机数，可以使用 Math.random()*5 语句获得。floor()函数用于返回小于或等于指定数字的最大整数。可以使用如下代码定义随机显示图片。

```
var test=[
['小张','歌手'],
['小王',演员'],
['小李','工程师'],
['小赵','教师']
```

```
];
var n=Math.floor(Math.random()*test.length);
var img=document.getElementById('imgs');
img.src=test[n][0]+'.gif';
img.alt=test[n][1];
```

上述代码首先定义一个二维数组，该二维数组的第一列代表名称，第二列代表图片的提示信息，然后取 0 到数组的长度的随机数赋予变量 *n*，使用 test[n][0]语句可以获取图片的名称，使用 test[n][1]可以获取图片的提示信息。

其中 imgs 是页面中<img>标签定义的 id 特性的值，使用 document.getElementById('imgs')来获取页面中的图像对象赋予到变量 img 中去，使用 img.src 表示图片的 URL，使用 img.alt 表示图片的提示信息。

 说明 在这里随机显示图片可以不使用预装载所要显示的图片组，因为每次显示只需要显示其中的一张。而且在图片随机显示的解决方案中，默认的图片大小应该与被切换的图片大小相同。

【例 6-12】 实现网页背景随机变化的功能，用户重复打开该网页可能会显示不同的页面背景，同时每隔一秒时间，图片随机变化一次。

```
<script language="javascript">
function changebg(){
    var i = Math.floor(Math.random()*5);//取整并*5
    var src = "";
    switch(i){
        case 0 :
            src = "0.jpg";
            break;
        case 1:
            src = "1.jpg";
            break;
        case 2:
            src = "2.jpg";
            break;
        case 3:
            src = "3.jpg";
            break;
        case 4:
            src = "4.jpg";
            break;
    }
    document.body.background=src;
    setTimeout("changebg()",1000);
}
</script>
```

运行结果如图 6-20 和图 6-21 所示。

在上述代码中首先将 0~5 的随机数字取整，然后使用 switch 语句根据当前随机产生的值设置背景图片，最后使用 setTimeout 设置时间，每间隔 1000 毫秒调用一次 changebg ()函数。

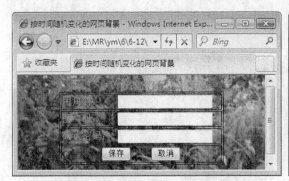

图 6-20　按时间随机变化的网页背景 1

图 6-21　按时间随机变化的网页背景 2

2．图片置顶

在浏览网页时，经常会看到图片总是置于顶端的现象，不管怎样拖动滚动条，它相对于浏览器的位置都不会改变，这样图片既可以起到宣传的作用，还不遮挡网页中的主体内容。

用户可以首先通过 document 对象的<body>标签中的 scrollTop 和 scrollLeft 属性来获取当前页面中横纵向滚动条所卷去的部分值，然后使用该值定位放入层中的图片位置。

【例 6-13】 实现图片总置于顶端的功能。

```
<body>
<div id=Tdiv style="HEIGHT: 45px; LEFT: 0px; POSITION: absolute; TOP: 0px; WIDTH: 45px; Z-INDEX:
25">
<input name="image1" type="image" id="image1" src="mrsoft.jpg" width="52" height="249" border="0">
</div>
<p>
<script language="JavaScript">
var ImgW=parseInt(image1.width);
function permute(tfloor,Top,left){
  var RealTop=parseInt(document.body.scrollTop);
  buyTop=Top+RealTop;
  document.all[tfloor].style.top=buyTop;
  var buyLeft=parseInt(document.body.scrollLeft)+parseInt(document.body.clientWidth)−ImgW;
  document.all[tfloor].style.left=buyLeft−left;
}
setInterval('permute("Tdiv",2,2)',1);
</script>
<center>
<img src="gougo.jpg">
</center>
</body>
```

运行结果如图 6-22 所示。

在上述代码中可以看到，用户首先可以使用 scrollTop 属性值来修改层的<style>标签中的 top属性，使其总置于顶端。然后可以取 scrollLeft 属性值与网页宽度（网页的宽度可以使用<body>标签的 clientWidth 属性来获取）的和，减去图片的宽度，使用所得的值来修改层的 style 样式中的 left 属性，这样就可以使图片总置于工作区的右面。最后使用 setInterval()函数循环执行 permute()函数。

图 6-22　图片总置于顶端

3. 图片验证码

在开发网站时，经常会用到随机显示验证码的情况，例如在网站后台管理的登录页面中加入以图片方式显示的验证码，可以防止不法分子使用注册机攻击网站的后台登录。

> 【例 6-14】 实现随机生成登录验证码的功能，其中验证码为图片，运行本实例，将以图片方式显示一个 4 位的随机验证码。

```
<script language="javascript">
var str="";
var img="";
var strsource=['明','天','日','科','技','会','更','好','创','新'];      //定义数组
for(var i=0;i<4;i++){                                              //遍历数组
    var n=Math.floor(Math.random()*strsource.length);             //随机生成一个数组元素的索引值
    str=str+strsource[n];
    img=img+"<img src='Images/checkcode/"+n+".gif' width='19' height='20'> ";
    div1.innerHTML=img;
}
</script>
```

运行结果如图 6-23 所示。

图 6-23　随机生成登录图片验证码

从上述代码中可以看出，首先定义一个放置验证码内容的数组，其中数组每个元素的索引值与图片的名称相对应，即数组中第一个元素"明"的索引值为 0，相应"明"的图片 URL 为 Images/checkcode/0.gif；然后为了使图片随机，可以使图片名称随机产生；最后将随机产生的验证码图片放在指定<div>标签内。

4．进度条的显示

当网页装载很多图片时，进度条很有用，它可以让用户看到装载图片的进度，从应用的角度来讲，进度条是一种很必要的工具。例如在进入一些游戏网站时，通常会先进入一个程序加载页面，此时就用到了进度条。

实现进度条的显示功能可以通过改变<span>标签的 width 属性来显示进度的变化，同时还要对数字进行更新操作，这样可以使用户既看到进度条的变化也看到上面数字的变化。

【例 6-15】 进度条的显示。

本实例用于实现在网页显示进度条的功能，进度条在指定时间内增加 20%的进度，直到增长到 100%为止。运行结果如图 6-24 和图 6-25 所示。

图 6-24　进度条的显示　　　　　　图 6-25　进度条的显示

程序开发步骤如下。

（1）为了在网页中体现进度条效果，首先需要创建 CSS 文件设置进度条的样式，关键代码如下。

```
#test{
    width:200px;
    border:1px solid #000;
    background:#fff;
    color:#000;
}
#progress{
    display:block;
    width:0px;
    background:#ccc;
}
```

（2）设置完成进度条的样式之后，需要在网页中应用上述定义的样式，可以在<p>标签和<span>标签中使用，关键代码如下。

```
<p id="test"><span id="progress">10%</span></p>
```

（3）为了达到进度条时时更改的功能，这里需要设置一个 JavaScript 函数，用于显示进度条上的百分比文本以及进度条的进度，关键代码如下。

```
<script language="javascript">
function progressTest(n){
    var prog=document.getElementById('progress');
    prog.firstChild.nodeValue=n+"%";
    prog.style.width=(n*2)+"px";
    n+=20;
    if(n>100){
        n=100;
    }
    setTimeout('progressTest('+n+')',1000);        //1000毫秒后调用一次progressTest()函数
```

```
    }
</script>
```

在上述代码中可以看出，使用 document 对象的 getElementById('progress')语句获取<span>标签中 id 属性指定的样式，可以通过 prog.firstChild.nodeValue 语句指定<span>标签内部的值。通过 prog.style. width 语句设置进度条的宽度，这个宽度值是根据参数 n 值变化而变化的，参数 n 值在每次函数调用时自增 20，直到 100 为止。为了可以使进度条进度具有自动增长功能，需要使用 setTimeout()函数，使用 setTimeout('progressTest('+n+')',1000)语句在 1000 毫秒后执行一次 progressTest()函数。

5. 图片的时钟显示

在网页中可以有多种时间的显示方式，图片的时钟显示是其中的一种，使用这种方式显示时间非常实用，可以根据网站前台需要随时改变时间图片的风格。

在网页上实现时钟显示首先需要获取当前系统时间，可以使用 Date 对象来获取当前时间，然后将当前时间转换为单个的数字表示，最后将这些数字与图片对应起来，以实现时钟的功能。

由于图片的时钟显示需要快速转换图片，所以这里使用了图像预处理技术，将所有数字图片放置在缓存中，这样才不会在数字图片转换时出现数字停顿的现象。使用如下代码可以设置图片预装载。

```
var imgs=[];
for(var i=0;i<10;i++){
    imgs[i]=new Image();
    imgs[i].src='img/'+i+'.jpg';
}
```

由于 img 文件夹中的图片名称与本身数字图片相对应，所以可以使用 imgs[i].src='img/'+i+'.jpg'设置图片的 src 属性。经过上述代码设置后，当需要这些图片时，直接对数组 imgs 进行操作即可。

【例 6-16】 图片的时钟显示。

本实例用于实现图片时钟的显示功能，在网页中放置一组图片，这组图片随着系统时间的更改而变化。运行结果如图 6-26 所示。

图 6-26　图片的时钟显示

程序开发步骤如下。

（1）为了实现时钟的功能，首先创建一个自定义函数 displayTime()来计算时间，关键代码如下。

```
function displayTime(){
    var now=new Date();
    var time=[];
    var hrs=now.getHours();
    hrs=(hrs<10?'0':'')+hrs;
    time[0]=hrs.charAt(0);
    time[1]=hrs.charAt(1);
    var mins=now.getMinutes();
```

```
        mins=(mins<10?'0':'')+mins;
        time[2]=mins.charAt(0);
        time[3]=mins.charAt(1);
        var secs=now.getSeconds();
        secs=(secs<10?'0':'')+secs;
        time[4]=secs.charAt(0);
        time[5]=secs.charAt(1);
        for(var i=0;i<time.length;i++){
            var img=document.getElementById('d'+i);
            img.src=imgs[time[i]].src;
            img.alt=time[i];
        }
    }
```

在上述代码中可以看到，首先实例化一个 Date 对象，分别取当前时间的小时、分钟和秒数，可以使用 charAt() 语句获取一个两位数字的字符串（如小时字符串）指定索引位置的字符值；然后将此字符值赋予 time 数组；最后根据 time 数组做循环操作，以 time 数组中的每个值为索引调用预装载图像的 src 属性，赋予网页中显示时钟的图片的 src 属性。这样就可以根据时间调用不同的数字图片进行显示，实现图片的时钟显示功能。

（2）为了使时钟动态显示，需要多次调用 displayTime() 函数，这时可以在页面的 onLoad 事件中使用 setInterval() 函数，每过 1000 毫秒就调用一次 displayTime() 函数，关键代码如下。

```
<body onLoad="setInterval('displayTime()',1000);" >
```

小 结

本章主要讲解了文档（Document）对象以及该对象中的表单对象和图像对象的使用方法。通过本章的学习，读者可以掌握文档对象实现的一些常用的功能，这些功能在实际开发中比较常用，读者有必要熟练掌握。

上机指导

浮动广告在网页中很常见，大多数网站的宽度都是为适合 800×600 的分辨率而设计的，因此在使用 1024×768 的分辨率时，有一侧或者两侧就会有空闲的地方，为了不浪费资源，有些网站会在两边加上浮动的广告，在网页中拖曳滚动条时，浮动的广告也随着移动。本练习实现在页面中放置浮动广告的功能。运行结果如图 6-27 所示。

课程设计

图 6-27 浮动广告

程序开发步骤如下。

（1）应用构造函数创建一个自定义对象，在对象中创建定义<div>标签以及设定其位置的方法 addItem()，代码如下。

```
<script language="JavaScript">
var delta=0.15
var layers;
function floaters() {
    this.items= [];
    this.addItem= function(id,x,y,content){
        document.write('<div id='+id+' style="z-index: 10; position: absolute;  width:80px;
height:60px;left:'+(typeof(x)=='string'?eval(x):x)+';top:'+(typeof(y)=='string'?eval(y):y)+'">'+conte
nt+'</div>');
        var newItem= {};
        newItem.object= document.getElementById(id);
        if(y>10) {y=0}
        newItem.x= x;
        newItem.y= y;
        this.items[this.items.length]= newItem;
    }
    this.play= function(){
        layers= this.items
        setInterval('play()',10);
    }
}
```

（2）定义实现浮动效果的函数，然后创建一个对象实例，调用 addItem()方法和 play()方法，实现广告的浮动功能，代码如下。

```
function play(){
    for(var i=0;i<layers.length;i++){
        var obj= layers[i].object;
        var obj_x= (typeof(layers[i].x)=='string'?eval(layers[i].x):layers[i].x);
        var obj_y= (typeof(layers[i].y)=='string'?eval(layers[i].y):layers[i].y);
        if(obj.offsetLeft!=(document.body.scrollLeft+obj_x)) {
            var dx=(document.body.scrollLeft+obj_x-obj.offsetLeft)*delta;
            dx=(dx>0?1:-1)*Math.ceil(Math.abs(dx));
            obj.style.left=obj.offsetLeft+dx;
        }
        if(obj.offsetTop!=(document.body.scrollTop+obj_y)) {
            var dy=(document.body.scrollTop+obj_y-obj.offsetTop)*delta;
            dy=(dy>0?1:-1)*Math.ceil(Math.abs(dy));
            obj.style.top=obj.offsetTop+dy;
        }
        obj.style.display= '';
    }
}
var strfloat = new floaters();
strfloat.addItem("followDiv",6,80,"<img src='ad.jpg'  border='0'>");
strfloat.play();
</script>
```

习 题

6-1 简单描述文档对象的基本概念。

6-2 列举文档对象的几个常用方法。

6-3 在 JavaScript 中怎样删除指定的 Cookie?

6-4 在 JavaScript 中访问表单有哪几种方法?

6-5 表单对象主要有几个事件,分别是什么?

6-6 简单描述获取图像对象的几种方法。

PART 07

第7章

文档对象模型

本章要点:

- DOM概述
- DOM对象节点属性
- 节点的操作
- 获取文档中的指定元素
- 与DHTML相对应的DOM

■ 文档对象模型也可以叫作 DOM，能够以编程方式访问和操作 Web 页面（也可以称为文档）的接口。读者通过对文档对象模型的学习，将会掌握页面中元素的层次关系，有助于对 JavaScript 程序的开发和理解。

7.1 DOM 概述

文档对象模型（Document Object Model，DOM）是由 W3C（World Wide Web 委员会）定义的。下面分别介绍单个单词的含义。

（1）文档（Document）

创建一个网页并将该网页添加到 Web 中，DOM 就会根据这个网页创建一个文档对象。如果没有 document（文档），DOM 也就无从谈起。

（2）对象（Object）

对象是一种独立的数据集合。例如文档对象，即是文档中元素与内容的数据集合。与某个特定对象相关联的变量被称为这个对象的属性。通过某个特定对象去调用的函数称为这个对象的方法。

（3）模型（Model）

模型代表将文档对象表示为树状模型。在这个树状模型中，网页中的各个元素与内容表现为一个个相互连接的节点。

DOM 是与浏览器或平台的接口，使其可以访问页面中的其他标准组件。DOM 解决了 Javascript 与 Jscript 之间的冲突，给开发者定义了一个标准的方法，使他们来访问站点中的数据、脚本和表现层对象。

7.1.1 DOM 分层

文档对象模型采用的分层结构为树形结构，以树节点的方式表示文档中的各种内容。先以一个简单的 HTML 文档进行说明，代码如下。

DOM 分层

```
<html>
<head>
<title>标题内容</title>
</head>
<body>
<h3>三号标题</h3>
<b>加粗内容</b>
</body>
</html>
```

运行结果如图 7-1 所示。

以上文档可以使用图 7-2 对 DOM 的层次结构进行说明。

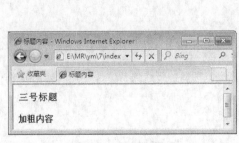

图 7-1 运行结果

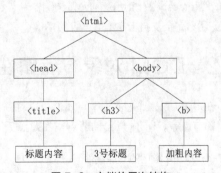

图 7-2 文档的层次结构

通过图 7-2 可以看出，在文档对象模型中，每一个对象都可以称为一个节点（Node）。下面将介绍 6 种节点的概念。

（1）根节点

在最顶层的<html>节点，称为根节点。

（2）父节点

一个节点之上的节点是该节点的父节点（parent）。例如，<html>就是<head>和<body>的父节点，<head>就是<title>的父节点。

（3）子节点

位于一个节点之下的节点就是该节点的子节点。例如，<head>和<body>就是<html>的子节点，<title>就是<head>的子节点。

（4）兄弟节点

如果多个节点在同一个层次，并拥有着相同的父节点，这几个节点就是兄弟节点（sibling）。例如，<head>和<body>就是兄弟节点，<he>和<b>就是兄弟节点。

（5）后代

一个节点的子节点的结合可以称为该节点的后代（descendant）。例如，<head>和<body>就是<html>的后代，<h3>和<b>就是<body>的后代。

（6）叶子节点

在树形结构最底部的节点称为叶子节点。例如，"标题内容""3 号标题"和"加粗内容"都是叶子节点。

在了解节点后，下面将介绍文档模型中节点的 3 种类型。

❑ 元素节点：在 HTML 中，<body>、<p>、<a>等一系列标记，是这个文档的元素节点。元素节点组成了文档模型的语义逻辑结构。

❑ 文本节点：包含在元素节点中的内容部分，如<p>标签中的文本等。一般情况下，不为空的文本节点都是可见并呈现于浏览器中的。

❑ 属性节点：元素节点的属性，如<a>标签的 href 属性与 title 属性等。一般情况下，大部分属性节点都是隐藏在浏览器背后，并且是不可见的。属性节点总是被包含于元素节点中。

7.1.2 DOM 级别

DOM 级别

W3C 在 1998 年 10 月标准化了 DOM 第一级，它不仅定义了基本的接口，其中包含了所有 HTML 接口；在 2000 年 11 月标准化了 DOM 第二级，在第二级中不但对核心的接口升级，还定义了使用文档事件和 CSS 样式表的标准的 API。Netscape 的 Navigator6.0 浏览器和 Microsoft 的 Internet Explorer 5.0 浏览器，都支持了 W3C 的 DOM 第一级的标准。目前，Netscape、Firefox（火狐浏览器）等浏览器已经支持 DOM 第二级的标准，但 Internet Explorer（IE）还不完全支持 DOM 第二级的标准。

7.2　DOM 对象节点属性

在 DOM 中，通过使用节点属性可以对各节点进行查询，查询各节点的名称、类型、节点值、子节点和兄弟节点等。DOM 常用的节点属性如表 7-1 所示。

表 7-1　DOM 常用的节点属性

属性	说明
nodeName	节点的名称
nodeValue	节点的值，通常只应用于文本节点

续表

属性	说明
nodeType	节点的类型
parentNode	返回当前节点的父节点
childNodes	子节点列表
firstChild	返回当前节点的第一个子节点
lastChild	返回当前节点的最后一个子节点
previousSibling	返回当前节点的前一个兄弟节点
nextSibling	返回当前节点的后一个兄弟节点
attributes	元素的属性列表

7.2.1 访问指定节点

访问指定节点

使用 getElementById 方法来访问指定 id 的节点,并用 nodeName 属性、nodeType 属性和 nodeValue 属性来显示该节点的名称、节点类型和节点的值。

1. nodeName 属性

该属性用来获取某一个节点的名称。其语法格式如下。

[sName=] obj.nodeName

参数说明:

❑ sName:字符串变量用来存储节点的名称。

2. nodeType 属性

该属性用来获取某个节点的类型。其语法格式如下。

[sType=] obj.nodeType

参数说明:

❑ sType:字符串变量,用来存储节点的类型,该类型值为数值型。该参数的类型如表 7-2 所示。

表 7-2　sType 参数的类型

类型	数值	节点名	说明
元素(element)	1	标记	任何 HTML 或 XML 的标记
属性(attribute)	2	属性	标记中的属性
文本(text)	3	#text	包含标记中的文本
注释(comment)	8	#comment	HTML 的注释
文档(document)	9	#document	文档对象
文档类型(documentType)	10	DOCTYPE	DTD 规范

3. nodeValue 属性

该属性将返回节点的值。其语法格式如下。

[txt=] obj.nodeValue

参数说明:

❑ txt:字符串变量用来存储节点的值,除文本节点类型外,其他类型的节点值都为"null"。

【例 7-1】 访问指定节点。

本实例在页面弹出的提示框中,显示了指定节点的名称、类型和值。运行结果如图 7-3 所示。

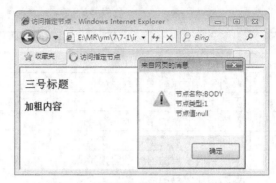

图 7-3　显示指定节点名称、类型和值

程序代码如下。

```
<head>
<title>访问指定节点</title>
</head>
<body id="b1">
<h3 >三号标题</h3>
<b>加粗内容</b>
<script language="javascript">
    <!--
        var by=document.getElementById("b1");                //访问id为"b1"的节点
        var str;
        str="节点名称:"+by.nodeName+"\n";                    //获取节点名称
        str+="节点类型:"+by.nodeType+"\n";                   //获取节点类型
        str+="节点值:"+by.nodeValue+"\n";                    //获取节点值
        alert(str);                                          //弹出显示对话框
    -->
</script>
</body>
```

7.2.2　遍历文档树

遍历文档树通过使用 parentNode 属性、firstChild 属性、lastChild 属性、previousSibling 属性和 nextSibling 属性来实现。

遍历文档树

1. parentNode 属性

该属性返回当前节点的父节点。其语法格式如下。

[pNode=] obj.parentNode

参数说明：

❑　pNode：该参数用来存储父节点，如果不存在父节点将返回"null"。

2. firstChild 属性

该属性返回当前节点的第一个子节点。其语法格式如下。

[cNode=] obj.firstChild

参数说明：

❑　cNode：该参数用来存储第一个子节点，如果不存在将返回"null"。

3. lastChild 属性

该属性返回当前节点的最后一个子节点。其语法格式如下。

[cNode=] obj.lastChild

参数说明：

❑ cNode：该参数用来存储最后一个子节点，如果不存在将返回"null"。

4．previousSibling 属性

该属性返回当前节点的前一个兄弟节点。其语法格式如下。

［sNode=］obj.previousSibling

参数说明：

❑ sNode：该参数用来存储前一个兄弟节点，如果不存在将返回"null"。

5．nextSibling 属性

该属性返回当前节点的后一个兄弟节点。其语法格式如下。

［sNode=］obj.nextSibling

参数说明：

❑ sNode：该参数用来存储后一个兄弟节点，如果不存在将返回"null"。

【例 7-2】 遍历文档树。

在页面中，通过相应的按钮可以查找文档的各个节点的名称、类型和值。运行结果如图 7-4 和图 7-5 所示。

图 7-4　当前文档的根节点

图 7-5　当前文档的第一个子节点

程序代码如下。

```html
<head>
<title>遍历文档树</title>
</head>
<body >
<h3 id="h1">三号标题</h3>
<b>加粗内容</b>
<form name="frm" action="#" method="get">
节点名称：<input type="text" id="na" /><br />
节点类型：<input type="text" id="ty" /><br />
节点的值：<input type="text" id="va" /><br />
<input type="button" value="父节点" onclick="txt=nodeS(txt,'parent');" />
<input type="button" value="第一个子节点" onclick="txt=nodeS(txt,'firstChild');"/>
<input type="button" value="最后一个子节点" onclick="txt=nodeS(txt,'lastChild');" /><br>
<input name="button" type="button" onclick="txt=nodeS(txt,'previousSibling');" value="前一个兄弟节点" />
<input type="button" value="最后一个兄弟节点" onclick="txt=nodeS(txt,'nextSibling');" />
<input type="button" value="返回根节点" onclick="txt=document.documentElement;txtUpdate(txt);" />
</form>
```

```
<script language="javascript">
    <!--
        function txtUpdate(txt)
        {
            window.document.frm.na.value=txt.nodeName;          //获取节点名称
            window.document.frm.ty.value=txt.nodeType;          //获取节点类型
            window.document.frm.va.value=txt.nodeValue;         //获取节点的值
        }
        function nodeS(txt,nodeName)          //判断当用户单击不同的按钮显示相应的节点信息
        {
            switch(nodeName)
            {
                case "previousSibling":
                    if(txt.previousSibling)
                    {
                        txt=txt.previousSibling;
                    }else
                    alert("无兄弟节点");
                    break;
                case "nextSibling":
                    if(txt.nextSibling)
                    {
                        txt=txt.nextSibling;
                    }else
                    alert("无兄弟节点");
                    break;
                case "parent":
                    if(txt.parentNode)
                    {
                        txt=txt.parentNode;
                    }else
                    alert("无父节点");
                    break;
                case "firstChild":
                    if(txt.hasChildNodes())
                    {
                        txt=txt.firstChild;
                    }else
                    alert("无子节点");
                    break;
                case "lastChild":
                    if(txt.hasChildNodes())
                    {
                        txt=txt.lastChild;
                    }else
                    alert("无子节点")
                    break;
            }
            txtUpdate(txt);
            return txt;
        }
```

```
        var txt=document.documentElement;
        txtUpdate(txt);
        function ar()
        {
            var n=document.documentElement;
            alert(n.length);
        }
    -->
</script>
</body>
```

7.3 节点

7.3.1 创建节点

创建节点

1. 创建新节点

创建新节点首先通过使用文档对象中的 createElement()方法和 createTextNode()
方法，生成一个新元素，并生成文本节点；然后通过使用 appendChild()方法将创建
的新节点添加到当前节点的末尾处。

其语法格式如下。

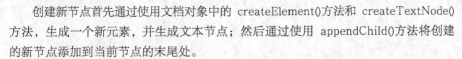
obj.appendChild (newChild)

参数说明：

❑ newChild：表示新的子节点。

> 【例 7-3】 创建新的节点。

本实例在页面回载后自动显示"创建新节点"文本内容，并通过使用<b>标记将该文本加粗，如图
7-6 所示。

图 7-6 创建新节点

程序代码如下。

```
<body onload="createChild()" >
<script language="javascript">
    <!--
    function createChild()
    {
        var b=document.createElement("b");              //创建新生成的节点元素
        var txt=document.createTextNode("创建新节点！"); //创建节点文本
        //将新节点b添加到页面上
        b.appendChild(txt);
        document.body.appendChild(b);
    }
```

```
    -->
</script>
</body>
```

2. 创建多个节点

创建多个节点首先通过使用循环语句，利用 createElement()方法和 createTextNode()方法生成新元素并生成文本节点；然后通过使用 appendChild()方法将创建的新节点添加到页面上。

【例 7-4】 创建多个节点。

本实例在页面加载后，自动创建多个<p>节点，并在每个节点中显示不同的文本内容。运行结果如图7-7 所示。

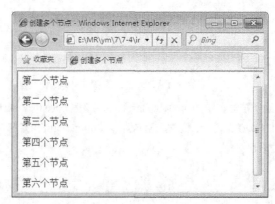

图 7-7　创建多个节点

程序代码如下。

```
<body onload="dc()">
<script language="javascript">
<!--
    function dc()
    {
        var aText=["第一个节点","第二个节点","第三个节点","第四个节点","第五个节点","第六个节点"];
        for(var i=0;i<aText.length;i++)                      //遍历节点
        {
            var ce=document.createElement("p");              //创建节点元素
            var cText=document.createTextNode(aText[i]);     //创建节点文本
            //将新节点添加到页面上
            ce.appendChild(cText);
            document.body.appendChild(ce);
        }
    -->
</script>
</body>
```

3. 创建多个节点 2

在上一个实例中，运用循环语句通过使用 appendChild()方法，将节点添加到页面中。由于appendChild()方法在每一次添加新的节点时都会刷新页面，这会使浏览器显得十分缓慢。这里可以通过使用 createDocumentFragment()方法来解决这个问题。createDocumentFragment()方法用来创建文件碎片节点。

【例 7-5】 创建多个节点 2。

本实例用 createDocumentFragment()方法以只刷新一次页面的形式在页面中动态添加多个<b>节点，并在每个节点中显示不同的文本内容。运行结果如图 7-8 所示。

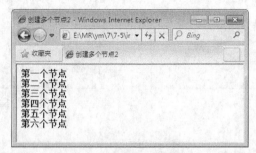

图 7-8　创建多个节点 2

程序代码如下。

```
<body onload="dc()">
<script language="javascript">
<!--
    function dc()
    {
        var aText=["第一个节点","第二个节点","第三个节点","第四个节点","第五个节点","第六个节点"];
        var cdf=document.createDocumentFragment();          //创建文件碎片节点
        for(var i=0;i<aText.length;i++)                     //遍历节点
        {
            var ce=document.createElement("b");
            var cb=document.createElement("br");
            var cText=document.createTextNode(aText[i]);
            ce.appendChild(cText);
            cdf.appendChild(ce);
            cdf.appendChild(cb);
        }
        document.body.appendChild(cdf);
    }
-->
</script>
</body>
```

7.3.2　插入节点

插入节点通过使用 insertBefore 方法来实现。insertBefore()方法将新的子节点添加到当前节点的末尾。其语法格式如下。

插入和追加节点

```
obj.insertBefore(new,ref)
```

参数说明：

❑　new：表示新的子节点。

❑　ref：指定一个节点，在这个节点前插入新的节点。

【例 7-6】 插入节点。

本实例首先在页面的文本框中输入需要插入的文本，然后通过单击"前插入"按钮将文本插入到页面中。运行结果如图 7-9 和图 7-10 所示。

图 7-9　插入节点前

图 7-10　插入节点后

程序代码如下。

```
<head>
<title>插入节点</title>
<script language="javascript">
    <!--
        function crNode(str)                              //创建节点
        {
            var newP=document.createElement("p");
            var newTxt=document.createTextNode(str);
            newP.appendChild(newTxt);
            return newP;
        }
        function insetNode(nodeId,str)                    //插入节点
        {
            var node=document.getElementById(nodeId);
            var newNode=crNode(str);
            if(node.parentNode)                           //判断是否拥有父节点
            node.parentNode.insertBefore(newNode,node);
        }
    -->
</script>
</head>
<body>
    <h2 id="h">在上面插入节点</h2>
    <form id="frm" name="frm">
    输入文本：<input type="text" name="txt" />
    <input type="button" value="前插入" onclick="insetNode('h',document.frm.txt.value);" />
    </form>
</body>
```

7.3.3　复制节点

复制节点可以使用 cloneNode()方法来实现。其语法格式如下。

```
obj.cloneNode(deep)
```

参数说明：

复制节点

❑ deep：该参数是一个 Boolean 值，表示是否为深度复制。深度复制是将当前
节点的所有子节点全部复制。当值为 true 时表示深度复制；当值为 false 时表示简单复制，简单
复制只复制当前节点，不复制其子节点。

【例 7-7】 复制节点。

本实例在页面中显示了一个下拉列表框和两个按钮，如图 7-11 所示。当单击"复制"按钮时只复制了一个新的下拉列表框，并未复制其选项，如图 7-12 所示；当单击"深度复制"按钮时将会复制一个新的下拉列表框并包含其选项，如图 7-13 所示。

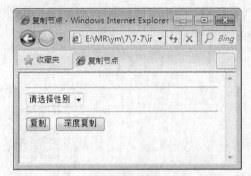

图 7-11　复制节点前

图 7-12　普通复制后

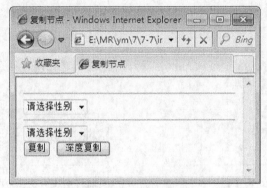

图 7-13　深度复制后

程序代码如下。

```
<head>
<title>复制节点</title>
<script language="javascript">
    <!--
        function AddRow(bl)
        {
            var sel=document.getElementById("sexType");       //访问节点
            var newSelect=sel.cloneNode(bl);                  //复制节点
            var b=document.createElement("br");               //创建节点元素
            di.appendChild(newSelect);                        //将新节点添加到当前节点的未尾
            di.appendChild(b);
        }
    -->
</script>
</head>
<body>
<form>
```

```
        <hr>
        <select name="sexType" id="sexType">
        <option value="%">请选择性别</option>
        <option value="0">男</option>
        <option value="1">女</option>
        </select>
        <hr>
<div id="di"></div>
 <input type="button" value="复制" onClick="AddRow(false)"/>
 <input type="button" value="深度复制" onClick="AddRow(true)"/>
</form>
</body>
```

7.3.4 删除与替换节点

1. 删除节点

删除节点通过使用 removeChild 方法来实现。其语法格式如下。

```
obj. removeChild(oldChild)
```

删除与替换节点

参数说明：

❑ oldChild：表示需要删除的节点。

【例 7-8】 删除节点。

本实例将通过 DOM 对象的 removeChild()方法，动态删除页面中所选中的文本。运行结果如图 7-14
和图 7-15 所示。

图 7-14 删除节点前

图 7-15 删除节点后

程序代码如下。

```
<head>
<title>删除节点</title>
<script language="javascript">
    <!--
        function delNode()
        {
            var deleteN=document.getElementById('di');              //访问节点
            if(deleteN.hasChildNodes())                             //判断是否有子节点
            {
                deleteN.removeChild(deleteN.lastChild);             //删除节点
```

```
            }
        }
    -->
</script>
</head>
<body>
<h1>删除和替换节点</h1>
    <div id="di">
        <p>第一行文本</p>
        <p>第二行文本</p>
        <p>第三行文本</p>
    </div>
<form>
    <input type="button" value="删除" onclick="delNode();" />
</form>
</body>
```

2. 替换节点

替换节点可以使用 replaceChild 方法来实现。其语法格式如下。

```
obj. replaceChild(new,old)
```

参数说明：

❑ new：替换后的新节点。

❑ old：需要被替换的旧节点。

【例 7-9】 替换节点。

本实例在页面中输入替换后的标记和文本，如图 7-16 所示；单击"替换"按钮将原来的文本和标记替换成为新的文本和标记，如图 7-17 所示。

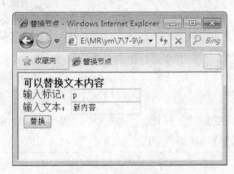

图 7-16 替换节点前

图 7-17 替换节点后

程序代码如下。

```
<head>
<title>替换节点</title>
<script language="javascript">
    <!--
        function repN(str,bj)
        {
            var rep=document.getElementById('b1');          //访问节点
            if(rep)
            {
```

```
                    var newNode=document.createElement(bj);          //创建节点元素
                    newNode.id="b1";
                    var newText=document.createTextNode(str);        //创建文本节点
                    newNode.appendChild(newText);                    //将新节点添加到当前节点的末尾
                    rep.parentNode.replaceChild(newNode,rep);        //替换节点
                }
            }
        -->
    </script>
</head>
<body>
<b id="b1">可以替换文本内容</b>
<br />
输入标记：<input id="bj" type="text" size="15" /><br />
输入文本：<input id="txt" type="text" size="15" /><br />
<input type="button" value="替换" onclick="repN(txt.value,bj.value)" />
</body>
```

 说明　虽然元素属性可以修改，但元素不能直接修改。如果要对元素进行修改，应当改变节点本身。

7.4　获取文档中的指定元素

　　虽然通过遍历文档树中全部节点的方法，可以找到文档中指定的元素，但是这种方法比较麻烦。本节将介绍两种直接搜索文档中指定元素的方法。

7.4.1　通过元素的 ID 属性获取元素

　　使用 document 对象的 getElementById()方法可以通过元素的 ID 属性获取元素。例如，获取文档中 id 属性为 userId 的节点，代码如下。

通过元素的 ID 属性获取元素

```
document.getElementById("userId");
```

　　【例 7-10】　通过导航菜单可以实现在不同页面之间的跳转。在 365 影视网中，应用 document 对象的 getElementById()方法获取页面元素，实现网站导航菜单的功能。

　　程序开发步骤如下。
　　（1）在页面中添加显示导航菜单的<div>，通过 CSS 控制 div 标签的样式，在<div>中插入表格，然后在表格中添加菜单名称和图片，代码如下。

```
//添加主菜单
<div>
    <table align="center" cellspacing="0" cellpadding="0" width="1206" border="0">
      <tr>
        <td><div class="i01w">
          <table cellspacing="0" cellpadding="0" width="100%" border="0">
            <tr>
              <td width="166" height="42" align="center" id="a0bg"><span id="a0color" onmouseover=
"showadv('a0','a0color','a0bg')"><a href="#"><font color="#FA4A05">首页</font></a></span></td>
              <td width="1"><img src="images/i14.gif" width="1" height="25" /></td>
```

```
                <td id="a1bg" align="center" width="166"><span id="a1color" onmouseover="showadv
('a1','a1color','a1bg')"><a href="#">爱情片</a></span></td>
                <td width="1"><img src="images/i14.gif" width="1" height="25" /></td>
                <td id="a2bg" align="center" width="166"><span id="a2color" onmouseover="showadv
('a2','a2color','a2bg')"><a href="#">动作片</a></span></td>
                <td width="1"><img src="images/i14.gif" width="1" height="25" /></td>
                <td id="a3bg" align="center" width="166"><span id="a3color" onmouseover="showadv
('a3','a3color','a3bg')"><a href="#">科幻片</a></span></td>
                <td width="1"><img src="images/i14.gif" width="1" height="25" /></td>
                <td id="a4bg" align="center" width="166"><span id="a4color" onmouseover="showadv
('a4','a4color','a4bg')"><a href="#">恐怖片</a></span></td>
                <td width="1"><img src="images/i14.gif" width="1" height="25" /></td>
                <td id="a5bg" align="center" width="166"><span id="a5color" onmouseover="showadv
('a5','a5color','a5bg')"><a href="#">文艺片</a></span></td>
                <td width="1"><img src="images/i14.gif" width="1" height="25" /></td>
                <td id="a6bg" align="center" width="166"><span id="a6color" onmouseover="showadv
('a6','a6color','a6bg')"><a href="#">动漫</a></span></td>
            </tr>
          </table>
        </div></td>
      </tr>
      <tr>
        <td><table width="100%" height="41" cellpadding="0" cellspacing="0" id="a0"  border="0">
          <tr>
            <td align="left" style="padding-left:12px">欢迎来到365影视网</td>
          </tr>
        </table>
        <table id="a1" style="DISPLAY: none" height="41" cellspacing="0" cellpadding="0" width=
"100%" border="0">
            <tr>
              <td  style="padding-left:97px" align="left"><ul class="i02w">
                <li>爱情喜剧</li>
                <li>古典爱情</li>
                <li>现代爱情</li>
              </ul></td>
            </tr>
        </table>
        <table id="a2" style="DISPLAY: none" height="41" cellspacing="0" cellpadding="0" width="100%"
border="0">
            <tr>
              <td style="padding-left:292px" align="left"><ul class="i02w">
                <li><a href="#">枪战片</a></li>
                <li><a href="#">武侠片</a></li>
                <li><a href="#">魔幻片</a></li>
              </ul></td>
            </tr>
        </table>
        <table id="a3" style="DISPLAY: none" height="41" cellspacing="0" cellpadding="0" width="100%"
border="0">
            <tr>
              <td style="padding-left:456px"><ul class="i02w">
```

```
                <li><a href="#">外星人</a></li>
                    <li><a href="#">自然灾难</a></li>
                        <li><a href="#">生物变异</a></li>
            </ul></td>
        </tr>
    </table>
    <table id="a4" style="DISPLAY: none" height="41" cellspacing="0" cellpadding="0" width="100%"
 border="0">
        <tr>
          <td style="padding-left:636px"><ul class="i02w">
            <li><a href="#">惊悚片</a></li>
            <li><a href="#">恐怖片</a></li>
                <li><a href="#">悬疑片</a></li>
          </ul></td>
                </tr>
    </table>
        <table id="a5" style="DISPLAY: none" height="41" cellspacing="0" cellpadding="0" width="100%"
border="0">
        <tr>
          <td style="padding-right:160px"><ul class="i03w">
            <li>音乐片</li>
            <li>歌舞片</li>
            <li>纪录片</li>
            </ul></td>
          </tr>
        </table>
        <table id="a6" style="DISPLAY: none" height="41" cellspacing="0" cellpadding="0" width="100%"
border="0">
        <tr>
          <td style="padding-right:2px"><ul class="i03w">
            <li>历史动漫</li>
            <li>搞笑动漫</li>
            <li>英雄动漫</li>
            </ul></td>
        </tr>
      </table></td>
      </tr>
    </table>
  </div>
```

（2）编写 JavaScript 代码，实现当鼠标经过主菜单时显示或隐藏子菜单，代码如下。

```
<script type="text/javascript">
function showadv(par,par2,par3){
    document.getElementById("a0").style.display = "none";
    document.getElementById("a0color").style.color = "";
    document.getElementById("a0bg").style.backgroundImage="";
    document.getElementById("a1").style.display = "none";
    document.getElementById("a1color").style.color = "";
    document.getElementById("a1bg").style.backgroundImage="";
    document.getElementById("a2").style.display = "none";
    document.getElementById("a2color").style.color = "";
    document.getElementById("a2bg").style.backgroundImage="";
```

```
        document.getElementById("a3").style.display = "none";
        document.getElementById("a3color").style.color = "";
        document.getElementById("a3bg").style.backgroundImage="";
        document.getElementById("a4").style.display = "none";
        document.getElementById("a4color").style.color = "";
        document.getElementById("a4bg").style.backgroundImage="";
        document.getElementById("a5").style.display = "none";
        document.getElementById("a5color").style.color = "";
        document.getElementById("a5bg").style.backgroundImage="";
        document.getElementById("a6").style.display = "none";
        document.getElementById("a6color").style.color = "";
        document.getElementById("a6bg").style.backgroundImage="";
        document.getElementById(par).style.display = "";
        document.getElementById(par2).style.color = "#ffffff";
        document.getElementById(par3).style.backgroundImage = "url(images/i13.gif)";
    }
</script>
```

导航菜单的运行结果如图 7-18 所示。

首页	爱情片	动作片	科幻片	恐怖片	文艺片	动漫
爱情喜剧	古典爱情	现代爱情				

图 7-18 导航菜单运行结果

7.4.2 通过元素的 name 属性获取元素

通过元素的 name
属性获取元素

使用 document 对象的 getElementsByName()方法可以通过元素的 name 属性获取元素，通常用于获取表单元素。与 getElementById()方法不同的是，使用该方法的返回值为一个数组，而不是一个元素。如果想通过 name 属性获取页面中唯一的元素，可以通过获取返回数组中下标值为 0 的元素进行获取。例如，页面中有一组单选按钮，name 属性均为 likeRadio，要获取第一个单选按钮的值可以使用下面的代码。

```
input type="text" name="likeRadio" id="radio" value="体育" />
<input type="text" name="likeRadio" id="radio" value="美术" />
<input type="text" name="likeRadio" id="radio" value="文艺" />
<script language="javascript">
    alert(document.getElementsByName("likeRadio")[0].value);
</script>
```

【例7-11】在365影视网中，应用document对象的getElementsByName()方法和setInterval()方法实现电影图片的轮换效果。

程序开发步骤如下。

（1）在页面中定义一个<div>元素，首先在该元素中定义两个图片，然后为图片添加超链接，并设置超链接标签<a>的 name 属性值为 i，代码如下。

```
<div id='tabs'>
    <a name="i" href="#"><img src="video/13.png" width="100%" height="320" /></a>
    <a name="i" href="#"><img src="video/14.png" width="100%" height="320" /></a>
</div>
```

（2）在页面中定义 CSS 样式，用于控制页面显示效果，具体代码参见光盘。

（3）在页面中编写 JavaScript 代码，首先应用 document 对象的 getElementsByName()方法获取 name

属性值为 i 的元素，然后编写自定义函数 changeimage()，最后应用 setInterval() 方法，每隔 3 秒钟就执行一次 changeimage() 函数，代码如下。

```
<script type="text/javascript">
var len = document.getElementsByName("i");        //获取name属性值为i的元素
var pos = 0;//定义变量值为0
function changeimage(){
    len[pos].style.display = "none";              //隐藏元素
    pos++;//变量值加1
    if(pos == len.length) pos=0;                  //变量值重新定义为0
    len[pos].style.display = "block";             //显示元素
}
setInterval('changeimage()',3000);                //每隔3秒钟执行一次changeimage()函数
</script>
```

运行结果如图 7-19 所示。

图 7-19　图片轮换效果

7.5　与 DHTML 相对应的 DOM

我们知道通过 DOM 技术可以获取得网页对象。本节将介绍另外一种获取网页对象的方法，那就是通过 DHTML 对象模型的方法。使用这种方法可以不必了解文档对象模型的具体层次结构，而直接得到网页中所需的对象。通过 innerHTML、innerText、outerHTML 和 outerText 属性可以很方便地读取和修改 HTML 元素内容。

 说明　innerHTML 属性被多数浏览器所支持，而 innerText、outerHTML 和 outerText 属性只有 IE 浏览器才支持。

7.5.1　innerHTML 和 innerText 属性

innerHTML 属性声明了元素含有的 HTML 文本，不包括元素本身的开始标记和结束标记。设置该属性可以用于为指定的 HTML 文本替换元素的内容。

例如，通过 innerHTML 属性修改 <div> 标记的内容，代码如下。

```
<body>
<div id="clock"></div>
<script language="javascript">
```

innerHTML 和
innerText 属性

```
        document.getElementById("clock").innerHTML="2016-<b>12</b>-24";
    </script>
    </body>
```

运行结果如图 7-20 所示。

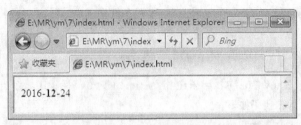

图 7-20　通过 innerHTML 属性修改<div>标记的内容

innerText 属性与 innerHTML 属性的功能类似，只是该属性只能声明元素包含的文本内容，即使指定的是 HTML 文本，它也会认为是普通文本，从而原样输出。

使用 innerHTML 属性和 innerText 属性还可以获取元素的内容。如果元素只包含文本，那么 innerHTML 属性和 innerText 属性的返回值相同。如果元素既包含文本，又包含其他元素，那么这两个属性的返回值是不同的，如表 7-3 所示。

表 7-3　innerHTML 属性和 innerText 属性返回值的区别

HTML 代码	innerHTML 属性	innerText 属性
<div>明日科技</div>	"明日科技"	"明日科技"
<div><b>明日科技</b></div>	"<B>明日科技</B>"	"明日科技"
<div><font color="red"></font></div>	"<FONT color=red></FONT>"	""

7.5.2　outerHTML 和 outerText 属性

outerHTML 和 outerText 属性与 innerHTML 和 innerText 属性类似，只是 outerHTML 和 outerText 属性替换的是整个目标节点，也就是这两个属性还对元素本身进行修改。

下面以列表的形式给出对特定代码通过 outerHTML 和 outerText 属性获取的返回值，如表 7-4 所示。

outerHTML 和
outerText 属性

表 7-4　outerHTML 属性和 outerText 属性返回值的区别

HTML 代码	outerHTML 属性	outerText 属性
<div>明日科技</div>	<DIV>明日科技</DIV>	"明日科技"
<div id="clock">2011-<b>07</b>-22</div>	<DIV id=clock>2011-<B>07</B>-22</DIV>	"2011-07-22"
<div id="clock"><font color="red"></font></div>	<DIV id=clock><FONT color=red></FONT></DIV>	""

使用 outerHTML 和 outerText 属性后，原来的元素（如<div>标记）将被替换成指定的内容，这时当使用 document.getElementById()方法查找原来的元素（如<div>标记）时，将发现原来的元素（如<div>标记）已经不存在了。

【例 7-12】 在网页的合适位置显示分时问候。

本章介绍了与 DHTML 相对应的 DOM，其中，innerHTML 属性最为常用。下面就通过一个具体的实例来说明 innerHTML 属性的应用。

（1）在页面的适当位置添加两个<div>标记，这两个标记的 id 属性为分别为 time 和 greet，代码如下。

```
<div id="time">显示当前时间</div>
<div id="greet">显示问候语</div>
```

（2）编写自定义函数 ShowTime()，用于在 id 为 time 的<div>标记中显示当前时间，在 id 为 greet 的<div>标记中显示问候语，代码如下。

```
<script language="javascript">
function ShowTime(){
    var strgreet = "";
    var datetime = new Date();                            //获取当前时间
    var hour = datetime.getHours();                       //获取小时
    var minu = datetime.getMinutes();                     //获取分钟
    var seco = datetime.getSeconds();                     //获取秒钟
    strtime =hour+":"+minu+":"+seco+" ";                  //组合当前时间
    if(hour >= 0  && hour < 8){                            //判断是否为早上
        strgreet ="早上好";
    }
    if(hour >= 8  && hour < 11){                           //判断是否为上午
        strgreet ="上午好";
    }
    if(hour >= 11  && hour < 13){                          //判断是否为中午
        strgreet ="中午好";
    }
    if(hour >= 13  && hour < 17){                          //判断是否为下午
        strgreet ="下午好";
    }
    if(hour >= 17  && hour < 24){                          //判断是否为晚上
        strgreet ="晚上好";
    }
    window.setTimeout("ShowTime()",1000);                 //每隔1秒重新获取一次时间
    document.getElementById("time").innerHTML="现在是: <b>"+strtime+"</b>";
    document.getElementById("greet").innerText="<b>"+strgreet+"</b>";
}
</script>
```

（3）在页面的载入事件中调用 ShowTime()函数，显示当前时间和问题语，代码如下。

```
window.onload=ShowTime;          //在页面载入后调用ShowTime()函数
```

运行结果如图 7-21 所示。

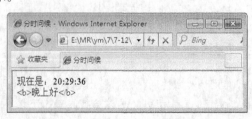

图 7-21　分时问候

从图 7-21 中，可以看出当前的时间（20:29:36）和问候语（晚上好）虽然都使用了 `<b>` 标记括起来，但是由于问候语使用的是 innerText 属性设置的，所以 `<b>` 标记将作为普通文本输出，而不能实现其本来的效果（文字加粗显示）。从本实例中，读者可以清楚地看到 innerHTML 属性和 innerText 属性的区别。

小 结

本章主要讲解了文档对象模型的节点、级别，如何获取文档中的元素，以及与 DHTML 相对应的 DOM 等相关内容。通过本章的学习，读者可以掌握页面中元素的层次关系，对今后使用 JavaScript 语言编程很有帮助。

上机指导

应用 appendChild() 方法和 getElementById() 方法实现年月日的联动功能。当改变"年"菜单和"月"菜单的值时，"日"菜单的值的范围也会相应地改变。运行效果如图 7-22 所示。

课程设计

图 7-22 实现年月日的联动功能

程序开发步骤如下。

（1）在页面中创建表单，在表单中定义年、月、日 3 个下拉菜单，代码如下。

```
<form id="form1" name="form1" method="post" action="">
    <select name="year" id="year" onchange="getday()">
    <script language="javascript">
        var mydate=new Date();
        for(i=1970;i<=mydate.getFullYear();i++){
            document.write("<option value='"+i+"' "+(i==1986?"selected":"")+">"+i+"年</option>");
        }
    </script>
    </select>
        <select name="month" id="month" onchange="getday()">
    <script language="javascript">
        for(i=1;i<=12;i++){
            document.write("<option value='"+i+"' "+(i==1?"selected":"")+">"+i+"月</option>");
        }
    </script>
    </select>
        <select name="day" id="day">
    <script language="javascript">
        for(i=1;i<=31;i++){
            document.write("<option value='"+i+"' "+(i==1?"selected":"")+">"+i+"日</option>");
```

```
                }
        </script>
        </select>
    </form>
```

（2）创建自定义函数 append()，先在函数中应用 createElement() 函数创建下拉菜单项，并将下拉菜单项添加到相应的下拉菜单中，再创建自定义函数 getday()，在函数中根据获取的年、月的值来调用函数 append()，实现年、月、日的联动功能，代码如下。

```
<script language="javascript">
    function append(d,v){
        var option=document.createElement("option");    //创建元素option
        option.value=v;                                  //把参数v作为元素的值
        option.innerText=v+"日";                         //把参数v作为元素的显示内容
        d.appendChild(option);                           //把元素option作为参数d的子节点
    }
    function getday(){
        var y=form1.year.value;                          //取得年份的值
        var m=form1.month.value;                         //取得月份的值
        var d=document.getElementById("day");            //定位到id=day的节点
        d.innerHTML="";                                  //把id=day节点的内容清空
        if(m==4 || m==6 || m==9 || m==11){               //如果月份的值是4或6或9或11
          for(j=1;j<=30;j++){
             append(d,j);                                //把1~30循环加到天数当中
          }
        }else if(m==2){                                  //如果月份的值是2
          if(y%4==0 || y%400==0 && y%100!=0){            //如果年份是闰年
             for(j=1;j<=29;j++){
                append(d,j);                             //把1~29循环加到天数当中
             }
          }else{
             for(j=1;j<=28;j++){
                append(d,j);                             //不是闰年就把1~28循环加到天数当中
             }
          }
        }else{                                           //否则如果月份的值是1或3或5或7或8或10或12
          for(j=1;j<=31;j++){
             append(d,j);                                //把1~31循环加到天数当中
          }
        }
    }
</script>
```

习 题

7-1 简单描述 DOM 的基本概念。

7-2 遍历文档树时常用的属性有哪几个？

7-3 DOM 节点有哪几种操作？它们分别如何实现？

7-4 获取文档中指定元素的方式有几种？

7-5 innerHTML 属性和 innerText 属性的区别是什么？

第8章

Window对象

本章要点：

- Window对象概述
- 对话框
- 打开与关闭窗口
- 控制窗口
- 窗口事件

■ 在 HTML 中打开对话框应用极为普遍，但也有一些缺陷。用户浏览器决定对话框的样式，设计者左右不了其对话框的大小及样式，但 JavaScript 给了程序这种控制权。在 JavaScript 中用户可以使用 Window 对象来实现对对话框的控制。

8.1 Window 对象概述

Window 对象代表的是打开的浏览器窗口，通过 Window 对象可以打开与关闭窗口、控制窗口的大小和位置、由窗口弹出对话框，还可以控制窗口上是否显示地址栏、工具栏和状态栏等栏目。对于窗口中的内容，Window 对象可以控制是否重载网页、返回上一个文档或前进到下一个文档。

在框架方面，Window 对象可以处理框架与框架之间的关系，并通过这种关系在一个框架处理另一个框架中的文档。Window 对象还是所有其他对象的顶级对象，通过对 Window 对象的子对象进行操作，可以实现更多的动态效果。Window 对象作为对象的一种，也有着其自己的方法和属性。

8.1.1 Window 对象的属性

顶层 Window 对象是所有其他子对象的父对象，它出现在每一个页面上，并且可以在单个 JavaScript 应用程序中被多次使用。

为了便于读者学习，本节将以表格的形式对 Window 对象中的属性进行详细说明。Window 对象的属性如表 8-1 所示。

Window 对象的属性

表 8-1　Window 对象的属性

属性	描述
document	对话框中显示的当前文档
frames	表示当前对话框中所有 frame 对象的集合
location	指定当前文档的 URL
name	对话框的名字
status	状态栏中的当前信息
defaultstatus	状态栏中的当前信息
top	表示最顶层的浏览器对话框
parent	表示包含当前对话框的父对话框
opener	表示打开当前对话框的父对话框
closed	表示当前对话框是否关闭的逻辑值
self	表示当前对话框
screen	表示用户屏幕，提供屏幕尺寸、颜色深度等信息
navigator	表示浏览器对象，用于获得与浏览器相关的信息

8.1.2 Window 对象的方法

除了属性之外，Window 对象中还有很多方法。Window 对象的方法如表 8-2 所示。

Window 对象的方法

表 8-2　Window 对象的方法

方法	描述
alert()	弹出一个警告对话框
confirm()	在确认对话框中显示指定的字符串
prompt()	弹出一个提示对话框

续表

方法	描述
open()	打开新浏览器对话框并且显示由 URL 或名字引用的文档，并设置创建对话框的属性
close()	关闭被引用的对话框
focus()	将被引用的对话框放在所有打开对话框的前面
blur()	将被引用的对话框放在所有打开对话框的后面
scrollTo(x,y)	把对话框滚动到指定的坐标
scrollBy(offsetx,offsety)	按照指定的位移量滚动对话框
setTimeout(timer)	在指定的毫秒数过后，对传递的表达式求值
setInterval(interval)	指定周期性执行代码
moveTo(x,y)	将对话框移动到指定坐标处
moveBy(offsetx,offsety)	将对话框移动到指定的位移量处
resizeTo(x,y)	设置对话框的大小
resizeBy(offsetx,offsety)	按照指定的位移量设置对话框的大小
print()	相当于浏览器工具栏中的"打印"按钮
navigate(URL)	使用对话框显示 URL 指定的页面
status()	状态条，位于对话框下部的信息条
Defaultstatus()	状态条，位于对话框下部的信息条

8.1.3 Window 对象的使用

Window 对象可以直接调用其方法和属性，例如：

```
window.属性名
window.方法名（参数列表）
```

Window 对象的使用

Window 对象是不需要使用 new 运算符来创建的对象。因此，在使用 Window 对象时，只要直接使用"Window"来引用 Window 对象即可，代码如下。

```
window.alert（"字符串"）;
window.document.write（"字符串"）;
```

在实际运用中，JavaSctipt 允许使用一个字符串来给窗口命名，也可以使用一些关键字来代替某些特定的窗口。例如，使用"self"代表当前窗口、"parent"代表父级窗口等。对于这种情况，可以用这些关键字来代表"window"，代码如下。

```
parent.属性名
parent.方法名（参数列表）
```

8.2 对话框

对话框是为了响应用户的某种需求而弹出的小窗口，本节将介绍 3 种常用的对话框：警告对话框、确认对话框及提示对话框。

8.2.1 警告对话框

在页面中弹出警告对话框主要是在\<body\>标签中调用 Window 对象的 alert()方法实现的。下面对该方法进行详细说明。

警告对话框

利用 Window 对象的 alert()方法可以弹出一个警告对话框，并且在警告对话框内可以显示提示字符串文本。其语法格式如下。

```
window.alert(str)
```

参数说明：

❑ str：要在警告对话框中显示的提示字符串。

用户可以单击警告对话框中的"确定"按钮来关闭该对话框。不同浏览器的警告对话框样式可能会有些不同。

【例 8-1】 在页面载入时就执行相应的函数，并弹出警告对话框。

```html
<html>
<head>
<title>警告对话框的应用</title>
<meta http-equiv="Content-Type" content="text/html; charset=gb2312">
</head>
<body onLoad="al()">
<script language="javascript">
function al(){                              //自定义函数
    window.alert("弹出警告对话框!");        //弹出警告对话框
}
</script>
</body>
</html>
```

运行结果如图 8-1 所示。

图 8-1　警告对话框的应用

 警告对话框是由当前运行的页面弹出的，在对该对话框进行处理之前，不能对当前页面进行操作，并且其后面的代码也不会被执行。只有将警告对话框进行处理后（如单击"确定"或者关闭对话框），才可以对当前页面进行操作，后面的代码也才能继续执行。

 也可以利用 alert()方法对代码进行调试。当弄不清楚某段代码执行到哪里，或者不知道当前变量的取值情况，便可以利用该方法显示有用的调试信息。

8.2.2　确认对话框

Window 对象的 confirm()方法用于弹出一个确认对话框。该对话框中包含两个按钮，在中文操作系统中显示为"确定"和"取消"，在英文操作系统中显示为"OK"和"Cancel"。其语法格式如下。

确认对话框

```
window.confirm(question)
```

参数说明：

❑ window：Window 对象。

❑ question：要在对话框中显示的纯文本。通常应该表达程序想要让用户回答的问题。

返回值：如果用户单击"确定"按钮，返回值为 true；如果用户单击"取消"按钮，返回值为 false。

【例 8-2】 本例主要实现在页面中弹出"确定要关闭浏览器窗口"对话框。

```javascript
<script language="javascript">
    var bool = window.confirm("确定要关闭浏览器窗口吗? ");//弹出确认框并赋值变量
    if(bool == true){                                    //如果返回值为true,即用户单击了"确定"按钮
```

```
        window.close();                                      //关闭窗口
    }
</script>
```

运行结果如图 8-2 所示。

8.2.3 提示对话框

利用 Window 对象的 Prompt()方法可以在浏览器窗口中弹出一个提示框。与警告对话框和确认对话框不同，在提示对话框中有一个输入框。当显示输入框时，在输入框内显示提示字符串，在输入文本框显示缺省文本，并等待用户输入。当用户在该输入框中输入文字后，并单击"确定"按钮时，返回用户输入的字符串；当单击"取消"按钮时，返回 null 值。其语法格式如下。

图 8-2 确认对话框

提示对话框

```
window.prompt(str1, str2)
```

参数说明；

❑ str1：为可选项，表示字符串（String），指定在对话框内要被显示的信息。如果忽略此参数，将不显示任何信息。

❑ str2：为可选项，表示字符串（String），指定对话框内输入框（input）的值（value）。如果忽略此参数，将被设置为 undefined。

【例 8-3】 当浏览器打开时，在文本框中输入数据并单击"显示对话框"按钮，会弹出一个提示对话框，输入数据并单击"确定"按钮后，返回相应的数据。

```
<script>
function pro(){
    var message=document.all("message");
    message.value=window.prompt(message.value,"返回的信息");
}
</script>
<input id=message type=text size=40 value="请在此输入信息">
<br><br>
<input type=button value=" 显示对话框 " onClick="pro();">
```

运行结果如图 8-3 和图 8-4 所示。

图 8-3 弹出提示对话框

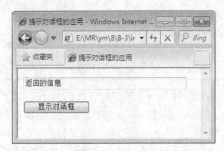

图 8-4 单击"确定"按钮后返回信息

8.3 打开与关闭窗口

打开与关闭窗口主要使用 Window 对象中的 open()和 close()方法实现，也可以在打开窗口时指定窗口的大小及位置。下面介绍打开与关闭窗口的实现方法。

8.3.1 打开窗口

打开窗口

打开窗口可以使用 Window 对象的 Open()方法。作为一名程序开发人员，可以基于特定的条件创建带有装入特定文档的新对话框，也可以指定新对话框的大小以及对话框中可用的选项，并且可以为引用的对话框指派名字。

利用 open()方法可以打开一个新的窗口，并在窗口中装载指定 URL 地址的网页。其语法格式如下。

```
WindowVar=window.open(url,windowname[,location]);
```

参数说明：

❑ WindowVar：当前打开窗口的句柄。如果 open()方法成功，则 windowVar 的值为一个 Window 对象的句柄，否则 windowVar 的值是一个空值。

❑ url：目标窗口的 URL。如果 URL 是一个空字符串，则浏览器将打开一个空白窗口，允许用 write() 方法创建动态 HTML。

❑ windowname：Window 对象的名称。该名称可以作为属性值在<a>和<form>标记的 target 属性中出现。如果指定的名称是一个已经存在的窗口名称，则返回对该窗口的引用，而不会再新打开一个窗口。

❑ location：打开窗口的参数。

location 的可选参数如表 8-3 所示。

表 8-3 location 的可选参数

参数值	描述
top	窗口顶部离开屏幕顶部的像素数
left	窗口左端离开屏幕左端的像素数
width	对话框的宽度
height	对话框的高度
scrollbars	是否显示滚动条
resizable	设定对话框大小是否固定
toolbar	浏览器工具条，包括后退及前进按钮等
menubar	菜单条，一般包括有文件、编辑及其他一些条目
location	定位区，也叫地址栏，是可以输入 URL 的浏览器文本区
direction	更新信息的按钮

例如，打开一个新窗口，代码如下。

```
window.open("new.html","new");
```

例如，打开一个指定大小的窗口，代码如下。

```
window.open("new.html","new","height=140,width=690");
```

例如，打开一个指定位置的窗口，代码如下。

```
window.open("new.html","new","top=300,left=200");
```

例如，打开一个带滚动条的固定窗口，代码如下。

```
window.open("new.html","new","scrollbars,resizable");
```

例如，打开一个新的浏览器对话框，在该对话框中显示 bookinfo.html 文件，设置打开对话框的名称为"bookinfo",并设置对话框的宽度和高度,代码如下。

```
var win=window.open("bookinfo.html","bookinfo","width=600,height=500");
```

1. 打开新窗口

【例 8-4】 通过 open()方法可以在进入首页时,弹出一个指定大小及指定位置的新窗口。

```
<script language="javascript">
<!--
window.open("new.html","new","height=140,width=690,top=100,left=200");
-->
</script>
```

运行结果如图 8-5 所示。

图 8-5　打开指定大小及指定位置的新窗口

在使用 open()方法时,需要注意以下 3 点。

（1）通常浏览器窗口中,总有一个文档是打开的。因而不需要为输出建立一个新文档。

（2）在完成对 Web 文档的写操作后,要使用或调用 close()方法来实现对输出流的关闭。

（3）在使用 open()方法来打开一个新流时,可为文档指定一个有效的文档类型,有效文档类型包括 text/html、text/gif、text/xim 和 text/plugin 等。

2. 通过单击图片打开新窗口

【例 8-5】 在设计网页时,经常会在一个页面中调用其他页面,并对调用的页面指定其大小、位置和显示样式。在 365 影视网中就应用了这个功能,当单击查看影片详情的图片时,会按指定的大小及位置打开影片详情页面。

在查看影片详情的图片中编写用于实现打开新窗口的 JavaScript 代码,应用图片的 onclick 事件打开新窗口,在新窗口中调用查看影片详情页面 intro.html,关键代码如下。

```
<img src="images/show_icon.png" alt="介绍" border="0" style="cursor:pointer;" onclick="javascript:
window.open('intro.html','new','height=660,width=690,top=100,left=400');"/>
```

运行结果如图 8-6 所示。

除了通过单击图片打开新窗口之外,还可以通过单击按钮或超链接打开新窗口。

图 8-6　通过单击图片打开新窗口

8.3.2　关闭窗口

在对窗口进行关闭时，主要有关闭当前窗口和关闭子窗口两种操作。下面分别对它们进行介绍。

关闭窗口

1. 关闭当前窗口

利用 Window 对象的 close()方法可以实现关闭当前窗口的功能。其语法格式如下。

window.close();

关闭当前窗口，可以用下面的任何一种语句来实现。

❑　window.close();

❑　close();

❑　this.close()。

如果窗口不是由其他窗口打开的，在 Netscape 中这个属性返回 null；在 IE 中返回"未定义"（undefined）。undefined 在一定程度上等于 null。需要说明的是：undefined 不是 JavaScript 常数，如果读者企图使用 undefined，那就真的返回"未定义"了。

【例 8-6】 通过 Window 对象的 open()方法打开一个新窗口（子窗口），当用户在该窗口中进行关闭操作后，关闭子窗口时，系统会自动刷新父窗口来实现页面的更新。

在本实例中，单击页面中的"会议记录"超链接，将弹出会议记录页面，在该页面中单击"关闭"按钮将自动关闭，同时系统会自动刷新父窗口。

（1）制作用于显示会议信息列表的会议管理页面，在该页面中加入空的超链接，并在其 onClick 事件中加入 JavaScript 脚本，实现打开一个指定大小的新窗口，代码如下。

```
<a href="#" onClick="Javascript:window.open('new.html',",'width=400,height=220')">
会议记录</a>
```

（2）制作会议记录详细信息页面，在该页面中通过"关闭"按钮的 onclick 事件调用自定义函数 clo()，从而实现关闭弹出窗口时刷新父窗口，代码如下。

```
<input type="submit" name="Submit" value="关闭" onclick="clo();">
<script language="javascript">
function clo(){
    alert("关闭子窗口！");
    window.opener.location.reload();    //刷新父窗口
    window.close();//关闭当前窗口
}
</script>
```

运行结果如图 8-7 所示。

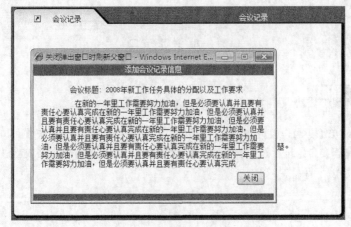

图 8-7 关闭弹出窗口时刷新父窗口

2．关闭子窗口

通过 close()方法用户可以关闭以前动态创建的窗口，在窗口创建时，首先将窗口句柄以变量的形式进行保存，然后通过 close()方法关闭创建的窗口。其语法格式如下。

```
windowname.close();
```

参数说明：

❑ windowname：已打开窗口的句柄。

【例 8-7】 运行程序时，主窗口旁边会弹出一个子窗口，当单击主窗口中的按钮后，会自动关闭子窗口。

```
<form name="form1" method="post" action="">
  <input type="button" name="Button" value="关闭子窗口" onClick="newclose()">
</form>
<script language="javascript">
<!--
var win;
win=window.open("new.html","new","width=300,height=200");
function newclose(){
    win.close();
}
```

```
-->
</script>
```

运行结果如图 8-8 所示。

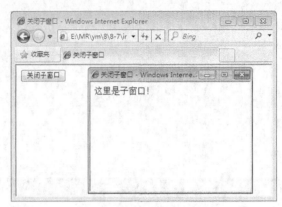

图 8-8　关闭子窗口

8.4　控制窗口

通过 Window 对象除了可以打开与关闭窗口，还可以控制窗口的大小和位置、由窗口弹出对话框，还可以控制窗口上是否显示地址栏、工具栏和状态栏等栏目。返回上一个文档或前进到下一个文档，甚至还可以停止加载文档。

8.4.1　移动窗口

下面介绍 3 种移动窗口的方法。

1. moveTo()方法

利用 moveTo()方法可以将窗口移动到指定坐标（x,y）处。其语法格式如下。

```
window.moveTo(x,y)
```

参数说明：

- ❏　x：窗口左上角的 x 坐标。
- ❏　y：窗口左上角的 y 坐标。

例如，将窗口移动到指定坐标（500,600）处，代码如下。

```
window.moveTo(500,600)
```

　moveTo()方法是 Navigator 和 IE 都支持的方法，它不属于 W3C 标准的 DOM。

2. resizeTo()方法

利用 resizeTo()方法可以将当前窗口改变成（x,y）大小，x、y 分别为宽度和高度。其语法格式如下。

```
window.resizeTo(x,y)
```

参数说明：

- ❏　x：窗口的水平宽度。
- ❏　y：窗口的垂直宽度。

例如，将当前窗口改变成（200,300）大小，代码如下。

```
window.resizeTo(200,300)
```

3. screen 对象

screen 对象是 JavaScript 中的屏幕对象，反映了当前用户的屏幕设置。该对象的常用属性如表 8-4 所示。

表 8-4　screen 对象的常用属性

属性	说明
width	用户整个屏幕的水平尺寸，以像素为单位
height	用户整个屏幕的垂直尺寸，以像素为单位
pixelDepth	显示器的每个像素的位数
colorDepth	返回当前颜色设置所用的位数，1 代表黑白；8 代表 256 色；16 代表增强色；24/32 代表真彩色。8 位颜色支持 256 种颜色，16 位颜色（通常叫做"增强色"）支持大概 64000 种颜色，而 24 位颜色（通常叫做"真彩色"）支持大概 1600 万种颜色
availWidth	返回窗口内容区域的水平尺寸，以像素为单位
availHeight	返回窗口内容区域的垂直尺寸，以像素为单位

例如，使用 screen 对象设置屏幕属性，代码如下。

```
window.screen.width          //屏幕宽度
window.screen.height         //屏幕高度
window.screen.colorDepth     //屏幕色深
window.screen.availWidth     //可用宽度
window.screen.availHeight    //可用高度(除去任务栏的高度)
```

【例 8-8】　本实例是在窗口打开时，将窗口放在屏幕的左上角，并将窗口从左到右以随机的角度进行移动，当窗口的外边框碰到屏幕四边时，窗口将进行反弹。

```
<script language="JavaScript">
window.resizeTo(300,300);     //指定将窗口改变的大小
window.moveTo(0,0);           //将窗口移动到指定坐标处
inter=setInterval("go()", 1);
var aa=0;
var bb=0;
var a=0;
var b=0;
function go(){
    try{
        if (aa==0)
            a=a+2;
        if (a>screen.availWidth-300)
            aa=1;
        if (aa==1)
            a=a-2;
        if (a==0)
            aa=0;
        if (bb==0)
            b=b+2;
        if (b>screen.availHeight-300)
            bb=1;
```

```
            if (bb==1)
                b=b-2;
            if (b==0)
                bb=0;
            window.moveTo(a,b);
        }catch(e){}
    }
</script>
```

运行结果如图 8-9 和图 8-10 所示。

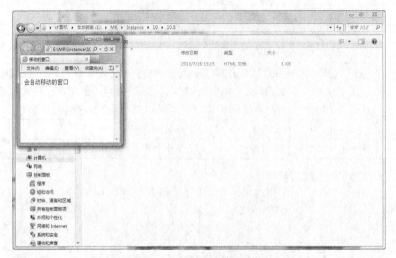

图 8-9　窗口移动前的效果

图 8-10　窗口移动后的效果

8.4.2　窗口滚动

利用 Window 对象的 scroll()方法可以指定窗口的当前位置，从而实现窗口滚动效果。其语法格式如下。

窗口滚动

```
scroll(x,y);
```

参数说明：

❑ x：屏幕的横向坐标。

❑ y：屏幕的纵向坐标。

Window 对象中有 3 种方法可以用来滚动窗口中的文档，这 3 种方法的使用如下。

```
window.scroll ( x,y )
window.scrollTo ( x,y )
window.scrollBy ( x,y )
```

以上 3 种方法的具体解释如下。

❑ scroll()：该方法可以将窗口中显示的文档滚动到指定的绝对位置。滚动的位置由参数 x 和 y 决定，其中 x 为要滚动的横向坐标，y 为要滚动的纵向坐标。两个坐标都是相对文档的左上角而言的，即文档的左上角坐标为（0,0）。

❑ scrollTo()：该方法的作用与 scroll() 方法完全相同。scroll() 方法是 JavaScript 1.1 中所规定的，而 scrollTo() 方法是 JavaScript 1.2 中所规定的。建议使用 scrollTo() 方法。

❑ scrollBy：该方法可以将文档滚动到指定的相对位置上，参数 x 和 y 是相对当前文档位置的坐标。如果参数 x 的值为正数，则向右滚动文档，如果参数 x 值为负数，则向左滚动文档。与此类似，如果参数 y 的值为正数，则向下滚动文档，如果参数 y 的值为负数，则向上滚动文档。

【例 8-9】 本实例是在打开页面时，当页面出现纵向滚动条时，页面中的内容将从上向下进行滚动，当滚动到页面最底端时停止滚动。

```
<script language="JavaScript">
var position = 0;
function scroller(){
    if (true){
    position++;
    scroll(0,position);
    clearTimeout(timer);
    var timer = setTimeout("scroller()",10);
    }
}
scroller();
</script>
```

运行结果如图 8-11 所示。

图 8-11 窗口自动滚动

8.4.3 改变窗口大小

改变窗口大小

利用 Window 对象的 resizeBy()方法可以实现将当前窗口改变指定的大小
（x,y），当 x、y 的值大于 0 时为扩大，小于 0 时为缩小。其语法格式如下。

```
window.resizeBy(x,y)
```

参数说明：

❑ x：放大或缩小的水平宽度。

❑ y：放大或缩小的垂直宽度。

> 【例 8-10】 本实例在打开 index.html 文件后，在该页面中单击"打开一个自动改变大小的窗口"
> 超链接，在屏幕的左上角将会弹出一个"改变窗口大小"的窗口，并动态改变窗口的宽度和高度，直
> 到与屏幕大小相同为止。

程序开发步骤如下。

（1）编写用于实现打开窗口特殊效果的 JavaScript 代码。自定义函数 openwin ()，用于打开指定的
窗口，并设置其位置和大小，代码如下。

```
<script language=JavaScript>
var winheight,winsize,x;
function openwin(){
    winheight=100;
    winsize=100;
    x=5;
    win2=window.open("melody.html","","scrollbars='no'");
    win2.moveTo(0,0);
    win2.resizeTo(100,100);
    resize();
}
```

（2）自定义函数 resize ()，用于动态改变窗口的大小，代码如下。

```
function resize(){
    if (winheight>=screen.availHeight-3)
        x=0;
    win2.resizeBy(5,x);
    winheight+=5;
    winsize+=5;
    if (winsize>=screen.width-5){
        winheight=100;
        winsize=100;
        x=5;
        return;
    }
    setTimeout("resize()",50);
}
</script>
<a href="javascript:openwin()">打开一个自动改变大小的窗口</a>
```

运行结果如图 8-12 和图 8-13 所示。

在本实例中，首先利用 Window 对象的 open()方法来打开一个已有的窗口，然后利用 screen 对象的
availHeight 属性来获取屏幕可工作区域的高度，最后利用 moveTo()和 resizeTo()方法来指定窗口的位置
及大小，并利用 resizeBy()方法使窗口逐渐变大，直到窗口大小与屏幕的工作区大小相同。

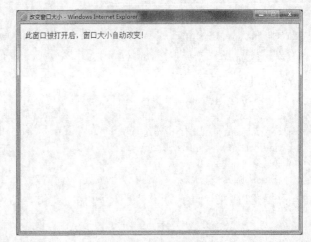

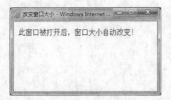

图 8-12　改变窗口大小　　　　　　　　　　图 8-13　改变窗口大小

8.4.4　控制窗口状态栏

下面介绍 2 种控制窗口状态栏的方法。

控制窗口状态栏

1. status()方法

改变状态栏中的文字可以通过 Window 对象的 status()方法实现。status()方法主要功能是获取或设置浏览器窗口中状态栏的当前显示信息。其语法格式如下。

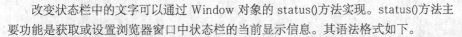

window.status=str

2. defaultstatus()方法

其语法格式如下。

window.defaultstatus=str

status()方法与 defaultstatus()方法的区别在于信息显示时间的长短。defaultstatus()方法的值会在任何时间显示，而 status()方法的值只在某个事件发生的瞬间显示。

> 【例 8-11】　本实例在状态栏中使用 JavaScript 编写一个文字从右向左依次弹出的效果，当页面显示后状态栏中的文字将会从右边向左边一个一个地弹出，等文字在状态栏中全部输出完毕后，程序将会清空状态栏中的文字，然后重复执行文字从右向左依次弹出的操作。

```javascript
<script language="JavaScript">
var message = "欢迎来到明日科技主页，请您提出宝贵意见！";          //状态栏信息
var position = 150;                                              //位置
var delay = 10;                                                 //弹出文字的间隔时间
var statusobj = new statusMessageObject();
function statusMessageObject(p,d){
    this.msg = message;
    this.out = " ";
    this.pos = position;
    this.delay = delay;
    this.i = 0;
    this.reset = clearMessage;
}
function clearMessage(){                                        //清空信息
    this.pos = POSITION;
}
```

```
function brush(){
    for(statusobj.i = 0; statusobj.i < statusobj.pos; statusobj.i++){
        statusobj.out += " ";
    }
    if(statusobj.pos >= 0)
        statusobj.out += statusobj.msg;
    else
        statusobj.out = statusobj.msg.substring(-statusobj.pos,statusobj.msg.length);
        window.status = statusobj.out;
        statusobj.out = " ";
        statusobj.pos--;
    if (statusobj.pos < -(statusobj.msg.length)) {
        statusobj.reset();
    }
    setTimeout ('brush()',statusobj.delay);
}
function outtext(space,position){
    var msg = statusobj.msg;
    var out = "";
    for (var i=0; i<position; i++){
        out += msg.charAt(i);
    }
    for (i=1;i<space;i++){
        out += " ";
    }
    out += msg.charAt(position);
    window.status = out;
    if (space <= 1){
        position++;
        if (msg.charAt(position) == ' '){
            position++;
        }
        space = 100-position;
    } else if (space >   3){
        space *= .75;
    } else {
        space--;
    }
    if (position != msg.length){
        var cmd = "outtext(" + space + "," + position + ")";
        scrollID = window.setTimeout(cmd,statusobj.delay);
    } else {
        window.status="";
        space=0;
        position=0;
        cmd = "outtext(" + space + "," + position + ")";
        scrollID = window.setTimeout(cmd,statusobj.delay);
        return false;
    }
    return true;
}
```

```
outtext(100,0);
</script>
```

运行结果如图 8-14 所示。

图 8-14　状态栏的文字设置

8.4.5　访问窗口历史

利用 history 对象实现访问窗口历史，history 对象是一个只读的 URL 字符串数组，该对象主要用来存储一个最近所访问网页的 URL 地址的列表。其语法格式如下。

```
[window.]history.property|method([parameters])
```

访问窗口历史

history 对象的常用属性如表 8-5 所示。

表 8-5　history 对象的常用属性

属性	描述
length	历史列表的长度，用于判断列表中的入口数目
current	当前文档的 URL
next	历史列表的下一个 URL
previous	历史列表的前一个 URL

history 对象的常用方法如表 8-6 所示。

表 8-6　History 对象的常用方法

方法	描述
back()	退回前一页
forward()	重新进入下一页
go()	进入指定的网页

例如，利用 history 对象中的 back()方法和 forward()方法来引导用户在页面中跳转，代码如下。

```
<a href="javascript:window.history.forward();">forward</a>
<a href="javascript:window.history.back();">back</a>
```

还可以使用 history.go()方法指定要访问的历史记录。若参数为正数，则向前移动；若参数为负数，则向后移动。例如：

```
<a href="javascript:window.history.go(-1);">向后退一次</a>
<a href="javascript:window.history.go(2);">向前前进两次/a>
```

使用 history.length 属性能够访问 history 数组的长度，通过这个长度可以很容易地转移到列表的末尾。例如：

```
<a href="javascript:window.history.go(window.history.length-1);">末尾</a>
```

8.4.6 设置超时

设置超时

设置一个窗口在某段时间后执行何种操作，称为设置超时。

Window 对象的 setTimeout()方法用于设置一个超时，以便在超出这个时间后触发某段代码的运行。其基本语法如下。

```
timerId=setTimeout(要执行的代码,以毫秒为单位的时间);
```

其中，"要执行的代码"可以是一个函数，也可以是其他 JavaScript 语句；"以毫秒为单位的时间"指代码执行前需要等待的时间，即超时时间。

可以在超时事件未执行前来中止该超时设置，使用Window对象的clearTimeout()方法实现。其语法格式如下。

```
clearTimeout(timerId);
```

8.5 窗口事件

Window 对象支持很多事件，但绝大多数不是通用的。本节将介绍通用窗口事件和扩展窗口事件。

8.5.1 通用窗口事件

通用窗口事件

可以通用于各种浏览器的窗口事件很少，这些事件的使用方法如下。

```
window.通用事件名=要执行的JavaScript代码
```

通用窗口事件如表 8-7 所示。

表 8-7 通用窗口事件

事件	描述
onfocus 事件	当浏览器窗口获得焦点时激活
onblur 事件	浏览器窗口失去焦点时激活
onload 事件	当文档完全载入窗口时触发，但需注意，事件并非总是完全同步
onunload 事件	当文档未载入时触发
onresize 事件	当用户改变窗口大小时触发
onerror 事件	当出现 JavaScript 错误时，触发一个错误处理事件

可以在设置<body>元素的事件属性时添加事件处理器。例如：

```
<body onload="alert('entering Window');" onunload="alert('leaving Window')">
```

8.5.2 扩展窗口事件

扩展窗口事件

IE 浏览器和 Netscape 浏览器为 Window 对象增加了很多事件。下面列出一些常用扩展窗口事件，如表 8-8 所示。

表 8-8 常用扩展窗口事件

事件	描述
onafterprint	窗口被打印后触发
onbeforeprint	窗口被打印或被打印预览之前激活
onbeforeunload	窗口未被载入之前触发，发生于 onunload 事件之前

续表

事件	描述
ondragdrop	文档被拖到窗口上时触发（仅用于 Netscape）
onhelp	当帮助键（通常是 F1）被按下时触发
onresizeend	调整大小的进程结束时激活。通常是用户停止拖曳浏览器窗口边角时激活
onresizestart	调整大小的进程开始时激活。通常是用户开始拖曳浏览器窗口边角时激活
onscroll	滚动条往任意方向滚动时触发

小 结

本章主要讲解了 Window 窗口对象。通过本章的学习，读者可以掌握通过 Window 对象对窗口进行简单的控制，包括对话框、打开与关闭窗口、窗口的大小、窗口的移动等相关操作。

上机指导

使用 Window 对象的 setTimeout()方法和 clearTimeout()方法设置一个简单的计时器，当单击"开始计时"按钮后启动计时器，输入框会从 0 开始进行计时，单击"暂停按钮"后可以暂停计时。运行效果如图 8-15 所示。

课程设计

程序开发步骤如下。

（1）在页面中创建表单，在表单中定义一个文本框和两个普通按钮，代码如下。

图 8-15　简单的计时器

```
<form id="form1" name="form1" method="post" action="">
    <input type="text" name="num" size="1" value="0" />
    <input type="button" name="start" value="开始计时" onclick="sta();" />
    <input type="button" name="pause" value="暂停计时" onclick="pau();" />
</form>
```

（2）创建自定义函数 beg()，首先在函数中应用 setTimeout()方法实现计时功能，然后定义单击"开始计时"按钮和"暂停计时"按钮时调用的函数 sta()和 pau()，代码如下。

```
<script language="javascript">
    var flag=0;
    var timeID;
```

```
        function beg(){
            var i=form1.num.value;
            i++;
            form1.num.value=i;
            timeID=setTimeout("beg()",1000);
        }
        function sta(){
            if(flag==0){
                beg();
                flag=1;
            }
        }
        function pau(){
            clearTimeout(timeID);
            flag=0;
        }
    </script>
```

习 题

8-1 简单描述 Window 对象的作用。

8-2 如何实现 JavaScript 中常见的几种对话框？

8-3 如何使用 JavaScript 脚本打开和关闭窗口？

8-4 常见的控制窗口的操作有哪几种？

8-5 列举几种常用的窗口事件。

第9章

AJAX技术

AJAX 是 Asynchronous JavaScript and XML 的缩写，意思是异步的 JavaScript 和 XML。AJAX 并不是一门新的语言或技术，它是 JavaScript、XML、CSS、DOM 等多种已有技术的组合，可以实现客户端的异步请求操作，从而实现在不需要刷新页面的情况下与服务器进行通信，减少了用户的等待时间，减轻了服务器和带宽的负担，提供更好的服务响应。本章将对 AJAX 的应用领域、技术特点，以及所使用的技术进行介绍。

9.1 AJAX 概述

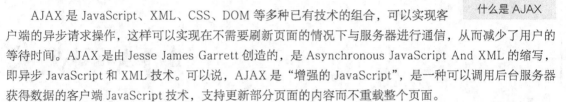

9.1.1 什么是 AJAX

什么是 AJAX

AJAX 是 JavaScript、XML、CSS、DOM 等多种已有技术的组合，可以实现客户端的异步请求操作，这样可以实现在不需要刷新页面的情况下与服务器进行通信，从而减少了用户的等待时间。AJAX 是由 Jesse James Garrett 创造的，是 Asynchronous JavaScript And XML 的缩写，即异步 JavaScript 和 XML 技术。可以说，AJAX 是"增强的 JavaScript"，是一种可以调用后台服务器获得数据的客户端 JavaScript 技术，支持更新部分页面的内容而不重载整个页面。

9.1.2 AJAX 应用案例

AJAX 应用案例

随着 Web 2.0 时代的到来，越来越多的网站开始应用 AJAX。实际上，AJAX 为 Web 应用带来的变化，我们已经在不知不觉中体验过了。例如，Google 地图和百度地图。下面我们就来看看都有哪些网站在用 AJAX，从而更好地了解 AJAX 的用途。

1. 百度搜索提示

在百度首页的搜索文本框中输入要搜索的关键字时，下方会自动给出相关提示。如果给出的提示有符合要求的内容，可以直接选择，这样可以方便用户。例如，输入"明日科"后，在下面将显示图 9-1 所示的提示信息。

图 9-1 百度搜索提示页面

2. 淘宝新会员免费注册

在淘宝网新会员免费注册时，将采用 AJAX 实现不刷新页面检测输入数据的合法性。例如，在"会员名"文本框中输入"明日"，将光标移动到"登录密码"文本框后，将显示图 9-2 所示的页面。

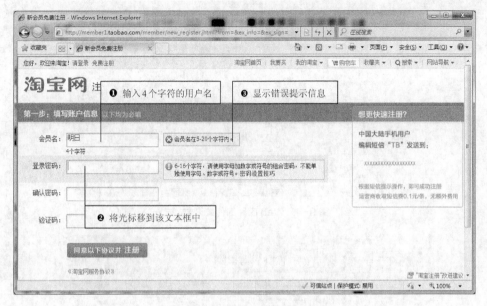

图 9-2　淘宝网新会员免费注册页面

3. 明日学院选择偏好课程

进入到明日学院的首页，单击"选择我的偏好"超链接时会弹出推荐的语言标签列表，单击列表中某个语言标签超链接，在不刷新页面的情况下即可在下方显示该语言相应的课程，效果如图 9-3 所示。

图 9-3　明日学院首页选择偏好课程

9.1.3　AJAX 的开发模式

在 Web 2.0 时代以前，多数网站都采用传统的开发模式，而随着 Web 2.0 时代的到来，越来越多的网站开始采用 AJAX 开发模式。为了让读者更好地了解 AJAX 开发模式，下面将对 AJAX 开发模式与传统开发模式进行比较。

AJAX 的开发模式

在传统的 Web 应用模式中，页面中用户的每一次操作都将触发一次返回 Web 服务器的 HTTP 请求，服务器进行相应的处理（获得数据、运行与不同的系统会话）后，返回一个 HTML 页面给客户端，如图 9-4 所示。

而在 AJAX 应用中，首先页面中用户的操作将通过 AJAX 引擎与服务器端进行通信，然后将返回结果提交给客户端页面的 AJAX 引擎，最后由 AJAX 引擎来决定将这些数据插入到页面的指定位置，如图 9-5 所示。

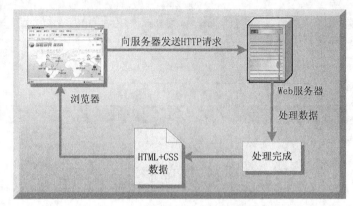

图 9-4　Web 应用的传统开发模式

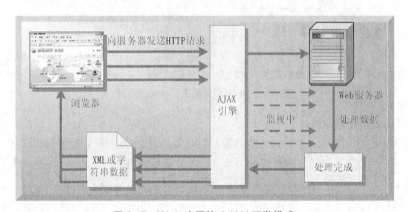

图 9-5　Web 应用的 AJAX 开发模式

从图 9-4 和图 9-5 可以看出，对于每个用户的行为，在传统的 Web 应用模式中，将生成一次 HTTP 请求，而在 AJAX 应用开发模式中，将变成对 AJAX 引擎的一次 JavaScript 调用。在 AJAX 应用开发模式中通过 JavaScript 实现在不刷新整个页面的情况下，对部分数据进行更新，从而降低了网络流量，给用户带来了更好的体验。

9.1.4　AJAX 的优点

与传统的 Web 应用不同，AJAX 在用户与服务器之间引入一个中间媒介（AJAX 引擎），从而消除了网络交互过程中的处理—等待—处理—等待的缺点，从而大大改善了网站的视觉效果。使用 AJAX 的优点如下。

AJAX 的优点

（1）可以把一部分以前由服务器负担的工作转移到客户端，利用客户端闲置的资源进行处理，减轻服务器和带宽的负担，节约空间和成本。

（2）无需刷新更新页面，从而使用户不用像以前一样在服务器处理数据时，只能在死板的白屏前焦急地等待。AJAX 使用 XMLHttpRequest 对象发送请求并得到服务器响应，在不需要重新载入整个页面的情况下，就可以通过 DOM 及时将更新的内容显示在页面上。

（3）可以调用 XML 等外部数据，进一步促进页面显示和数据的分离。

（4）基于标准化的并被广泛支持的技术，不需要下载插件或者小程序，即可轻松实现桌面应用程序的效果。

（5）AJAX 没有平台限制。AJAX 把服务器的角色由原本传输内容转变为传输数据，而数据格式则可以是纯文本格式和 XML 格式，这两种格式没有平台限制。

同其他事物一样，AJAX 也不尽是优点，它也有一些缺点，具体表现在以下 4 个方面。

（1）大量的 JavaScript，不易维护。

（2）可视化设计上比较困难。

（3）打破"页"的概念。

（4）给搜索引擎带来困难。

9.2　AJAX 的技术组成

AJAX 是 XMLHttpRequest 对象和 JavaScript、XML 语言、DOM、CSS 等多种技术的组合。其中，只有 XMLHttpRequest 对象是新技术，其他的均为已有技术。下面对 AJAX 使用的技术进行简要介绍。

9.2.1　XMLHttpRequest 对象

XMLHttpRequest
对象

AJAX 使用的技术中，最核心的技术就是 XMLHttpRequest，它是一个具有应用程序接口的 JavaScript 对象，能够使用超文本传输协议（HTTP）连接一个服务器，是微软公司为了满足开发者的需要，于 1999 年在 IE 5.0 浏览器中率先推出的。现在许多浏览器都对其提供了支持，不过实现方式与 IE 有所不同。下面将对 XMLHttpRequest 对象的使用进行详细介绍。

9.2.2　XML 语言

XML 语言

XML 是 Extensible Markup Language（可扩展的标记语言）的缩写，它提供了用于描述结构化数据的格式，适用于不同应用程序间的数据交换，而且这种交换不以预先定义的一组数据结构为前提，增强了可扩展性。XMLHttpRequest 对象与服务器交换的数据，通常采用 XML 格式。下面将对 XML 进行简要介绍。

1. XML 文档结构

XML 是一套定义语义标记的规则，也是用来定义其他标识语言的元标识语言。使用 XML 时，首先要了解 XML 文档的基本结构，然后根据该结构创建所需的 XML 文档。下面先通过一个简单的 XML 文档来说明 XML 文档的结构。placard.xml 文件的代码如下。

```
                    XML 声明                                    注释
<?xml version="1.0" encoding="GBK"?>    <!--说明是 XML 文档，并指定 XML 文档的版本和编码-->
<placard version="2.0">                 <!--定义 XML 文档的根元素，并设置 version 属性-->
  <description>公告栏</description>       <!--定义 XML 文档元素-->
  <createTime>创建于 2011 年 06 月 15 日 16 时 09 分</createTime>
  <info id="1">                          <!--定义 XML 文档元素-->
    <title>重要通知</title>
    <content><![CDATA[今天下午 4：50 将进行乒乓球比赛，请各位选手做好准备。]]></content>
    <pubDate>2011-06-15 16:09:37</pubDate>
  </info>                                <!--定义 XML 文档元素的结束标记-->
  <info id="2">
    <title>幸福</title>
    <content><![CDATA[一家人永远在一起就是幸福]]></content>
    <pubDate>2011-06-18 10:15:43</pubDate>
  </info>
</placard>                              <!--定义 XML 文档的根元素的结束标记-->
```

在上面的 XML 文档中，第一行是 XML 声明，用于说明这是一个 XML 文档，并且指定版本号及编码。除第一行以外的内容均为元素。在 XML 文档中，元素以树型分层结构排列，其中\<placard\>为根元素，其他的都是该元素的子元素。

在 XML 文档中，如果元素的文本中包含标记符，可以使用 CDATA 段将元素中的文本括起来。使用 CDATA 段括起来的内容都会被 XML 解析器当作普通文本，所以任何符号都不会被认为是标记符。CDATA 的语法格式如下。

`<![CDATA[文本内容]]>`

CDATA 段不能进行嵌套，即 CDATA 段中不能再包含 CDATA 段。另外在字符串"]]>"之间不能有空格或换行符。

2．XML 语法要求

了解了 XML 文档的基本结构后，接下来还需要熟悉创建 XML 文档的语法要求。创建 XML 文档的语法要求如下。

（1）XML 文档必须有一个顶层元素，其他元素必须嵌入顶层元素。

（2）元素嵌套要正确，不允许元素间相互重叠或跨越。

（3）每一个元素必须同时拥有起始标记和结束标记。这点与 HTML 不同，XML 不允许忽略结束标记。

（4）起始标记中的元素类型名必须与相应结束标记中的名称完全匹配。

（5）XML 元素类型名区分大小写，而且开始和结束标记必须准确匹配。例如，分别定义起始标记 <Title>、结束标记</title>，由于起始标记的类型名与结束标记的类型名不匹配，说明元素是非法的。

（6）元素类型名称中可以包含字母、数字以及其他字母元素类型，也可以使用非英文字符。名称不能以数字或符号"-"开头，名称中不能包含空格符和冒号"："。

（7）元素可以包含属性，但属性值必须用单引号或双引号括起来，但是前后两个引号必须一致，不能一个是单引号，一个是双引号。在一个元素节点中，属性名不能重复。

3．为 XML 文档中的元素定义属性

在一个元素的起始标记中，可以自定义一个或者多个属性。属性是依附于元素存在的。属性值用单引号或者双引号括起来。

例如，给元素 info 定义属性 id，用于说明公告信息的 ID 号，代码如下。

`<info id="1">`

给元素添加属性是为元素提供信息的一种方法。当使用 CSS 样式表显示 XML 文档时，浏览器不会显示属性以及其属性值。若使用数据绑定、HTML 页中的脚本或者 XSL 样式表显示 XML 文档则可以访问属性及属性值。

相同的属性名不能在元素起始标记中出现多次。

4．XML 的注释

注释是为了便于阅读和理解，在 XML 文档添加的附加信息。注释是对文档结构或者内容的解释，不属于 XML 文档的内容，所以 XML 解析器不会处理注释内容。XML 文档的注释以字符串"<!--"开始，以字符串"-->"结束。XML 解析器将忽略注释中的所有内容，这样可以在 XML 文档中添加注释说明文档的用途，或者临时注释掉没有准备好的文档部分。

在 XML 文档中，解析器将 "-->" 看作是一个注释结束符号，所以字符串 "-->" 不能出现在注释的内容中，只能作为注释的结束符号。

9.2.3　JavaScript 脚本语言

JavaScript 脚本语言

JavaScript 是一种解释型的、基于对象的脚本语言，其核心已经嵌入目前主流的 Web 浏览器。虽然平时应用最多的是通过 JavaScript 实现一些网页特效及表单数据验证等功能，但 JavaScript 可以实现的功能远不止这些。JavaScript 是一种具有丰富的面向对象特性的程序设计语言，利用它能执行许多复杂的任务。例如，AJAX 就是利用 JavaScript 将 DOM、XHTML（或 HTML）、XML 以及 CSS 等技术综合起来，并控制它们的行为。因此，要开发一个复杂高效的 AJAX 应用程序，就必须对 JavaScript 有深入的了解。

JavaScript 不是 Java 语言的精简版，并且只能在某个解释器或 "宿主" 上运行，如 ASP、PHP、JSP、Internet 浏览器或者 Windows 脚本宿主。

JavaScript 是一种宽松类型的语言，宽松类型意味着不必显式定义变量的数据类型。此外，在大多数情况下，JavaScript 将根据需要自动进行转换。例如，如果将一个数值添加到由文本组成的某项（一个字符串）中，该数值将被转换为文本。

9.2.4　DOM

DOM

DOM 是 Document Object Model（文档对象模型）的缩写，它为 XML 文档的解析定义了一组接口。解析器首先读入整个文档，然后构建一个驻留内存的树结构，最后通过 DOM 遍历树以获取来自不同位置的数据，可以添加、修改、删除、查询和重新排列树及其分支。另外，DOM 还可以根据不同类型的数据源来创建 XML 文档。在 AJAX 应用中，通过 JavaScript 操作 DOM，可以达到在不刷新页面的情况下实时修改用户界面的目的。

9.2.5　CSS

CSS

CSS 是 Cascading Style Sheet（层叠样式表）的缩写，是用于控制网页样式并允许将样式信息与网页内容分离的一种标记性语言。在 AJAX 中，通常使用 CSS 进行页面布局，并通过改变文档对象的 CSS 属性控制页面的外观和行为。CSS 是一种 AJAX 开发人员所需要的重要武器，它提供了从内容中分离应用样式和设计的机制。虽然 CSS 在 AJAX 应用中扮演至关重要的角色，但它也是构建跨浏览器应用的一大阻碍，因为不同的浏览器厂商支持不同的 CSS 级别。

9.3　XMLHttpRequest 对象

XMLHttpRequest 是 AJAX 中最核心的技术，它是一个具有应用程序接口的 JavaScript 对象，能够使用超文本传输协议（HTTP）连接一个服务器，是微软公司为了满足开发者的需要，于 1999 年在 IE 5.0 浏览器中率先推出的。现在许多浏览器都对其提供了支持，不过实现方式与 IE 有所不同。使用 XMLHttpRequest 对象，AJAX 可以像桌面应用程序一样只同服务器进行数据层面的交换，而不用每次都刷新页面，也不用每次都将数据处理的工作交给服务器来做，这样既减轻了服务器负担，又加快了响应速度、缩短了用户等待的时间。

9.3.1 XMLHttpRequest 对象的初始化

XMLHttpRequest
对象的初始化

在使用 XMLHttpRequest 对象发送请求和处理响应之前，首先需要初始化该对象，由于 XMLHttpRequest 不是一个 W3C 标准，所以对于不同的浏览器，初始化的方法也是不同的。通常情况下，初始化 XMLHttpRequest 对象只需要考虑两种情况，一种是 IE 浏览器，另一种是非 IE 浏览器。下面分别进行介绍。

（1）IE 浏览器

IE 浏览器把 XMLHttpRequest 实例化为一个 ActiveX 对象。具体方法如下。

```
var http_request = new ActiveXObject("Msxml2.XMLHTTP");
```
或者
```
var http_request = new ActiveXObject("Microsoft.XMLHTTP");
```

在上面的语法中，Msxml2.XMLHTTP 和 Microsoft.XMLHTTP 是针对 IE 浏览器的不同版本而进行设置的，目前比较常用的是这两种。

（2）非 IE 浏览器

非 IE 浏览器（例如 Firefox、Opera、Mozilla 和 Safari）把 XMLHttpRequest 对象实例化为一个本地 JavaScript 对象。具体方法如下。

```
var http_request = new XMLHttpRequest();
```

为了提高程序的兼容性，可以创建一个跨浏览器的 XMLHttpRequest 对象。创建一个跨浏览器的 XMLHttpRequest 对象其实很简单，只需要判断不同浏览器的实现方式，如果浏览器提供了 XMLHttpRequest 类，则直接创建一个该类的实例，否则实例化一个 ActiveX 对象。具体代码如下。

```
if (window.XMLHttpRequest) {                        //非IE浏览器
    http_request = new XMLHttpRequest();
} else if (window.ActiveXObject) {                  //IE浏览器
    try {
        http_request = new ActiveXObject("Msxml2.XMLHTTP");
    } catch (e) {
        try {
            http_request = new ActiveXObject("Microsoft.XMLHTTP");
        } catch (e) {}
    }
}
```

在上面的代码中，调用 window.ActiveXObject 将返回一个对象或 null。在 if 语句中，会把返回值看作是 true 或 false（如果返回的是一个对象，则为 true；如果返回 null，则为 false）。

 由于 JavaScript 具有动态类型特性，而且 XMLHttpRequest 对象在不同浏览器上的实例是兼容的，所以可以用同样的方式访问 XMLHttpRequest 实例的属性的方法，不需要考虑创建该实例的方法是什么。

9.3.2 XMLHttpRequest 对象的常用属性

XMLHttpRequest
对象的常用属性

XMLHttpRequest 对象提供了一些常用属性，通过这些属性可以获取服务器的响应状态及响应内容等。下面将对 XMLHttpRequest 对象的常用属性进行介绍。

1. 指定状态改变时所触发的事件处理器的属性

XMLHttpRequest 对象提供了用于指定状态改变时所触发的事件处理器的属性

onreadystatechange。在 AJAX 中，每个状态改变时都会触发这个事件处理器，通常会调用一个 JavaScript 函数。

例如，通过下面的代码可以实现当指定状态改变时所要触发的 JavaScript 函数，这里为 getResult()。

```
http_request.onreadystatechange = getResult;
```

在指定所触发的事件处理器时，所调用的 JavaScript 函数不能添加小括号及指定参数名。不过这里可以使用匿名函数。例如，要调用带参数的函数 getResult()，可以使用下面的代码。

```
http_request.onreadystatechange = function(){
    getResult("添加的参数");            //调用带参数的函数
};                                    //通过匿名函数指定要带参数的函数
```

2. 获取请求状态的属性

XMLHttpRequest 对象提供了用于获取请求状态的属性 readyState，该属性共包括 5 个属性值，如表 9-1 所示。

表 9-1　readyState 属性的属性值

值	意义	值	意义
0	未初始化	1	正在加载
2	已加载	3	交互中
4	完成		

在实际应用中，该属性经常用于判断请求状态，当请求状态等于 4，也就是为完成时，再判断请求是否成功，如果成功将开始处理返回结果。

3. 获取服务器的字符串响应的属性

XMLHttpRequest 对象提供了用于获取服务器响应的属性 responseText，表示为字符串。例如，获取服务器返回的字符串响应，并赋值给变量 h 可以使用下面的代码。

```
var h=http_request.responseText;
```

在上面的代码中，http_request 为 XMLHttpRequest 对象。

4. 获取服务器的 XML 响应的属性

XMLHttpRequest 对象提供了用于获取服务器响应的属性 responseXML，表示为 XML。这个对象可以解析为一个 DOM 对象。例如，获取服务器返回的 XML 响应，并赋值给变量 xmldoc 可以使用下面的代码。

```
var xmldoc = http_request.responseXML;
```

在上面的代码中，http_request 为 XMLHttpRequest 对象。

5. 返回服务器的 HTTP 状态码的属性

XMLHttpRequest 对象提供了用于返回服务器的 HTTP 状态码的属性 status。该属性的语法格式如下。

```
http_request.status
```

参数说明：

❑ http_request：XMLHttpRequest 对象。

返回值：长整型的数值，代表服务器的 HTTP 状态码。常用的状态码如表 9-2 所示。

表 9-2　status 属性的状态码

值	意义	值	意义
100	继续发送请求	200	请求已成功
202	请求被接受，但尚未成功	400	错误的请求
404	文件未找到	408	请求超时
500	内部服务器错误	501	服务器不支持当前请求所需要的某个功能

status 属性只能在 send()方法返回成功时才有效。

status 属性常用于当请求状态为完成时，判断当前的服务器状态是否成功。例如，当请求完成时，判断请求是否成功，代码如下。

```
if (http_request.readyState == 4) {        //当请求状态为完成时
  if (http_request.status == 200) {        //请求成功，开始处理返回结果
    alert("请求成功！");
  } else{                                  //请求未成功
    alert("请求未成功！");
  }
}
```

9.3.3　XMLHttpRequest 对象的常用方法

XMLHttpRequest 对象提供了一些常用的方法，通过这些方法可以对请求进行操作。下面对 XMLHttpRequest 对象的常用方法进行介绍。

XMLHttpRequest
对象的常用方法

1. 创建新请求的方法

open()方法用于设置进行异步请求目标的 URL、请求方法以及其他参数信息，具体语法如下。

```
open("method","URL"[,asyncFlag[,"userName"[, "password"]]])
```

open()方法的参数说明如表 9-3 所示。

表 9-3　open()方法的参数说明

参数名称	参数描述
method	用于指定请求的类型，一般为 GET 或 POST
URL	用于指定请求地址，可以使用绝对地址或者相对地址，并且可以传递查询字符串
asyncFlag	为可选参数，用于指定请求方式，异步请求为 true，同步请求为 false，默认情况下为 true
userName	为可选参数，用于指定请求用户名，没有时可省略
password	为可选参数，用于指定请求密码，没有时可省略

例如，设置异步请求目标为 deal.jsp，请求方法为 GET，请求方式为异步，代码如下。

```
http_request.open("GET","deal.jsp",true);
```

2. 向服务器发送请求的方法

send()方法用于向服务器发送请求。如果请求声明为异步，该方法将立即返回，否则将等到接收到响应为止。send()方法的语法格式如下。

```
send(content)
```

参数 content 用于指定发送的数据，可以是 DOM 对象的实例、输入流或字符串。如果没有参数需要

传递可以设置为 null。

例如，向服务器发送一个不包含任何参数的请求，可以使用下面的代码。

```
http_request.send(null);
```

3．设置请求的 HTTP 头的方法

setRequestHeader()方法用于为请求的 HTTP 头设置值。setRequestHeader()方法的具体语法格式如下。

```
setRequestHeader("header", "value")
```

参数说明：

❑ header：用于指定 HTTP 头。

❑ value：用于为指定的 HTTP 头设置值。

 setRequestHeader()方法必须在调用 open()方法之后才能调用。

例如，在发送 POST 请求时，需要设置 Content-Type 请求头的值为"application/x-www-form-urlencoded"，这时就可以通过 setRequestHeader()方法进行设置，具体代码如下。

```
http_request.setRequestHeader("Content-Type","application/x-www-form-urlencoded");
```

4．停止或放弃当前异步请求的方法

abort()方法用于停止或放弃当前异步请求。其语法格式如下。

```
abort()
```

例如，要停止当前异步请求可以使用下面的语句。

```
http_request.abort()
```

5．返回 HTTP 头信息的方法

XMLHttpRequest 对象提供了两种返回 HTTP 头信息的方法，分别是 getResponseHeader()方法和 getAllResponseHeaders()方法。下面分别进行介绍。

（1）getResponseHeader()方法

getResponseHeader()方法用于以字符串形式返回指定的 HTTP 头信息。其语法格式如下。

```
getResponseHeader("headerLabel")
```

参数 headerLabel 用于指定 HTTP 头，包括 Server、Content-Type 和 Date 等。

例如，要获取 HTTP 头 Content-Type 的值，可以使用以下代码。

```
http_request.getResponseHeader("Content-Type")
```

上面的代码将获取到以下内容。

```
text/html;charset=GBK
```

（2）getAllResponseHeaders()方法

getAllResponseHeaders()方法用于以字符串形式返回完整的 HTTP 头信息，其中包括 Server、Date、Content-Type 和 Content-Length。其语法格式如下。

图 9-6　获取的完整 HTTP 头信息

```
getAllResponseHeaders()
```

例如，应用下面的代码调用 getAllResponseHeaders()方法，将弹出图 9-6 所示的对话框显示完整的 HTTP 头信息。

```
alert(http_request.getAllResponseHeaders());
```

【例 9-1】 通过 XMLHttpRequest 对象读取 HTML 文件，并输出读取结果。

```
<script>
```

```
var xmlHttp;                                        //定义XMLHttpRequest对象
function createXmlHttpRequestObject(){
    if(window.ActiveXObject){
        try{
            xmlHttp=new ActiveXObject("Microsoft.XMLHTTP");
        }catch(e){
            xmlHttp=false;
        }
    }else{                                          //如果在Mozilla或其他的浏览器下运行
        try{
            xmlHttp=new XMLHttpRequest();
        }catch(e){
            xmlHttp=false;
        }
    }
    if(!xmlHttp)
        alert("返回创建的对象或显示错误信息");
    else
        return xmlHttp;
}
function ReqHtml(){
    createXmlHttpRequestObject();
    xmlHttp.onreadystatechange=StatHandler;         //指定回调函数
    xmlHttp.open("GET","text.html",true);           //调用text.html文件
    xmlHttp.send(null);
}
function StatHandler(){
    if(xmlHttp.readyState==4 && xmlHttp.status==200){
        document.getElementById("webpage").innerHTML=xmlHttp.responseText;
    }
}
</script>
<!--创建超链接-->
<a href="#" onclick="ReqHtml();">通过XMLHttpRequest对象请求HTML文件</a>
<!--通过div标签输出请求内容-->
<div id="webpage"></div>
```

运行本实例，单击"通过 XMLHttpRequest 对象请求 HTML 文件"超链接，将输出图 9-7 所示的页面。

图 9-7 通过 XMLHttpRequest 对象读取 HTML 文件

运行该实例需要搭建 Web 服务器，推荐使用 Apache 服务器。安装服务器后，将该实例文件夹"9-1"存储在网站根目录下，在地址栏中输入"http://localhost/9-1/index.html"，然后单击<Enter>键运行。

通过 XMLHttpRequest 对象不但可以读取 HTML 文件，还可以读取文本文件、XML 文件，其实现交互的方法与读取 HTML 文件类似。

小 结

本章主要从 AJAX 基础到 XMLHttpRequest 对象等方面对 AJAX 技术进行介绍，并结合常用的实例进行讲解。通过本章的学习，读者可以对 AJAX 技术有个全面了解，并能够掌握 AJAX 开发程序的具体过程，做到融会贯通。

上机指导

在用户注册表单中，使用 AJAX 技术检测用户名是否被占用，运行效果如图 9-8 所示。

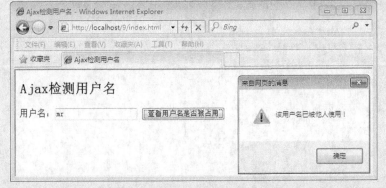

课程设计

图 9-8　检测用户名是否被占用

程序开发步骤如下。

（1）建立一个基本的用户注册表单，为了说明问题，在表单中只包含用户名输入文本框和用户名是否被占用检测按钮，代码如下。

```
<form name="form_register">
用户名：<input type="text" id="username" name="username" size="20" /> 
<input type="button" value="查看用户名是否被占用" onclick="chkUsername()" />
</form>
```

（2）建立 fun.js 脚本文件，在该文件中首先判断表单中用户名文本框的值是否为空，如果为空则弹出提示对话框要求用户输入用户名，然后创建 XMLHttpRequest 对象，并调用存储用户名的 username.txt 文件，最后创建回调函数 callBackFun()，在函数中判断用户输入的用户名是否被占用，代码如下。

```
function chkUsername(){
    var username = form_register.username.value;
```

```
        if(username==''){                    //判断用户名是否为空
          alert('请输入用户名！');
        }else{
          var xmlObj;                         //定义XMLHttpRequest对象
          if(window.ActiveXObject){ //如果是浏览器支持ActiveXObjext则创建ActiveXObject对象
            xmlObj = new ActiveXObject("Microsoft.XMLHTTP");
          }else if(window.XMLHttpRequest){                    //如果浏览器支持XMLHttpRequest对象
则创建XMLHttpRequest对象
            xmlObj = new XMLHttpRequest();
          }
          xmlObj.onreadystatechange = callBackFun;           //指定回调函数
          xmlObj.open('GET', 'username.txt', true);           //使用GET方法调用username.txt文件
          xmlObj.send(null);                                  //不发送任何数据
          function callBackFun(){                             //定义回调函数
            if(xmlObj.readyState == 4 && xmlObj.status == 200){    //如果服务器已经传回信息并
没发生错误
              var nameArr = xmlObj.responseText.split('|');//将返回值分割为数组
              var result = true;//定义变量
              for(var i=0;i<nameArr.length;i++){
                if(nameArr[i] == username){//判断用户名是否在数组中已存在
                  result = false;//为变量重新赋值
                  break;//退出for循环
                }
              }
              if(!result){     //如果输入的用户名在数组中已存在
                alert('该用户名已被他人使用！');
              }else{          //如果输入的用户名在数组中不存在
                alert('恭喜，该用户名未被使用！');
              }
            }
          }
        }
      }
```

为了方便起见，在该练习中将已注册用户名以"|"为分隔符存储在文本文件 username
.txt 中。在实际应用中，通常在数据库中判断用户名是否已注册。

习 题

9-1 AJAX 开发模式与传统开发模式有什么区别？

9-2 简单描述 AJAX 技术的特点。

9-3 说明 AJAX 技术的组成部分。

9-4 XMLHttpRequest 对象有哪几个常用的属性？

9-5 XMLHttpRequest 对象有哪几个常用的方法？

第10章

jQuery简介

本章要点：

- jQuery概述
- jQuery的下载与配置
- jQuery的插件

■ 随着近年互联网的快速发展，陆续涌现了一批优秀的 JS 脚本库，例如 ExtJs、prototype、Dojo 等，这些脚本库让开发人员从复杂烦琐的 JavaScript 中解脱出来，将开发的重点从实现细节转向功能需求上，提高了项目开发的效率。其中 jQuery 是继 prototype 之后又一个优秀的 JavaScript 脚本库。本章将对 jQuery 的特点，以及 jQuery 的下载与配置等内容进行介绍。

10.1 jQuery 概述

jQuery 是一套简洁、快速、灵活的 JavaScript 脚本库，它是由 John Resig 于 2006 年创建的，它帮助我们简化了 JavaScript 代码。JavaScript 脚本库类似于 Java 的类库，可以将一些工具方法或对象方法封装在类库中，方便用户使用。jQuery 因为简便易用已被大量的开发人员推崇。

> jQuery 是脚本库，而不是框架。"库"不等于"框架"，例如"System 程序集"是类库，而"Spring MVC"是框架。

脚本库能够帮助我们完成编码逻辑，实现业务功能。使用 jQuery 将极大地提高编写 JavaScript 代码的效率，让写出来的代码更加简洁、健壮。同时网络上丰富的 jQuery 插件也让开发人员的工作变得更为轻松，让项目的开发效率有了质的提升。

> jQuery 除了为开发人员提供了灵活的开发环境外，由于它是开源的，在其背后还有许多强大的社区和程序爱好者的支持。

10.1.1 jQuery 能做什么

过去只有 Flash 才能实现的动画效果，jQuery 也可以做到，而且丝毫不逊色于 Flash，让开发人员感受到了 Web 2.0 时代的魅力。而且 jQuery 也广受著名网站的青睐，例如，中国网络电视台、CCTV、京东网上商城和人民网等许多网站都应用了 jQuery。下面介绍网络上 jQuery 实现的绚丽的效果。

jQuery 能做什么

1. 中国网络电视台应用的 jQuery 效果

访问中国网络电视台的电视直播页面后，在央视频道栏目中就应用 jQuery 实现了鼠标移入移出效果。将鼠标移动到某个频道上时，该频道内容将添加一个圆角矩形的灰背景，如图 10-1 所示，用于突出显示频道内容；将鼠标移出该频道后，频道内容将恢复为原来的样式。

图 10-1 中国网络电视台应用的 jQuery 效果

2. 京东网上商城应用的 jQuery 效果

访问京东网上商城的首页时，在右侧有一个为手机和游戏充值的栏目，这里应用 jQuery 实现了标签页的效果。将鼠标移动到"手机充值"栏目上时，标签页中将显示为手机充值的相关内容，如图 10-2 所示；将鼠标移动到"游戏充值"栏目上时，将显示为游戏充值的相关内容。

3. 人民网应用的 jQuery 效果

访问人民网的首页时，有一个以幻灯片轮播形式显示的图片新闻，如图 10-3 所示，这个效果就是应用 jQuery 的幻灯片轮播插件实现的。

图 10-2　京东网上商城应用的 jQuery 效果　　　　图 10-3　人民网应用的 jQuery 效果

jQuery 不仅适合于网页设计师、开发者以及编程爱好者，同样适合用于商业开发，可以说 jQuery 适合任何应用 JavaScript 的地方。

10.1.2　jQuery 的特点

jQuery 的特点

jQuery 是一个简洁快速的 JavaScript 脚本库，它能让开发者在网页上简单地操作文档、处理事件、运行动画效果或者添加异步交互。jQuery 的设计会改变开发者写 JavaScript 代码的方式，提高编程效率。jQuery 主要特点如下。

（1）代码精致小巧

jQuery 是一个轻量级的 JavaScript 脚本库，其代码非常小巧，最新版本的 jQuery 库文件压缩之后只有 20K 左右。在网络盛行的今天，提高网站用户的体验性显得尤为重要，小巧的 jQuery 做到了这一点。

（2）强大的功能函数

过去在写 JavaScript 代码时，如果没有良好的基础，是很难写出复杂的 JavaScript 代码，而且 JavaScript 是不可编译的语言，在复杂的程序结构中调试错误是一件非常痛苦的事情，大大降低了开发效率。使用 jQuery 的功能函数，能够帮助开发人员快速地实现各种功能，而且会让代码优雅简洁、结构清晰。

（3）跨浏览器

关于 JavaScript 代码的浏览器兼容问题一直是 Web 开发人员的噩梦，一个页面经常在 IE 浏览器下运行正常，在 Firefox 下却莫名奇妙地出现问题，往往开发人员要在一个功能上针对不同的浏览器编写不同的脚本代码，这对于开发人员来讲是一件非常痛苦的事情。jQuery 将开发人员从这个噩梦中解脱出来，jQuery 具有良好的兼容性，它兼容各大主流浏览器，支持的浏览器包括 IE 6.0+、Firefox 1.5+、Safari 2.0+和 Opera 9.0+。

（4）链式的语法风格

jQuery 可以对元素的一组操作进行统一的处理，不需要重新获取对象。也就是说可以基于一个对象进行一组操作，这种方式精简了代码量，减小了页面体积，有助于浏览器快速加载页面，提高用户的体验性。

 对于初学者不建议采用链式语法结构。

（5）插件丰富

除了 jQuery 本身带有的一些特效外，用户可以通过插件实现更多的功能，如表单验证、拖放效果、Tab 导航条、表格排序、树型菜单以及图像特效等。网上的 jQuery 插件很多，用户可以直接下载下来使用，而且插件将 JavaScript 代码和 HTML 代码完全分离，便于维护。

10.2　jQuery 下载与配置

要在自己的网站中应用 jQuery 库，需要下载并配置它。下面将介绍如何下载与配置 jQuery。

10.2.1　下载 jQuery

jQuery 是一个开源的脚本库，可以从它的官方网站（http://jquery.com）下载。下面介绍具体的下载步骤。

下载 jQuery

（1）在浏览器的地址栏中输入 http://jquery.com，并按 Enter 键，进入 jQuery 官方网站的首页，如图 10-4 所示。

图 10-4　jQuery 官方网站的首页

（2）在 jQuery 官方网站的首页中，可以下载最新版本的 jQuery 库，选中"PRODUCTION"单选按钮，单击"Download"按钮，将弹出图 10-5 所示的下载对话框。

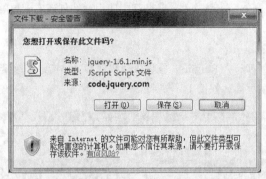

图 10-5　下载 jquery-1.6.1.min.js

（3）单击"保存"按钮，将 jQuery 库下载到本地计算机上。下载后的文件名为 jquery-1.6.1.min.js。

此时下载的文件为压缩后的版本（主要用于项目与产品）。如果想下载完整不压缩的版本，可以在图 10-4 中选中"DEVELOPMENT"单选按钮，并单击"Download"按钮。下载后的文件名为 jquery-1.6.1.js。

　在项目中通常使用压缩后的文件，即 jquery-1.6.1.min.js。

10.2.2　配置 jQuery

将 jQuery 库下载到本地计算机后，还需要在项目中配置 jQuery 库。即将下载后的 jquery-1.6.1.min.js 文件放置到项目的指定文件夹中，通常放置在 JS 文件夹中，然后在需要应用 jQuery 的页面中使用下面的语句，将其引用到文件中。

配置 jQuery

```
<script language="javascript" src="JS/jquery-1.6.1.min.js"></script>
```

或者

```
<script src="JS/jquery-1.6.1.min.js" type="text/javascript"></script>
```

　引用 jQuery 的\<script\>标签，必须放在所有的自定义脚本文件的\<script\>之前，否则在自定义的脚本代码中无法应用 jQuery 脚本库。

10.3　jQuery 的插件

jQuery 具有强大的扩展能力，允许开发人员使用或创建自己的 jQuery 插件来扩展 jQuery 的功能，这些插件可以帮助开发人员提高开发效率，节约项目成本。而且一些比较著名的插件也受到了开发人员的追捧，插件又将 jQuery 的功能提升了一个新的层次。下面介绍插件的使用和目前比较流行的插件。

10.3.1　插件的使用

jQuery 插件的使用比较简单，首先将要使用的插件下载到本地计算机中，然后

插件的使用

按照下面的步骤操作，就可以使用插件实现想要的效果。

（1）把下载的插件包含到<head>标记内，并确保它位于主 jQuery 源文件之后。

（2）包含一个自定义的 JavaScript 文件，并在其中使用插件创建或扩展的方法。

10.3.2　流行的插件

流行的插件

在 jQuery 官方网站中，有一个 Plugins（插件）超级链接，单击该超级链接，将进入 jQuery 的插件分类列表页面，如图 10-6 所示。

图 10-6　jQuery 的插件分类列表页面

在该页面中，单击分类名称，可以查看每个分类下的插件概要信息及下载超级链接。用户也可以在上面的搜索（Search Plugins）文本框中输入指定的插件名称，搜索所需插件。

 在该网站中提供的插件多数都是开源的，大家可以在此网站中下载所需要的插件。

下面对比较常用的插件进行简要介绍。

1. jcarousel 插件

使用 jQuery 的 jcarousel 插件用于实现图 10-7 所示的图片传送带效果。单击左、右两侧的箭头可以向左或向右翻看图片。当到达第一张图片时，左侧的箭头将变为不可用状态；当到达最后一张图片时，右侧的箭头变为不可用状态。

2. easyslide 插件

使用 jQuery 的 easyslide 插件实现图 10-8 所示的图片轮显效果。当页面运行时，要显示的多张图片，将轮流显示，同时显示所对应的图片说明内容。在新闻类的网站中，可以使用该插件显示图片新闻。

图 10-7　jcarousel 插件实现的图片传送带效果

3. Facelist 插件

使用 jQuery 的 Facelist 插件可以实现图 10-9 所示的类似 Google Suggest 自动完成效果。当用户在输入框中输入一个或几个关键字后，下方将显示与该关键字相关的内容提示。这时用户可以直接选择所需的关键字，方便输入。

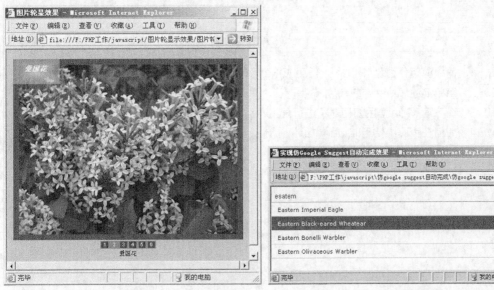

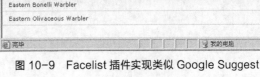

图 10-8　easyslide 插件实现的图片轮显效果　　　图 10-9　Facelist 插件实现类似 Google Suggest
自动完成效果

4. mb menu 插件

使用 jQuery 的 mb menu 插件可以实现图 10-10 所示的多级菜单。当用户将鼠标指向或单击某个菜单项时，将显示该菜单项的子菜单。如果某个子菜单项还有子菜单，将鼠标移动到该子菜单项时，将显示它的子菜单。

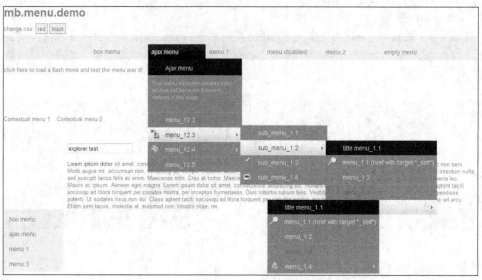

图 10-10 mb menu 插件实现多级菜单

小 结

本章主要介绍了什么是 jQuery、jQuery 的下载和配置以及 jQuery 的常用插件等内容。通过本章的学习，读者可以对 jQuery 有一个基本的了解。

习 题

10-1 简单说明什么是 jQuery，使用 jQuery 有什么优点？

10-2 简单描述 jQuery 的特点。

10-3 在下载 jQuery 后如何对它进行配置？

10-4 如何在页面中使用 jQuery 插件？

10-5 列举几个 jQuery 比较常用的插件。

第11章

jQuery选择器

本章要点：

- 基本选择器
- 层级选择器
- 过滤选择器
- 属性选择器
- 表单选择器

■ 开发人员在实现页面的业务逻辑时，必须操作相应的对象或数组，这个时候就需要利用选择器选择匹配的元素，以便进行下一步操作，所以选择器是一切页面操作的基础，没有它开发人员将无所适从。在传统的 JavaScript 中，只能根据元素的 id 和 TagName 来获取相应的 DOM 元素。但是 jQuery 提供了许多功能强大的选择器帮助开发人员获取页面上的 DOM 元素，获取到的每个对象都将以 jQuery 包装集的形式返回。本章将介绍如何应用 jQuery 的选择器选择匹配的元素。

11.1 jQuery 的工厂函数

在介绍 jQuery 的选择器前，我们先来介绍 jQuery 的工厂函数 "$"。在 jQuery 中，无论使用哪种类型的选择符都需要从一个 "$" 符号和一对 "()" 开始。在 "()" 中通常使用字符串参数，参数中可以包含任何 CSS 选择符表达式。下面介绍 3 种比较常见的用法。

（1）在参数中使用标记名

$("div")：用于获取文档中全部的<div>。

（2）在参数中使用 ID

$("#username")：用于获取文档中 ID 属性值为 username 的一个元素。

（3）在参数中使用 CSS 类名

$(".btn_grey")：用于获取文档中使用 CSS 类名为 btn_grey 的所有元素。

11.2 基本选择器

基本选择器在实际应用中比较广泛，建议重点掌握 jQuery 的基本选择器，它是其他类型选择器的基础，基础选择器是 jQuery 选择器中最为重要的部分。jQuery 基本选择器包括 ID 选择器、元素选择器、类名选择器、复合选择器和通配符选择器。下面进行详细介绍。

11.2.1 ID 选择器

ID 选择器#id 顾名思义就是利用 DOM 元素的 id 属性值来筛选匹配的元素，并以 jQuery 包装集的形式返回给对象。这就像一个学校中每个学生都有自己的学号一样，学生的姓名是可以重复的但是学号是不可以重复的，根据学生的学号就可以获取指定学生的信息。

ID 选择器的使用方法如下。

```
$("#id");
```

其中，id 为要查询元素的 ID 属性值。例如，要查询 ID 属性值为 user 的元素，可以使用下面的 jQuery 代码。

```
$("#user");
```

如果页面中出现了两个相同的 id 属性值，程序运行时页面会报出 JS 运行错误的对话框，所以在页面中设置 id 属性值时要确保该属性值在页面中是唯一的。

【例 11-1】 在页面中添加一个 ID 属性值为 testInput 的文本输入框和一个按钮，通过单击按钮来获取在文本输入框中输入的值。

程序开发步骤如下。

（1）创建一个名称为 index.html 的文件，在该文件的<head>标记中应用下面的语句引入 jQuery 库。

```
<script type="text/javascript" src="JS/jquery-1.6.1.min.js"></script>
```

（2）在页面的<body>标记中，添加一个 ID 属性值为 testInput 的文本输入框和一个按钮，代码如下。

```
<input type="text" id="testInput" name="test" value=""/>
<input type="button" value="输入的值为"/>
```

（3）在引入 jquery 库的代码下方编写 jQuery 代码，实现单击按钮来获取在文本输入框中输入的值，具体代码如下。

```
<script type="text/javascript">
    $(document).ready(function(){
        $("input[type='button']").click(function(){      //为按钮绑定单击事件
            var inputValue = $("#testInput").val();      //获取文本输入框的值
            alert(inputValue);
        });
    });
</script>
```

在上面的代码中，第 3 行使用了 jQuery 中的属性选择器匹配文档中的按钮，并且为按钮绑定单击事件。关于属性选择器的详细介绍请参见 11.5 节。

 ID 选择器是以"#id"的形式获取对象的，在这段代码中首先用$("#testInput")获取了一个 id 属性值为 testInput 的 jQuery 包装集，然后调用包装集的 val()方法取得文本输入框的值。

在 IE 浏览器中运行本实例，在文本框中输入"天生我才必有用"，如图 11-1 所示；单击"输入的值为"按钮，将弹出提示对话框显示输入的文字，如图 11-2 所示。

图 11-1　在文本框中输入文字

图 11-2　弹出的提示对话框

jQuery 中的 ID 选择器相当于传统的 JavaScript 中的 document.getElementById()方法，jQuery 用更简洁的代码实现了相同的功能。虽然两者都获取了指定的元素对象，但是两者调用的方法是不同的。利用 JavaScript 获取的对象只能调用 DOM 方法，而 jQuery 获取的对象既可以使用 jQuery 封装的方法也可以使用 DOM 方法。但是 jQuery 在调用 DOM 方法时需要进行特殊的处理，也就是需要将 jQuery 对象转换为 DOM 对象。

11.2.2　元素选择器

元素选择器是根据元素名称匹配相应的元素。通俗的讲元素选择器指向的是 DOM 元素的标记名，也就是说元素选择器是根据元素的标记名选择的。可以把元素的标记名理解成学生的姓名，在一个学校中可能有多个姓名为"刘伟"的学生，但是姓名为"吴语"的学生也许只有一个，所以通过元素选择器匹配到的元素可能有多个，也可能是一个。多数情况下，元素选择器匹配的是一组元素。

元素选择器

元素选择器的使用方法如下。

```
$("element");
```

其中，element 为要查询元素的标记名。例如，要查询全部 div 元素，可以使用下面的 jQuery 代码。

```
$("div");
```

【例 11-2】　在页面中添加两个<div>标记和一个按钮，通过单击按钮来获取这两个<div>，并修改它们的内容。

程序开发步骤如下。

（1）创建一个名称为 index.html 的文件，在该文件的<head>标记中应用下面的语句引入 jQuery 库。

```
<script type="text/javascript" src="JS/jquery-1.6.1.min.js"></script>
```

（2）在页面的<body>标记中，添加两个<div>标记和一个按钮，代码如下。

```
<div><img src="images/strawberry.jpg"/>这里种植了一棵草莓</div>
<div><img src="images/fish.jpg"/>这里养殖了一条鱼</div>
<input type="button" value="若干年后" />
```

（3）在引入 jQuery 库的代码下方编写 jQuery 代码，实现单击按钮来获取全部<div>元素，并修改它们的内容，具体代码如下。

```
<script type="text/javascript">
    $(document).ready(function(){
        $("input[type='button']").click(function(){            //为按钮绑定单击事件
            $("div").eq(0).html("<img src='images/strawberry1.jpg'/>这里长出了一片草莓");
                                                    //获取第一个div元素
            $("div").get(1).innerHTML="<img src='images/fish1.jpg'/>这里的鱼没有了";
                                                    //获取第二个div元素
        });
    });
</script>
```

在上面的代码中，使用元素选择器获取了一组 div 元素的 jQuery 包装集，它是一组 Object 对象，存储方式为[Object Object]，但是这种方式并不能显示单独元素的文本信息，需要通过索引器来确定要选取哪个 div 元素，在这里分别使用了两个不同的索引器 eq()和 get()。这里的索引器类似于房间的门牌号，不同的是，门牌号是从 1 开始计数的，而索引器是从 0 开始计数的。

 在本实例中使用了两种方法设置元素的文本内容，html()方法是 jQuery 的方法，innerHTML 方法是 DOM 对象的方法。本实例还用了$(document).ready()方法，当页面元素载入就绪时就会自动执行程序，自动为按钮绑定单击事件。

 eq()方法返回的是一个 jQuery 包装集，所以它只能调用 jQuery 的方法，而 get()方法返回的是一个 DOM 对象，所以它只能用 DOM 对象的方法。eq()方法与 get()方法默认都是从 0 开始计数。$("#test").get(0)等效于$("#test")[0]。

在 IE 浏览器中运行本实例，首先显示图 11-3 所示的页面；单击"若干年后"按钮，将显示图 11-4 所示的页面。

图 11-3　单击按钮前

图 11-4　单击按钮后

11.2.3 类名选择器

类名选择器是通过元素拥有的 CSS 类的名称查找匹配的 DOM 元素。在一个页面中，一个元素可以有多个 CSS 类，一个 CSS 类又可以匹配多个元素，如果元素中有一个匹配的类的名称就可以被类名选择器选取到。

类名选择器

类名选择器很好理解，在大学大部分人一定都选过课，可以把 CSS 类名理解为课程名称，元素理解成学生，学生可以选择多门课程，而一门课程又可以被多名学生选择。CSS 类与元素的关系既可以是多对多的关系，也可以是一对多或多对一的关系。简单地说，类名选择器就是以元素具有的 CSS 类名称查找匹配的元素。

类名选择器的使用方法如下。

```
$(".class");
```

其中，class 为要查询元素所用的 CSS 类名。例如，要查询使用 CSS 类名为 word_orange 的元素，可以使用下面的 jQuery 代码。

```
$("word_orange");
```

【例 11-3】在页面中，首先添加两个<div>标记，并为其中的一个设置 CSS 类，然后通过 jQuery 的类名选择器选取设置了 CSS 类的<div>标记，并设置其 CSS 样式。

程序开发步骤如下。

（1）创建一个名称为 index.html 的文件，在该文件的<head>标记中应用下面的语句引入 jQuery 库。

```
<script type="text/javascript" src="JS/jquery-1.6.1.min.js"></script>
```

（2）在页面的<body>标记中，添加两个<div>标记，一个使用 CSS 类 myClass，另一个不设置 CSS 类，代码如下。

```
<div class="myClass">注意观察我的样式</div>
<div>我的样式是默认的</div>
```

 说明

这里添加了两个<div>标记是为了对比效果，默认的背景颜色都是蓝色的，文字颜色都是黑色的。

（3）在引入 jQuery 库的代码下方编写 jQuery 代码，实现按 CSS 类名选取 DOM 元素，并更改其样式（这里更改了背景颜色的文字颜色），具体代码如下。

```
<script type="text/javascript">
    $(document).ready(function() {
        var myClass = $(".myClass");                      //选取DOM元素
        myClass.css("background-color","#C50210");        //为选取的DOM元素设置背景颜色
        myClass.css("color","#FFF");                      //为选取的DOM元素设置文字颜色
    });
</script>
```

在上面的代码中，只为其中的一个<div>标记设置了 CSS 类名称，但是由于程序中并没有名称为 myClass 的 CSS 类，所以这个类是没有任何属性的。类名选择器将返回一个名为 myClass 的 jQuery 包装集，利用 css()方法可以为对应的 div 元素设定 CSS 属性值，这里将元素的背景颜色设置为深红色，文字颜色设置为白色。

类名选择器也可能会获取一组 jQuery 包装集，因为多个元素可以拥有同一个 CSS 样式。

在 IE 浏览器中运行本实例，将显示图 11-5 所示的页面。其中，左面的 DIV 为更改样式后的效果，右面的 DIV 为默认的样式。由于使用了 $(document).ready() 方法，所以选择元素并更改样式在 DOM 元素加载就绪时就已经自动执行完毕。

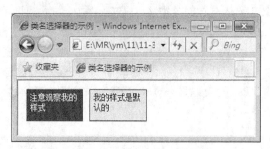

图 11-5　通过类名选择器选择元素并更改样式

11.2.4　复合选择器

复合选择器

复合选择器将多个选择器（可以是 ID 选择器、元素选择或类名选择器）组合在一起，两个选择器之间以逗号"，"分隔，只要符合其中任何一个筛选条件就会被匹配，返回一个集合形式的 jQuery 包装集，利用 jQuery 索引器可以取得集合中的 jQuery 对象。

复合选择器并不是匹配同时满足这几个选择器的匹配条件的元素，而是将每个选择器匹配的元素合并后一起返回。

复合选择器的使用方法如下。

```
$(" selector1,selector2,selectorN");
```

参数说明：

❏ selector1：为一个有效的选择器，可以是 ID 选择器、无素选择器或类名选择器等。

❏ selector2：为另一个有效的选择器，可以是 ID 选择器、无素选择器或类名选择器等。

❏ selectorN：（可选择）为任意多个选择器，可以是 ID 选择器、无素选择器或类名选择器等。

例如，要查询文档中全部的 \<span> 标记和使用 CSS 类 myClass 的 \<div> 标记，可以使用下面的 jQuery 代码。

```
$(" span,div.myClass");
```

【例 11-4】　在页面添加 3 种不同元素并统一设置样式。使用复合选择器筛选 \<div> 元素和 id 属性值为 span 的元素，并为它们添加新的样式。

程序开发步骤如下。

（1）创建一个名称为 index.html 的文件，在该文件的 \<head> 标记中应用下面的语句引入 jQuery 库。

```
<script type="text/javascript" src="JS/jquery-1.6.1.min.js"></script>
```

（2）在页面的 \<body> 标记中，添加一个 \<p> 标记、一个 \<div> 标记、一个 ID 为 span 的 \<span> 标记和一个按钮，并为除按钮以为以外的 3 个标记指定 CSS 类名，代码如下。

```
<p class="default">p元素</p>
<div class="default">div元素</div>
<span class="default" id="span">ID为span的元素</span>
<input type="button" value="为div元素和ID为span的元素换肤" />
```

（3）在引入 jQuery 库的代码下方编写 jQuery 代码，实现单击按钮来获取全部<div>元素，并修改它们的内容，具体代码如下。

```
<script type="text/javascript">
$(document).ready(function() {
    $("input[type=button]").click(function(){         //绑定按钮的单击事件
        $("div,#span").addClass("change");            //添加所使用的CSS类
    });
});
</script>
```

运行本实例，将显示图 11-6 所示的页面；单击"为 div 元素和 ID 为 span 的元素换肤"按钮，将为 div 元素以及 ID 为 span 的元素换肤，如图 11-7 所示。

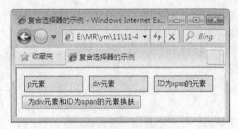
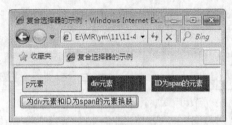

图 11-6　单击按钮前　　　　　　　　　图 11-7　单击按钮后

11.2.5　通配符选择器

所谓通配符，就是指符号"*"，它代表页面上的每一个元素，也是说如果使用$("*")将取得页面上所有 DOM 元素集合的 jQuery 包装集。通配符选择器比较好理解，这里就不再给予实例程序。

通配符选择器

11.3　层级选择器

所谓层级选择器，就是根据页面 DOM 元素之间的父子关系作为匹配的筛选条件。首先介绍什么是页面上元素的关系，例如，下面的代码是最为常用也是最简单的 DOM 元素结构。

```
<html>
    <head>    </head>
    <body>    </body>
</html>
```

在这段代码所示的页面结构中，html 元素是页面上其他所有元素的祖先元素，那么 head 元素就是 html 元素的子元素，同时 html 元素也是 head 元素的父元素。页面上的 head 素与 body 元素就是同辈元素。也就是说 html 元素是 head 元素和 body 元素的"爸爸"，head 元素和 body 元素是 html 元素的"儿子"，head 元素与 body 元素是"兄弟"。具体关系如图 11-8 所示。

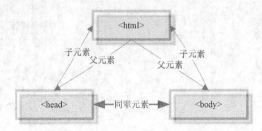

图 11-8　元素层级关系示意图

在了解了页面上元素的关系后，我们再来介绍 jQuery 提供的层级选择器。jQuery 提供了 ancestor descendan 选择器、parent > child 选择器、prev + next 选择器和 prev ~ siblings 选择器。下面进行详细介绍。

11.3.1 ancestor descendan 选择器

ancestor descendan 选择器中的 ancestor 代表祖先，descendant 代表子孙，用于在给定的祖先元素下匹配所有的后代元素。ancestor descendan 选择器的使用方法如下。

ancestor
descendan 选择器

```
$("ancestor descendant");
```

参数说明：

❑ ancestor：任何有效的选择器。

❑ descendant：用以匹配元素的选择器，并且它是 ancestor 所指定元素的后代元素。

例如，要匹配 ul 元素下的全部 li 元素，可以使用下面的 jQuery 代码。

```
$("ul li");
```

【例 11-5】 通过 jQuery 为版权列表设置样式。

程序开发步骤如下。

（1）创建一个名称为 index.html 的文件，在该文件的<head>标记中应用下面的语句引入 jQuery 库。

```
<script type="text/javascript" src="JS/jquery-1.6.1.min.js"></script>
```

（2）在页面的<body>标记中，首先添加一个<div>标记，并在该<div>标记内添加一个<ul>标记及其子标记<li>，然后在<div>标记的后面添加一个<ul>标记及其子标记<li>，代码如下。

```
<div id="bottom">
<ul>
    <li>技术服务热线：400-675-1066 传真：0431-84972266 企业邮箱：mingrisoft@mingrisoft.com</li>
    <li>Copyright &copy; www.mrbccd.com All Rights Reserved! </li>
</ul>
</div>
<ul>
    <li>技术服务热线：400-675-1066 传真：0431-84972266 企业邮箱：mingrisoft@mingrisoft.com</li>
    <li>Copyright &copy; www.mrbccd.com All Rights Reserved! </li>
</ul>
```

（3）编写 CSS 样式，通过 ID 选择符设置<div>标记的样式，并且编写一个类选择符 copyright，用于设置<div>标记内的版权列表的样式，关键代码如下。

```
<style type="text/css">
#bottom{
    background-image:url(images/bg_bottom.jpg);          //设置背景
    width:800px;                                         //设置宽度
    height:58px;                                         //设置高度
    clear: both;                                         //设置左右两侧无浮动内容
    text-align:center;                                   //设置居中对齐
    padding-top:10px;                                    //设置顶边距
    font-size:9pt;                                       //设置字体大小
}
.copyright{
    color:#FFFFFF;                                       //设置文字颜色
    list-style:none;                                     //不显示项目符号
    line-height:20px;                                    //设置行高
}
```

```
</style>
```

（4）在引入 jQuery 库的代码下方编写 jQuery 代码，匹配 div 元素的子元素 ul，并为其添加 CSS 样式，具体代码如下。

```
<script type="text/javascript">
$(document).ready(function(){
  $("div ul").addClass("copyright");          //为div元素的子元素ul添加样式
});
</script>
```

运行本实例，将显示图 11-9 所示的效果，其中上面的版权信息是通过 jQuery 添加样式的效果，下面的版权信息为默认的效果。

图 11-9 通过 jQuery 为版权列表设置样式

11.3.2 parent > child 选择器

parent > child 选择器中的 parent 代表父元素，child 代表子元素，用于在给定的父元素下匹配所有的子元素。使用该选择器只能选择父元素的直接子元素。parent > child 选择器的使用方法如下。

parent > child
选择器

```
$("parent > child");
```

参数说明：

❑ parent：任何有效的选择器。

❑ child：用以匹配元素的选择器，它是匹配元素的选择器，并且是 parent 元素的子元素。

例如，要匹配表单中所有的子元素 input，可以使用下面的 jQuery 代码。

```
$("form > input");
```

【例 11-6】 获取表单中文本框的值。

程序开发步骤如下。

（1）创建一个名称为 index.html 的文件，在该文件的<head>标记中应用下面的语句引入 jQuery 库。

```
<script type="text/javascript" src="JS/jquery-1.6.1.min.js"></script>
```

（2）在页面的<body>标记中，添加一个表单，在该表单中添加一个文本框和一个"测试"按钮，当单击该按钮时调用 showInfo()函数，代码如下。

```
<form name="form">
  <input type="text" name="name" />
  <button onclick="showInfo()">测试</button>
</form>
```

（3）在引入 jQuery 库的代码下方编写代码，定义 showInfo()函数，该函数的作用是弹出获取的文本框的值，具体代码如下。

```
<script type="text/javascript">
function showInfo(){
  alert($("form > input").val());
}
</script>
```

运行本实例，在文本框中输入内容，然后单击"测试"按钮将显示图 11-10 所示的结果。

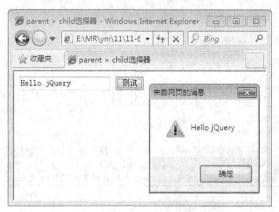

图 11-10　获取文本框的值

11.3.3　prev + next 选择器

prev + next 选择器用于匹配所有紧接在 prev 元素后的 next 元素。其中，prev
和 next 是两个相同级别的元素。prev + next 选择器的使用方法如下。

prev + next 选择器

```
$("prev + next");
```

参数说明：

❑　prev：任何有效的选择器。

❑　next：一个有效选择器并紧接着 prev 选择器。

例如，要匹配<div>标记后的<img>标记，可以使用下面的 jQuery 代码。

```
$("div + img");
```

【例 11-7】　筛选紧跟在<lable>标记后的<p>标记并改变匹配元素的背景颜色为淡蓝色。

程序开发步骤如下。

（1）创建一个名称为 index.html 的文件，在该文件的<head>标记中应用下面的语句引入 jQuery 库。

```
<script type="text/javascript" src="JS/jquery-1.6.1.min.js"></script>
```

（2）在页面的<body>标记中，首先添加一个<div>标记，并在该<div>标记中添加两个<label>标记
和<p>标记，其中第二对<label>标记和<p>标记用<fieldset>括起来，然后在<div>标记的下方添加一个
<p>标记，关键代码如下。

```
<div>
    <label>第一个label</label>
    <p>第一个p</p>
    <fieldset>
        <label>第二个label</label>
        <p>第二个p</p>
    </fieldset>
</div>
```

```
<p>div外面的p</p>
```

（3）编写 CSS 样式，用于设置 body 元素的字体大小，并且添加一个用于设置背景的 CSS 类，具体代码如下。

```
<style type="text/css">
    .background{background:#cef}
     body{font-size:12px;}
</style>
```

（4）在引入 jQuery 库的代码下方编写 jQuery 代码，实现匹配 label 元素的同级元素 p，并为其添加 CSS 类，具体代码如下。

```
<script type="text/javascript" charset="GBK">
    $(document).ready(function() {
        $("label+p").addClass("background");          //为匹配的元素添加CSS类
    });
</script>
```

运行本实例，将显示图 11-11 所示的效果。在图中可以看到"第一个 p"和"第二个 p"的段落被添加了背景，而"div 外面的 p"由于不是 label 元素的同级元素，所以没有被添加背景。

图 11-11　将 label 元素的同级元素 p 的背景设置为淡蓝色

11.3.4　prev ~ siblings 选择器

prev ~ siblings 选择器用于匹配 prev 元素之后的所有 siblings 元素。其中，prev 和 siblings 是两个相同辈元素。prev ~ siblings 选择器的使用方法如下。

```
$("prev ~ siblings");
```

参数说明：

❑　prev：任何有效的选择器。

❑　siblings：一个有效选择器并紧接着 prev 选择器。

prev ~ siblings
选择器

例如，要匹配 div 元素的同辈元素 ul，可以使用下面的 jQuery 代码。

```
$("div ~ ul");
```

【例 11-8】筛选页面中 div 元素的同辈元素。

程序开发步骤如下。

（1）创建一个名称为 index.html 的文件，在该文件的<head>标记中应用下面的语句引入 jQuery 库。

```
<script type="text/javascript" src="JS/jquery-1.6.1.min.js"></script>
```

（2）在页面的<body>标记中，首先添加一个<div>标记，并在该<div>标记中添加两个<p>标记，然后在<div>标记的下方添加一个<p>标记，关键代码如下。

```
<div>
```

```
        <p>第一个p</p>
        <p>第二个p</p>
    </div>
    <p>div外面的p</p>
```

（3）编写 CSS 样式，用于设置 body 元素的字体大小，并且添加一个用于设置背景的 CSS 类，具体代码如下。

```
<style type="text/css">
    .background{background:#cef}
    body{font-size:12px;}
</style>
```

（4）在引入 jQuery 库的代码下方编写 jQuery 代码，实现匹配 div 元素的同辈元素 p，并为其添加 CSS 类，具体代码如下。

```
<script type="text/javascript" charset="GBK">
    $(document).ready(function() {
        $("div~p").addClass("background");              //为匹配的元素添加CSS类
    });
</script>
```

运行本实例，将显示图 11-12 所示的效果。在图中可以看到"div 外面的 p"被添加了背景，而"第一个 p"和"第二个 p"的段落由于不是 div 元素的同辈元素，所以没有被添加背景。

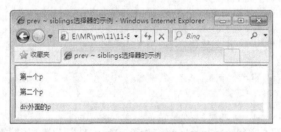

图 11-12　为 div 元素的同辈元素设置背景

11.4　过滤选择器

过滤选择器包括简单过滤器、内容过滤器、可见性过滤器、表单对象的属性过滤器和子元素选择器等。下面进行详细介绍。

简单过滤器

11.4.1　简单过滤器

简单过滤器是指以冒号开头，通常用于实现简单过滤效果的过滤器。例如，匹配找到的第一个元素等。jQuery 的简单过滤器如表 11-1 所示。

表 11-1　jQuery 的简单过滤器

过滤器	说明	示例
:first	匹配找到的第一个元素，与选择器结合使用	$("tr:first")　//匹配表格的第一行
:last	匹配找到的最后一个元素，与选择器结合使用	$("tr:last")　//匹配表格的最后一行

续表

过滤器	说明	示例
:even	匹配所有索引值为偶数的元素，索引值从 0 开始计数	$("tr:even")　//匹配索引值为偶数的行
:odd	匹配所有索引值为奇数的元素，索引从 0 开始计数	$("tr:odd")　//匹配索引值为奇数的行
:eq(index)	匹配一个给定索引值的元素	$("tr:eq(1)")　//匹配第二个 div 元素
:gt(index)	匹配所有大于给定索引值的元素	$("tr:gt(0)")　//匹配第二个及以上的 div 元素
:lt(index)	匹配所有小于给定索引值的元素	$("tr:lt(2)")　//匹配第二个及以下的 div 元素
:header	匹配如 h1, h2, h3……的标题元素	$(":header")　//匹配全部的标题元素
:not(selector)	去除所有与给定选择器匹配的元素	$("input:not(:checked)")　//匹配没有被选中的 input 元素
:animated	匹配所有正在执行动画效果的元素	$(":animated ")　//匹配所有正在执行的动画

【例 11-9】 实现一个带表头的双色表格。

程序开发步骤如下。

（1）创建一个名称为 index.html 的文件，在该文件的<head>标记中应用下面的语句引入 jQuery 库。

```
<script type="text/javascript" src="JS/jquery-1.6.1.min.js"></script>
```

（2）在页面的<body>标记中，添加一个 5 行 5 列的表格，关键代码如下。

```
<table width="98%" border="0" align="center" cellpadding="0" cellspacing="1" bgcolor="#3F873B">
  <tr>
    <td width="11%" height="27">编号</td>
    <td width="14%">祝福对象</td>
    <td width="12%">祝福者</td>
    <td width="33%">字条内容</td>
    <td width="30%">发送时间</td>
  </tr>
  <tr>
    <td height="27">1</td>
    <td>琦琦</td>
    <td>妈妈</td>
    <td>愿你健康快乐的成长！</td>
    <td>2016-07-05 13:06:06</td>
  </tr>
  <tr>
    <td height="27">2</td>
    <td>wgh</td>
    <td>无语</td>
    <td>每天有份好心情！</td>
    <td>2016-07-05 13:26:17</td>
  </tr>
  <tr>
    <td height="27">3</td>
    <td>天净沙小晓</td>
    <td>wgh</td>
    <td>煮豆燃豆萁，豆在釜中泣。本是同根生，相煎何太急。</td>
    <td>2016-07-05 13:36:06</td>
  </tr>
  <tr>
    <td height="27">4</td>
```

```
        <td>明日科技</td>
        <td>wgh</td>
        <td>明天会更好！</td>
        <td>2016-07-05 13:46:06</td>
    </tr>
    </table>
```

（3）编写 CSS 样式，通过元素选择符设置单元格的样式，并且编写 th、even 和 odd 三个类选择符，用于控制表格中相应行的样式，具体代码如下。

```
<style type="text/css">
    td{
        font-size:12px;                  //设置单元格的样
        padding:3px;                     //设置内边距
    }
    .th{
        background-color:#B6DF48;         //设置背景颜色
        font-weight:bold;                 //设置文字加粗显示
        text-align:center;                //文字居中对齐
    }
    .even{
        background-color:#E8F3D1;          //设置偶数行的背景颜色
    }
    .odd{
        background-color:#F9FCEF;          //设置奇数行的背景颜色
    }
</style>
```

（4）在引入 jQuery 库的代码下方编写 jQuery 代码，实现匹配 div 元素的同辈元素 p，并为其添加 CSS 类，具体代码如下。

```
<script type="text/javascript">
    $(document).ready(function() {
        $("tr:even").addClass("even");        //设置奇数行所用的CSS类
        $("tr:odd").addClass("odd");          //设置偶数行所用的CSS类
        $("tr:first").removeClass("even");    //移除even类
        $("tr:first").addClass("th");         //添加th类
    });
</script>
```

在上面的代码中，为表格的第一行添加 th 类时，需要首先将该行应用的 even 类移除，然后进行添加，否则，新添加的 CSS 类将不起作用。

运行本实例，将显示图 11-13 所示的效果。其中，第一行为表头，编号为 1 和 3 的行采用的是偶数行样式，编号为 2 和 4 的行采用的是奇数行的样式。

图 11-13　带表头的双色表格

11.4.2　内容过滤器

内容过滤器就是通过 DOM 元素包含的文本内容以及是否含有匹配的元素进行筛选。

内容过滤器包括：contains(text)、:empty、:has(selector)和:parent，如表 11-2 所示。

内容过滤器

表 11-2　jQuery 的内容过滤器

过滤器	说明	示例
:contains(text)	匹配包含给定文本的元素	$("li:contains('DOM')")//匹配含有"DOM"文本内容的 li 元素
:empty	匹配所有不包含子元素或者文本的空元素	$("td:empty")　//匹配不包含子元素或者文本的单元格
:has(selector)	匹配含有选择器所匹配元素的元素	$("td:has(p)")　//匹配表格的单元格中含有\<p\>标记的单元格
:parent	匹配含有子元素或者文本的元素	$("td: parent")　//匹配不为空的单元格，即在该单元格中还包括子元素或者文本

【例 11-10】　应用内容过滤器匹配为空的单元格、不为空的单元格和包含指定文本的单元格。

程序开发步骤如下。

（1）创建一个名称为 index.html 的文件，在该文件的\<head\>标记中应用下面的语句引入 jQuery 库。

```
<script type="text/javascript" src="JS/jquery-1.6.1.min.js"></script>
```

（2）在页面的\<body\>标记中，添加一个 5 行 5 列的表格，关键代码如下。

```
<table width="98%" border="0" align="center" cellpadding="0" cellspacing="1" bgcolor="#3F873B">
    <tr>
        <td width="11%" height="27" align="center">编号</td>
        <td width="14%" align="center">祝福对象</td>
        <td width="12%" align="center">祝福者</td>
        <td width="33%" align="center">字条内容</td>
        <td width="30%" align="center">发送时间</td>
    </tr>
    <tr>
        <td height="27">1</td>
        <td>琦琦</td>
        <td>妈妈</td>
        <td>愿你健康快乐的成长！</td>
        <td>2016-07-05 13:06:06</td>
    </tr>
    <tr>
        <td height="27">2</td>
        <td>wgh</td>
        <td>无语</td>
        <td>每天有份好心情！</td>
        <td>2016-07-05 13:26:17</td>
    </tr>
    <tr>
        <td height="27">3</td>
        <td>天净沙小晓</td>
        <td>wgh</td>
```

```
        <td>煮豆燃豆萁，豆在釜中泣。本是同根生，相煎何太急。</td>
        <td>2016-07-05 13:36:06</td>
    </tr>
    <tr>
        <td height="27">4</td>
        <td>明日科技</td>
        <td>wgh</td>
        <td></td>
        <td>2016-07-05 13:46:06</td>
    </tr>
</table>
```

（3）在引入 jQuery 库的代码下方编写 jQuery 代码，实现匹配 div 元素的同辈元素 p，并为其添加 CSS 类，具体代码如下。

```
<script type="text/javascript">
    $(document).ready(function() {
        $("td:parent").css("background-color","#E8F3D1");        //为不为空的单元格设置背景颜色
        $("td:empty").html("暂无内容");                          //为空的单元格添加默认内容
        $("td:contains('wgh')").css("color","red");             //将含有文本wgh的单元格的文字颜色设置为红色
    });
</script>
```

运行本实例将显示图 11-14 所示的效果。其中，内容为 wgh 的单元格元素被标记为红色，编号为 4 的行中"字条内容"在设计时为空，这里应用 jQuery 为其添加文本"暂无内容"，除该单元格外的其他单元格的背景颜色均被设置为#E8F3D1 色。设计效果如图 11-15 所示。

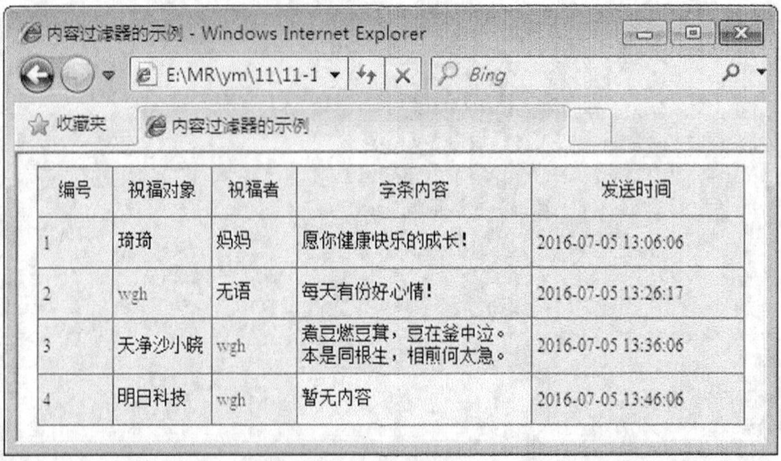

图 11-14　运行结果图

图 11-15　设计效果图

11.4.3　可见性过滤器

元素的可见状态有两种，分别是隐藏状态和显示状态。可见性过滤器就是利用元素的可见状态匹配元素的。因此，可见性过滤器也有两种，一种是匹配所有可见元素的:visible 过滤器，另一种是匹配所有不可见元素的:hidden 过滤器。

可见性过滤器

在应用:hidden 过滤器时，display 属性是 none 以及 input 元素的 type 属性为 hidden 的元素都会被匹配到。

【例 11-11】　获取页面上隐藏和显示的 input 元素的值。

程序开发步骤如下。

（1）创建一个名称为 index.html 的文件，在该文件的<head>标记中应用下面的语句引入 jQuery 库。

```
<script type="text/javascript" src="JS/jquery-1.6.1.min.js"></script>
```

（2）在页面的<body>标记中，添加 3 个 input 元素，其中第 1 个为显示的文本框，第 2 个为不显示的文本框，第 3 个为隐藏域，关键代码如下。

```
<input type="text" value="显示的input元素">
<input type="text" value="我是不显示的input元素" style="display:none">
<input type="hidden" value="我是隐藏域">
```

（3）在引入 jQuery 库的代码下方编写 jQuery 代码，实现匹配 div 元素的同辈元素 p，并为其添加 CSS 类，具体代码如下。

```
<script type="text/javascript">
    $(document).ready(function() {
        var visibleVal = $("input:visible").val();              //取得显示的input的值
        var hiddenVal1 = $("input:hidden:eq(0)").val();         //取得隐藏的input的值
        var hiddenVal2 = $("input:hidden:eq(1)").val();         //取得隐藏的input的值
        alert(visibleVal+"\n\r"+hiddenVal1+"\n\r"+hiddenVal2);  //弹出取得的信息
    });
</script>
```

运行本实例将显示图 11-16 所示的效果。

图 11-16　弹出隐藏和显示的 input 元素的值

11.4.4　表单对象的属性过滤器

表单对象的属性过滤器通过表单元素的状态属性（例如选中、不可用等状态）匹

表单对象的属性
过滤器

配元素，包括:checked 过滤器、:disabled 过滤器、:enabled 过滤器和:selected 过滤器 4 种，如表 11-3 所示。

表 11-3　jQuery 的表单对象的属性过滤器

过滤器	说明	示例
:checked	匹配所有选中的被选中元素	$("input:checked")　//匹配 checked 属性为 checked 的 input 元素
:disabled	匹配所有不可用元素	$("input:disabled")　//匹配 disabled 属性为 disabled 的 input 元素
:enabled	匹配所有可用的元素	$("input:enabled ")　//匹配 enabled 属性为 enabled 的 input 元素
:selected	匹配所有选中的 option 元素	$("select option:selected")　//匹配 select 元素中被选中的 option

【例 11-12】 利用表单过滤器匹配表单中相应的元素。

程序开发步骤如下。

（1）创建一个名称为 index.html 的文件，在该文件的<head>标记中应用下面的语句引入 jQuery 库。

```
<script type="text/javascript" src="JS/jquery-1.6.1.min.js"></script>
```

（2）在页面的<body>标记中，添加一个表单，并在该表单中添加 3 个复选框、一个不可用按钮和一个下拉列表框，其中，前两个复选框为选中状态，关键代码如下。

```
<form>
    复选框1：　<input type="checkbox" checked="checked" value="复选框1"/>
    复选框2：　<input type="checkbox" checked="checked" value="复选框2"/>
    复选框3：　 <input type="checkbox" value="复选框3"/><br />
    不可用按钮：　 <input type="button" value="不可用按钮" disabled><br />
    下拉列表框：
    <select onchange="selectVal()">
      <option value="列表项1">列表项1</option>
      <option value="列表项2">列表项2</option>
      <option value="列表项3">列表项3</option>
    </select>
</form>
```

（3）在引入 jQuery 库的代码下方编写 jQuery 代码，实现匹配表单中的被选中的 checkbox 元素、不可用元素和被选中的 option 元素的值，具体代码如下：

```
<script type="text/javascript">
    $(document).ready(function() {
        $("input:checked").css("background-color","red");//设置选中的复选框的背景颜色
        $("input:disabled").val("我是不可用的");          //为灰色不可用按钮赋值
    })
    function selectVal(){                                //下拉列表框变化时执行的方法
        alert($("select option:selected").val());       //显示选中的值
    }
</script>
```

运行本实例，选中下拉列表框中的列表项 3，将弹出提示对话框显示选中列表项的值，如图 11-17 所示。在该图中，选中的两个复选框的背景为红色，另一个复选框没有设置背景颜色，不可用按钮的 value 值被修改为 "我是不可用的"。

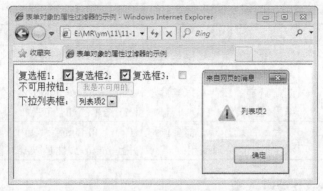

图 11-17　利用表单过滤器匹配表单中相应的元素

11.4.5　子元素选择器

子元素选择器

子元素选择器就是筛选给定某个元素的子元素，具体的过滤条件由选择器的种类而定。jQuery 的子元素选择器如表 11-4 所示。

表 11-4　jQuery 的子元素选择器

选择器	说明	示例
:first-child	匹配所有给定元素的第一个子元素	$("ul li:first-child")　//匹配 ul 元素中的第一个子元素 li
:last-child	匹配所有给定元素的最后一个子元素	$("ul li:last-child")　//匹配 ul 元素中的最后一个子元素 li
:only-child	匹配元素中唯一的子元素	$("ul li:only-child")　//匹配只含有一个 li 元素的 ul 元素中的 li
:nth-child(index/even/odd/equation)	匹配其父元素下的第 N 个子元素或奇偶元素，index 从 1 开始，而不是从 0 开始	$("ul li:nth-child(even)")　//匹配 ul 中索引值为偶数的 li 元素 $("ul li:nth-child(3)")　　　//匹配 ul 中第 3 个 li 元素

11.5　属性选择器

属性选择器

属性选择器就是通过元素的属性作为过滤条件进行筛选对象。jQuery 的属性选择器如表 11-5 所示。

表 11-5　jQuery 的属性选择器

选择器	说明	示例
[attribute]	匹配包含给定属性的元素	$("div[name]") //匹配含有 name 属性的 div 元素
[attribute=value]	匹配给定的属性是某个特定值的元素	$("div[name='test']")　//匹配 name 属性是 test 的 div 元素
[attribute!=value]	匹配所有含有指定的属性，但属性不等于特定值的元素	$("div[name!='test']")　//匹配 name 属性不是 test 的 div 元素
[attribute*=value]	匹配给定的属性是以包含某些值的元素	$("div[name*='test']")　//匹配 name 属性中含有 test 值的 div 元素

续表

选择器	说明	示例
[attribute^=value]	匹配给定的属性是以某些值开始的元素	$("div[name^='test']")　//匹配 name 属性以 test 开头的 div 元素
[attribute$=value]	匹配给定的属性是以某些值结尾的元素	$("div[name$='test']")　//匹配 name 属性以 test 结尾的 div 元素
[selector1][selector2][selectorN]	复合属性选择器，需要同时满足多个条件时使用	$("div[id][name^='test']")　//匹配具有 id 属性并且 name 属性是以 test 开头的 div 元素

11.6　表单选择器

表单选择器是匹配经常在表单内出现的元素，但是匹配的元素不一定在表单中。
jQuery 的表单选择器如表 11-6 所示。

表单选择器

表 11-6　jQuery 的表单选择器

选择器	说明	示例
:input	匹配所有 input 元素	$(":input")　//匹配所有 input 元素 $("form :input") //匹配<form>标记中所有 input 元素，需要注意，在 form 和:之间有一个空格
:button	匹配所有普通按钮，即 type="button"的 input 元素	$(":button")　//匹配所有普通按钮
:checkbox	匹配所有复选框	$(":checkbox")　//匹配所有复选框
:file	匹配所有文件域	$(":file")　//匹配所有文件域
:hidden	匹配所有不可见元素，或者 type 为 hidden 的元素	$(":hidden")　//匹配所有隐藏域
:image	匹配所有图像域	$(":image")　//匹配所有图像域
:password	匹配所有密码域	$(":password")　//匹配所有密码域
:radio	匹配所有单选按钮	$(":radio")　//匹配所有单选按钮
:reset	匹配所有重置按钮，即 type=" reset "的 input 元素	$(":button")　//匹配所有重置按钮
:submit	匹配所有提交按钮，即 type=" submit "的 input 元素	$(":reset")　//匹配所有提交按钮
:text	匹配所有单行文本框	$(":button")　//匹配所有单行文本框

【例 11-13】　匹配表单中相应的元素并实现不同的操作。

程序开发步骤如下。

（1）创建一个名称为 index.html 的文件，在该文件的<head>标记中应用下面的语句引入 jQuery 库。

```
<script type="text/javascript" src="JS/jquery-1.6.1.min.js"></script>
```

（2）在页面的<body>标记中，添加一个表单，并在该表单中添加复选框、单选按钮、图像域、文件域、密码域、文本框、普通按钮、重置按钮、提交按钮隐藏域等 input 元素，关键代码如下。

```
<form>
```

```
复选框: <input type="checkbox"/>
单选按钮: <input type="radio"/>
图像域: <input type="image"/><br>
文件域: <input type="file"/><br>
密码域: <input type="password" width="150px"/><br>
文本框: <input type="text" width="150px"/><br>
按    钮: <input type="button" value="按钮"/><br>
重    置: <input type="reset" value=""/><br>
提    交: <input type="submit" value=""><br>
隐藏域:   <input type="hidden" value="这是隐藏的元素">
<div id="testDiv"><font color="blue">隐藏域的值: </font></div>
</form>
```

（3）在引入 jQuery 库的代码下方编写 jQuery 代码，实现匹配表单中的各个表单元素，并实现不同的操作，具体代码如下。

```
<script type="text/javascript">
    $(document).ready(function() {
        $(":checkbox").attr("checked","checked");           //选中复选框
        $(":radio").attr("checked","true");                 //选中单选框
        $(":image").attr("src","images/fish1.jpg");         //设置图片路径
        $(":file").hide();                                  //隐藏文件域
        $(":password").val("123");                          //设置密码域的值
        $(":text").val("文本框");                           //设置文本框的值
        $(":button").attr("disabled","disabled");           //设置按钮不可用
        $(":reset").val("重置按钮");                        //设置重置按钮的值
        $(":submit").val("提交按钮");                       //设置提交按钮的值
        $("#testDiv").append($("input:hidden:eq(1)").val()); //显示隐藏域的值
    });
</script>
```

运行本实例，将显示图 11-18 所示的页面。

图 11-18　利用表单选择器匹配表单中相应的元素

小 结

本章主要对 jQuery 选择器进行了详细介绍，这些选择器包括基本选择器、层级选择器、过滤选择器、属性选择器和表单选择器。选择器是一切页面操作的基础，希望读者可以很好地掌握。

上机指导

对于一些清单型数据，通常是利用表格展示到页面中。如果数据比较多，很容易看串行。这时，可以为表格添加隔行换色并且鼠标指向行变色的功能。本练习实现该功能的表格，运行效果如图 11-19 和图 11-20 所示。

课程设计

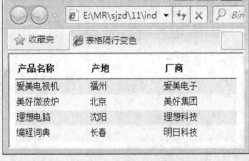

图 11-19　隔行换色的表格效果

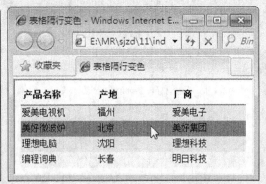

图 11-20　鼠标移到第 3 行时的效果

程序开发步骤如下。

（1）创建一个名称为 index.html 的文件，在该文件的<head>标记中应用下面的语句引入 jQuery 库。

```
<script type="text/javascript" src="JS/jquery-1.6.1.min.js"></script>
```

（2）在页面的<body>标记中，添加一个 5 行 3 列的表格，并使用<thead>标记将表格的标题行括起来，再使用<tbody>标记将表格的其他行括起来，关键代码如下。

```
<table>
  <thead>
    <tr>
      <th>产品名称</th>
      <th>产地</th>
      <th>厂商</th>
    </tr>
  </thead>
  <tbody>
    <tr>
      <td>爱美电视机</td>
      <td>福州</td>
      <td>爱美电子</td>
    </tr>
    <tr>
      <td>美好微波炉</td>
      <td>北京</td>
      <td>美好集团</td>
    </tr>
    <tr>
      <td>理想电脑</td>
```

```
            <td>沈阳</td>
            <td>理想科技</td>
        </tr>
        <tr>
            <td>编程词典</td>
            <td>长春</td>
            <td>明日科技</td>
        </tr>
    </tbody>
</table>
```

（3）编写 CSS 样式，用于控制表格整体样式、表头的样式、表格的单元格的样式，以及奇数行样式、偶数行样式和鼠标移到行的样式，具体代码如下。

```
<style type="text/css">
table{ border:0;border-collapse:collapse;}            //设置表格整体样式
td{font:normal 12px/17px Arial;padding:2px;width:100px;}    //设置单元格的样式
th{ /*设置表头的样式*/
    font:bold 12px/17px Arial;
    text-align:left;
    padding:4px;
    border-bottom:1px solid #333;
}
.odd{background:#cef;}                    //设置奇数行样式
.even{background:#ffc;}                    //设置偶数行样式
.light{background:#00A1DA;}                //设置鼠标移到行的样式
</style>
```

（4）在引入 jQuery 库的代码下方编写 jQuery 代码，实现表格的隔行换色，并且让鼠标移到行变色的功能，具体代码如下。

```
<script type="text/javascript">
$(document).ready(function(){
    $("tbody tr:even").addClass("odd");        //为偶数行添加样式
    $("tbody tr:odd").addClass("even");        //为奇数行添加样式
    $("tbody tr").hover(                        //为表格主体每行绑定hover方法
        function() {$(this).addClass("light");},
        function() {$(this).removeClass("light");}
    );
});
</script>
```

习　题

11-1　什么是 jQuery 的工厂函数？

11-2　JQuery 有几种选择器？分别是哪些？

11-3　jQuery 基本选择器包括哪几种？

11-4　jQuery 提供了哪几种层级选择器？

11-5　列举几种比较常用的表单选择器。

第12章

jQuery控制页面

本章要点：

■ 对元素内容和值进行操作
■ 对DOM节点进行操作
■ 对元素属性进行操作
■ 对元素的CSS样式进行操作

■ jQuery 提供了对页面元素进行操作的方法。通过 jQuery，用户可以对页面元素的内容和值、页面中的 DOM 节点、页面元素的属性以及元素的 CSS 样式等进行操作。

12.1 对元素内容和值进行操作

jQuery 提供了对元素的内容和值进行操作的方法，其中，元素的值是元素的一种属性，大部分元素的值都对应 value 属性。下面来对元素的内容进行介绍。

元素的内容是指定义元素的起始标记和结束标记中间的内容，又可分为文本内容和 HTML 内容。那么什么是元素的文本内容和 HTML 内容？我们通过下面这段代码来说明。

```
<div>
    <p>测试内容</p>
</div>
```

在这段代码中，div 元素的文本内容就是"测试内容"，文本内容不包含元素的子元素，只包含元素的文本内容。而"<p>测试内容</p>"就是<div>元素的 HTML 内容，HTML 内容不仅包含元素的文本内容，还包含元素的子元素。

12.1.1 对元素内容操作

由于元素内容又可分为文本内容和 HTML 内容，所以对元素内容的操作也可以分为对文本内容进行操作和对 HTML 内容进行操作。下面分别进行详细介绍。

1. 对文本内容操作

对元素内容操作

jQuery 提供了 text()和 text(val)两个方法用于对文本内容操作，其中 text()用于获取全部匹配元素的文本内容，text(val)用于设置全部匹配元素的文本内容。例如，在一个 HTML 页面中，包括下面 3 行代码。

```
<div>
<span id="clock">当前时间：2016-12-07 星期三 13:20:10</span>
</div>
```

要获取 div 元素的文本内容，可以使用下面的代码。

```
$("div").text();
```

得到的结果为：当前时间：2016-12-07 星期三 13:20:10

> **说明** text()方法取得的结果是所有匹配元素包含的文本组合起来的文本内容，这个方法也对 XML 文档有效，可以用 text()方法解析 XML 文档元素的文本内容。

要重新设置 div 元素的文本内容，可以使用下面的代码。

```
$("div").text("我是通过text()方法设置的文本内容");
```

这时，再应用 "$("div").text();" 获取 div 元素的文本内容时，将得到：我是通过 text()方法设置的文本内容。

> 使用 text()方法重新设置 div 元素的文本内容后，div 元素原来的内容将被新设置的内容替换，包括 HTML 内容。例如，对下面的代码：
> ```
> <div><span id="clock">当前时间：2016-12-07 星期三 13:20:10</span></div>
> ```
> 应用 "$("div").text("我是通过 text()方法设置的文本内容");" 设置值后，该<div>标记的内容将变为：
> ```
> <div>我是通过text()方法设置的文本内容</div>
> ```

2. 对 HTML 内容操作

jQuery 提供了 html()和 html(val)两个方法，用于对 HTML 内容操作，其中 html()用于获取第一个匹配元素的 HTML 内容，text(val)用于设置全部匹配元素的 HTML 内容。例如，在一个 HTML 页面中，包括下面 3 行代码。

```
<div>
<span id="clock">当前时间：2016-12-07 星期三 13:20:10</span>
</div>
```

要获取 div 元素的 HTML 内容，可以使用下面的代码。

```
alert($("div").html());
```

运行结果如图 12-1 所示。

图 12-1　获取的 div 元素的 HTML 内容

要重新设置 div 元素的 HTML 内容，可以使用下面的代码。

```
$("div").html("<span style='color:#FF0000'>我是通过html()方法设置的HTML内容</span>");
```

这时，再应用 "$("div").html();" 获取 div 元素的 HTML 内容时，将得到图 12-2 所示的内容。

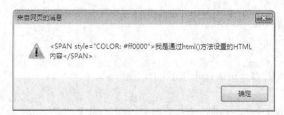

图 12-2　重新设置 HTML 内容后获取的结果

 html()方法与 html(val)不能用于 XML 文档，但是可以用于 XHTML 文档。

下面我们通过一个具体的例子，说明对元素的文本内容与 HTML 内容操作的区别。

【例 12-1】　获取和设置元素的文本内容与 HTML 内容。

程序开发步骤如下。

（1）创建一个名称为 index.html 的文件，在该文件的<head>标记中应用下面的语句引入 jQuery 库。

```
<script type="text/javascript" src="JS/jquery-1.6.1.min.js"></script>
```

（2）在页面的<body>标记中，添加两个<div>标记，这两个<div>标记除了 id 属性不同外，其他均相同，关键代码如下。

```
应用text()方法设置的内容
<div id="div1">
<span id="clock">当前时间：2011-07-06 星期三　13:20:10</span>
</div>
```

```
<br />应用html()方法设置的内容
<div id="div2">
<span id="clock">当前时间：2011-07-06 星期三 13:20:10</span>
</div>
```

（3）在引入 jQuery 库的代码下方编写 jQuery 代码，实现为<div>标记设置文本内容和 HTML 内容，并获取设置后的文本内容和 HTML 内容，具体代码如下。

```
<script type="text/javascript">
    $(document).ready(function(){
        $("#div1").text("<span style='color:#FF0000'>我是通过html()方法设置的HTML内容</span>");
        $("#div2").html("<span style='color:#FF0000'>我是通过html()方法设置的HTML内容</span>");
        alert("通过text()方法获取：\r\n"+$("div").text()+"\r\n通过html()方法获取：\r\n"+$("div").html());
    });
</script>
```

运行本实例，将显示图 12-3 所示的运行结果。从该运行结果中可以看出，在应用 text()设置文本内容时，即使内容中包含 HTML 代码，也将被认为是普通文本，并不能作为 HTML 代码被浏览器解析，则应用 html()设置的 HTML 内容中包括的 HTML 代码就可以被浏览器解析。

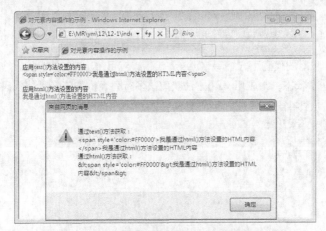

图 12-3　获取和设置元素的文本内容与 HTML 内容

应用 text()方法获取文本内容时，将获取全部匹配元素中包含的文本内容，而应用 html()方法获取 HTML 内容时，则只获取第一个匹配元素中包含的 HTML 内容。

12.1.2　对元素值操作

jQuery 提供了 3 种对元素值操作的方法，如表 12-1 所示。

表 12-1　对元素值操作的方法

对元素值操作

方法	说明	示例
val()	用于获取第一个匹配元素的当前值，返回值可能是一个字符串，也可能是一个数组。例如，当 select 元素有两个选中值时，返回结果就是一个数组	$("#username").val();　　//获取 id 为 username 的元素的值

续表

方法	说明	示例
val(val)	用于设置所有匹配元素的值	$("input:text").val("新值") //为全部文本框设置值
val(arrVal)	用于为 check、select 和 radio 等元素设置值，参数为字符串数组	$("select").val(['列表项 1','列表项 2']); //为下拉列表框设置多选值

【例 12-2】 为多行列表框设置并获取值。

程序开发步骤如下。

（1）创建一个名称为 index.html 的文件，在该文件的<head>标记中应用下面的语句引入 jQuery 库。

```
<script type="text/javascript" src="JS/jquery-1.6.1.min.js"></script>
```

（2）在页面的<body>标记中，添加一个包含 3 个列表项的可多选的多行列表框，默认为后两项被选中，代码如下。

```
<select name="like" size="3" multiple="multiple" id="like">
  <option>列表项1</option>
  <option selected="selected">列表项2</option>
  <option selected="selected">列表项3</option>
</select>
```

（3）在引入 jQuery 库的代码下方编写 jQuery 代码，应用 jQuery 的 val(arrVal)方法将其第一个和第二个列表项设置为选中状态，并应用 val()方法获取该多行列表框的值，具体代码如下。

```
<script type="text/javascript">
    $(document).ready(function(){
        $("select").val(['列表项1','列表项2']);
        alert($("select").val());
    });
</script>
```

运行结果如图 12-4 所示。

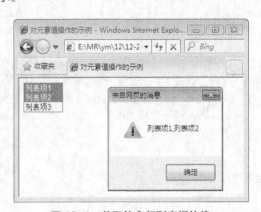

图 12-4 获取的多行列表框的值

12.2 对 DOM 节点进行操作

了解 JavaScript 的读者应该知道，通过 JavaScript 可以实现对 DOM 节点的操作，例如查找节点、创建节点、插入节点、复制节点或删除节点，不过这些操作比较复杂。jQuery 为了简化开发人员的工作，也提供了对 DOM 节点进行操作的方法。下面进行详细介绍。

12.2.1 查找节点

通过 jQuery 提供的选择器可以轻松实现查找页面中的任何节点。关于 jQuery 的选择器我们已经在上一章进行了详细介绍，读者可以参考 "jQuery 的选择器" 实现查找节点。

12.2.2 创建节点

创建元素节点包括两个步骤，一是创建新元素，二是将新元素插入到文档中（即父元素中）。例如，要在文档的 body 元素中创建一个新的段落节点可以使用下面的代码。

创建节点

```
<script type="text/javascript">
    $(document).ready(function(){
        //方法一
        var $p=$("<p></p>");
        $p.html("<span style='color:#FF0000'>方法一添加的内容</span>");
        $("body").append($p);
        //方法二
        var $txtP=$("<p><span style='color:#FF0000'>方法二添加的内容</span></p>");
        $("body").append($txtP);
        //方法三
        $("body").append("<p><span style='color:#FF0000'>方法三添加的内容</span></p>");
        //弹出新添加的段落节点p的文本内容
        alert($("p").text());
    });
</script>
```

 说明

在创建节点时，浏览器会将所添加的内容视为 HTML 内容进行解释执行，无论是否是使用 html()方法指定的 HTML 内容。上面所使用的 3 种方法都将在文档中添加一个颜色为红色的段落文本。

12.2.3 插入节点

在创建节点时，应用 append()方法将定义的节点内容插入到指定的元素。实际上，该方法是用于插入节点的方法，除了 append()方法外，jQuery 还提供了几种插入节点的方法，本节将进行详细介绍。在 jQuery 中，插入节点可以分为在元素内部插入和在元素外部插入两种。下面分别进行介绍。

插入节点

1. 在元素内部插入

在元素内部插入就是向一个元素中添加子元素和内容。jQuery 提供了表 12-2 所示的在元素内部插入的方法。

表 12-2 在元素内部插入的方法

方法	说明	示例
append(content)	为所有匹配元素的内部追加内容	$("#B").append("<p>A</p>"); //向 id 为 B 的元素中追加一个段落
appendTo(content)	将所有匹配元素添加到另一个元素的元素集合中	$("#B").appendTo("#A"); //将 id 为 B 的元素追加到 id 为 A 的元素后面，也就是将 B 元素移动到 A 元素的后面

续表

方法	说明	示例
prepend(content)	为所有匹配元素的内部前置内容	$("#B").prepend("<p>A</p>");　//向 id 为 B 的元素内容前添加一个段落
prependTo(content)	将所有匹配元素前置到另一个元素的元素集合中	$("#B").prependTo("#A");　//将 id 为 B 的元素添加到 id 为 A 的元素前面，也就是将 B 元素移动到 A 元素的前面

从表中可以看出 append()方法与 prepend()方法类似，不同的是 prepend()方法将添加的内容插入到原有内容的前面。

appendTo()实际上是颠倒了 append()方法，例如下面这句代码：

$("<p>A</p>").appendTo("#B");　　　　//将指定内容添加到id为B的元素中

等同于：

$("#B").append("<p>A</p>");　　　　　　//将指定内容添加到id为B的元素中

不过，append()方法并不能移动页面上的元素，而 appendTo()方法是可以的，例如下面的代码：

$("#B").appendTo("#A");　　　　　　　　　//移动B元素到A元素的后面

append()方法是无法实现该功能的，需要注意两者的区别。

prepend()方法是向所有匹配元素内部的开始处插入内容的最佳方法。prepend()方法与 prependTo()的区别同 append()方法与 appendTo()方法的区别。

2．在元素外部插入

在元素外部插入就是将要添加的内容添加到元素之前或元素之后。jQuery 提供了表 12-3 所示的在元素外部插入的方法。

表 12-3　在元素外部插入的方法

方法	说明	示例
after(content)	在每个匹配元素之后插入内容	$("#B").after("<p>A</p>");　//向 id 为 B 的元素的后面添加一个段落
insertAfter(content)	将所有匹配元素插入到另一个指定元素的元素集合的后面	$("<p>test</p>").insertAfter("#B");　//将要添加的段落插入到 id 为 B 的元素的后面
before(content)	在每个匹配元素之前插入内容	$("#B").prepend("<p>A</p>");　//向 id 为 B 的元素内容前添加一个段落
insertBefore(content)	把所有匹配元素插入到另一个指定元素的元素集合的前面	$("#B").prependTo("#A");　//将 id 为 B 的元素添加到 id 为 A 的元素前面，也就是将 B 元素移动到 A 元素的前面

12.2.4　删除、复制与替换节点

在页面上只执行插入和移动元素的操作是远远不够的，在实际开发的过程中还经常需要删除、复制和替换相应的元素。下面将介绍如何应用 jQuery 实现删除、复制和替换节点。

删除、复制与替换节点

1．删除节点

jQuery 提供了两种删除节点的方法，分别是 empty()和 remove([expr])方法。其中，empty()方法用

于删除匹配元素集合中所有的子节点，并不删除该元素；remove([expr])方法用于从 DOM 中删除所有匹配的元素。例如，在文档中存在下面的内容。

```
div1：
<div id="div1"><span style="color:#900">谁言寸草心，报得三春晖</span></div>
div2：
<div id="div2"><span style="color:#900">谁言寸草心，报得三春晖</span></div>
```

执行下面的 jQuery 代码后，将得到图 12-5 所示的运行结果。

```
<script type="text/javascript">
        $(document).ready(function() {
            $("#div1").empty();                     //调用empty()方法删除div1的的所有子节点
                    $("#div2").remove();            //调用remove()方法删除id为div2的元素
            });
        </script>
```

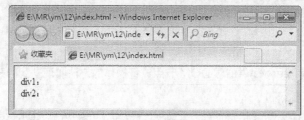

图 12-5　删除节点

2. 复制节点

jQuery 提供了 clone()方法用于复制节点。该方法有两种形式，一种是不带参数，用于克隆匹配的 DOM 元素并且选中这些克隆的副本；另一种是带有一个布尔型的参数，当参数为 true 时，表示克隆匹配的元素及其所有的事件处理，并且选中这些克隆的副本，当参数为 false 时，表示不复制元素的事件处理。

例如，在页面中添加一个按钮，并为该按钮绑定单击事件，在单击事件中复制该按钮，但不复制它的事件处理，可以使用下面的 jQuery 代码。

```
<script type="text/javascript">
    $(function() {
        $("input").bind("click",function() {       //为按钮绑定单击事件
            $(this).clone().insertAfter(this);      //复制自己但不复制事件处理
            });
        });
    </script>
```

运行上面的代码，当单击页面上的按钮时，会在该元素之后插入复制后的元素副本，但是复制的按钮没有复制事件，如果需要同时复制元素的事件处理，可用 clone(true)方法代替。

3. 替换节点

jQuery 提供了两个替换节点的方法，分别是 replaceAll(selector)和 replaceWith(content)。其中，replaceAll(selector)方法用于使用匹配的元素替换所有 selector 匹配的元素；replaceWith(content)方法用于将所有匹配的元素替换成指定的 HTML 或 DOM 元素。这两种方法的功能相同，只是两者的表现形式不同。

例如，使用 replaceWith()方法替换页面中 id 为 div1 的元素，以及使用 replaceAll()方法替换 id 为 div2 的元素可以使用下面的代码。

```
<script type="text/javascript">
    $(document).ready(function() {
```

```
            $("#div1").replaceWith("<div>replaceWith()方法的替换结果</div>");        //替换id为div1的<div>元素
          $("<div>replaceAll()方法的替换结果</div>").replaceAll("#div2");          //替换id为div2的<div>元素
        });
</script>
```

运行上面的代码,将显示图 12-6 所示的运行结果。从图中可以看出,replaceWith()方法和 replaceAll()方法的执行结果是一样的。

图 12-6　应用 replaceWith()方法和 replaceAll()方法替换节点

【例 12-3】 应用 jQuery 提供的对 DOM 节点进行操作的方法实现"我的开心小农场"。

程序开发步骤如下。

（1）创建一个名称为 index.html 的文件,在该文件的<head>标记中应用下面的语句引入 jQuery 库。

```
<script src="JS/jquery-1.6.1.min.js"></script>
```

（2）在页面的<body>标记中,添加一个显示农场背景的<div>标记,并且在该标记中添加 4 个<span>标记,用于设置控制按钮,代码如下。

```
<div id="bg">
    <span id="seed"></span>
    <span id="grow"></span>
    <span id="bloom"></span>
    <span id="fruit"></span>
</div>
```

（3）编写 CSS 代码,控制农场背景、按钮和图片的样式,具体代码如下。

```
<style type="text/css">
div{
    font-size:12px;
    border:#999 1px solid;
    padding:5px;
}
#bg{                //控制页面背景
    width:456px;
    height:266px;
    background-image:url(images/plowland.jpg);
}
img{                //控制图片
    position:absolute;
    top:85px;
    left:195px;
}
#seed{    //控制播种按钮
    background-image:url(images/btn_seed.png);
```

```
        width:56px;
        height:56px;
        position:absolute;
        top:229px;
        left:49px;
        cursor:hand;
    }
    #grow{    //控制生长按钮
        background-image:url(images/btn_grow.png);
        width:56px;
        height:56px;
        position:absolute;
        top:229px;
        left:154px;
        cursor:hand;
    }
    #bloom{    //控制开花按钮
        background-image:url(images/btn_bloom.png);
        width:56px;
        height:56px;
        position:absolute;
        top:229px;
        left:259px;
        cursor:hand;
    }
    #fruit{    //控制结果按钮
        background-image:url(images/btn_fruit.png);
        width:56px;
        height:56px;
        position:absolute;
        top:229px;
        left:368px;
        cursor:hand;
    }
</style>
```

（4）编写 jQuery 代码，分别为播种、生长、开花和结果按钮绑定单击事件，并在其单击事件中应用操作 DOM 节点的方法控制作物的生长，具体代码如下。

```
<script type="text/javascript">
    $(document).ready(function(){
        $("#seed").bind("click",function(){              //绑定播种按钮的单击事件
            $("img").remove();                           //移除img元素
            $("#bg").prepend("<img src='images/seed.png' />");
        });
        $("#grow").bind("click",function(){              //绑定生长按钮的单击事件
            $("img").remove();                           //移除img元素
            $("#bg").append("<img src='images/grow.png' />");
        });
        $("#bloom").bind("click",function(){             //绑定开花按钮的单击事件
            $("img").replaceWith("<img src='images/bloom.png' />");
```

```
        });
        $("#fruit").bind("click",function(){                      //绑定结果按钮的单击事件
            $("<img src='images/fruit.png' />").replaceAll("img");
        });
    });
</script>
```

运行本实例，将显示图 12-7 所示的效果；单击"播种"按钮，将显示图 12-8 所示的效果；单击"生长"按钮，将显示图 12-9 所示的效果；单击"开花"按钮，将显示图 12-10 所示的效果；单击"结果"按钮，将显示一棵结满果实的草莓秧。

图 12-7　页面的默认运行结果

图 12-8　单击"播种"按钮的结果

图 12-9　单击"生长"按钮的结果

图 12-10　单击"开花"按钮的结果

12.3　对元素属性进行操作

对元素属性进行
操作

jQuery 提供了表 12-4 所示的对元素属性进行操作的方法。

表 12-4　对元素属性进行操作的方法

方法	说明	示例
attr(name)	获取匹配的第一个元素的属性值（无值时返回 undefined）	$("img").attr('src');　//获取页面中第一个 img 元素的 src 属性的值
attr(key,value)	为所有匹配元素设置一个属性值（value 是设置的值）	$("img").attr("title","草莓正在生长");　//为图片添加一标题属性，属性值为"草莓正在生长"

方法	说明	示例

attr(key,fn)	为所有匹配元素设置一个函数返回的属性值（fn 代表函数）	`$("#fn").attr("value", function() {`
		`return this.name ; //返回元素的名称`
		`}); //将元素的名称作为其 value`
		属性值

attr(properties)	为所有匹配元素以集合（{名:值,名:值}）形式同时设置多个属性	`//为图片同时添加两个属性，分别是 src 和 title` `$("img").attr({src:"test.gif",title:"图片示例"});`

removeAttr(name)	为所有匹配元素删除一个属性	`$("img"). removeAttr("title"); //移除所有图片`
		的 title 属性

在表 12-4 中所列的这些方法中，key 和 name 都代表元素的属性名称，properties 代表一个集合。

【例 12-4】 对复选框最基本的应用，就是对复选框的全选、反选与全不选操作，本实例实现定义用户注册页面，在该页面中可添加爱好信息，并添加"全选""反选"和"全不选"按钮，实现复选框的全选、反选和全不选操作。

程序开发步骤如下。

（1）在页面中定义表格，为用户提供注册信息表，其中包含由复选框组成的"爱好"列表，所有复选框的 name 属性值全部为"checkbox"，具体代码如下。

```
<form name="form1">
<div align="center">
  <p class="style1">用户注册信息表</p>
  <table width="400" border="1" bgcolor="#FFCCCC">
    <tr>
      <td width="117"><div align="right">用户名</div></td>
      <td width="267"><div align="left">
        <input type="text" name="textfield">
        <span class="style2">*</span></div></td>
    </tr>
    <tr>
      <td><div align="right">密码</div></td>
      <td><div align="left">
        <input type="password" name="textfield2">
        <span class="style2">*(6-15)位</span></div></td>
    </tr>
    <tr>
      <td><div align="right">确认密码</div></td>
      <td><div align="left">
        <input type="password" name="textfield3">
        <span class="style2">*</span></div></td>
    </tr>
    <tr>
      <td><div align="right">性别</div></td>
      <td><div align="left">
        <select name="select">
          <option>男</option>
          <option>女</option>
```

```
                <option selected>--</option>
            </select>
        </div></td>
    </tr>
    <tr>
        <td height="98"><div align="right">爱好</div></td>
        <td><div align="left">
                <p>
                <input type="checkbox" name="checkbox" value="checkbox">
                上网
                <input type="checkbox" name="checkbox" value="checkbox">
                旅游
                <input type="checkbox" name="checkbox" value="checkbox">
                交友
                <input type="checkbox" name="checkbox" value="checkbox">
                逛街</p>
                <p>
                    <input type="checkbox" name="checkbox" value="checkbox">
                    看书
                    <input type="checkbox" name="checkbox" value="checkbox">
                    书法
                    <input type="checkbox" name="checkbox" value="checkbox">
                    游戏
                    <input type="checkbox" name="checkbox" value="checkbox">
                    球类</p>
                <p align="right">
                    <input type="button" name="Submit" id="checkAll" value="全选">
                        <input type="button" name="Submit2" id="inverse" value="反选">
                    <input type="button" name="Submit3" id="checkNo" value="全不选">
                    </p>
        </div></td>
    </tr>
    <tr>
        <td><div align="right">邮箱</div></td>
        <td><div align="left">
            <input type="text" name="textfield4">
        </div></td>
    </tr>
    <tr>
        <td><div align="right">验证码</div></td>
        <td><div align="left">
            <input name="textfield5" type="text" value="GTR-400">
        </div></td>
    </tr>
    <tr>
        <td><div align="right">确认验证码</div></td>
        <td><div align="left">
            <input type="text" name="textfield6">
        </div></td>
    </tr>
    <tr>
```

```
        <td colspan="2"><div align="center">
          <input type="button" name="Submit3" value="按钮" >
          <input type="reset" name="Submit4" value="重置">
        </div></td>
      </tr>
    </table>
    <p align="left" class="style1"> </p>
  </div>
</form>
```

（2）在页面中编写 jQuery 代码，来判断用户是否单击了"全选""反选"或"全不选"按钮，并给出相应的操作，具体代码如下。

```
<script type="text/javascript">
    $(function(){
        $("#checkAll").click(function(){              //判断用户是否单击了"全选"按钮
            $('[name = checkbox]:checkbox').attr('checked',true);        //将"全部"复选框设为选中状态
        });
        $("#inverse").click(function(){               //判断用户是否单击了"反选"按钮
            $('[name = checkbox]:checkbox').each(function(){//每个复选框都进行判断
              if($(this).attr('checked')){            //如果复选框为选中状态
                  $(this).attr('checked',false);      //将复选框设为不选中状态
                }else{
                  $(this).attr('checked',true);       //将复选框设为选中状态
                  }
            });
        });
        $("#checkNo").click(function(){               //判断用户是否单击了"全不选"按钮
            $('[name = checkbox]:checkbox').attr('checked',false);       //将全部复选框设为不选中状态
        });
    });
</script>
```

运行结果如图 12-11 所示。

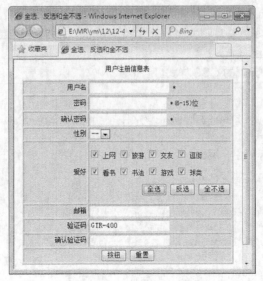

图 12-11　复选框的全选

12.4 对元素的 CSS 样式操作

在 jQuery 中，对元素的 CSS 样式操作可以通过修改 CSS 类或者 CSS 的属性来实现。下面进行详细介绍。

12.4.1 通过修改 CSS 类实现样式操作

在网页中，如果想改变一个元素的整体效果。例如，在实现网站换肤时，就可以通过修改该元素所使用的 CSS 类来实现。jQuery 提供了表 12-5 所示用于修改 CSS 类的方法。

通过修改 CSS 类
实现样式操作

表 12-5 修改 CSS 类的方法

方法	说明	示例
addClass(class)	为所有匹配元素添加指定的 CSS 类名	$("div").addClass("blue line");　//为全部 div 元素添加 blue 和 line 两个 CSS 类
removeClass(class)	从所有匹配元素中删除全部或者指定的 CSS 类	$("div").addClass("line");　//删除全部 div 元素中添加的 lineCSS 类
toggleClass(class)	如果存在（不存在）就删除（添加）一个 CSS 类	$("div").toggleClass("yellow");　//当匹配的 div 元素中存在 yellow CSS 类，则删除该类，否则添加该 CSS 类
toggleClass(class,switch)	如果 switch 参数为 true 则加上对应的 CSS 类，否则就删除。通常 switch 参数为一个布尔型的变量	$("img").toggleClass("show",true);　//为 img 元素添加 CSS 类 show $("img").toggleClass("show",false);　//为 img 元素删除 CSS 类 show

说明　使用 addClass()方法添加 CSS 类时，并不会删除现有的 CSS 类。同时，在使用上表所列的方法时，其 class 参数都可以设置多个类名，类名与类名之间用空格分开。

【例 12-5】 修改表单元素的 CSS 样式。

程序开发步骤如下。

（1）创建一个名称为 index.html 的文件，在该文件的<head>标记中应用下面的语句引入 jQuery 库。

```
<script type="text/javascript" src="JS/jquery-1.6.1.min.js"></script>
```

（2）在页面的<body>标记中，添加一个表单，并在该表单中添加 6 个 input 元素，并且将"换肤"按钮用<span>标记括起来，关键代码如下。

```
<form id="form1" name="form1" method="post" action="">
    姓  名：<input type="text" name="name" id="name" />
    <br />
    籍  贯：<input name="native" type="text" id="native" />
    <br />
    生  日：<input type="text" name="birthday" id="birthday" />
    <br />
```

```
E-mail：<input type="text" name="email" id="email" />
<br />
<span>
<input type="button" name="change" id="change" value="换肤"/>
</span>
<input type="button" name="default" id="default" value="恢复默认"/>
<br />
</form>
```

（3）编写 CSS 样式，用于指定 input 元素的默认样式，并且添加一个用于改变 input 元素样式的 CSS 类，具体代码如下。

```
<style type="text/css">
input{
    margin:5px;                          //设置input元素的外边距为5像素
}
.input {
    font-size: 12pt;                     //设置文字大小
    color: #333333;                      //设置文字颜色
    background-color:#cef;               //设置背景颜色
    border: 1px solid #000000;           //设置边框
}
</style>
```

（4）在引入 jQuery 库的代码下方编写 jQuery 代码，实现匹配表单元素的直接子元素，并为其添加和移除 CSS 样式，具体代码如下。

```
<script type="text/javascript">
$(document).ready(function(){
    $("#change").click(function(){           //绑定"换肤"按钮的单击事件
        $("form > input").addClass("input");    //为表单元素的直接子元素input添加样式
    });
    $("#default").click(function(){          //绑定"恢复默认"按钮的单击事件
        $("form > input").removeClass("input"); //移除为表单元素的直接子元素input添加的样式
    });
});
</script>
```

运行本实例，将显示图 12-12 所示的效果；单击"换肤"按钮，将显示图 12-13 所示的效果；单击"恢复默认"按钮，将再次显示图 12-12 所示的效果。

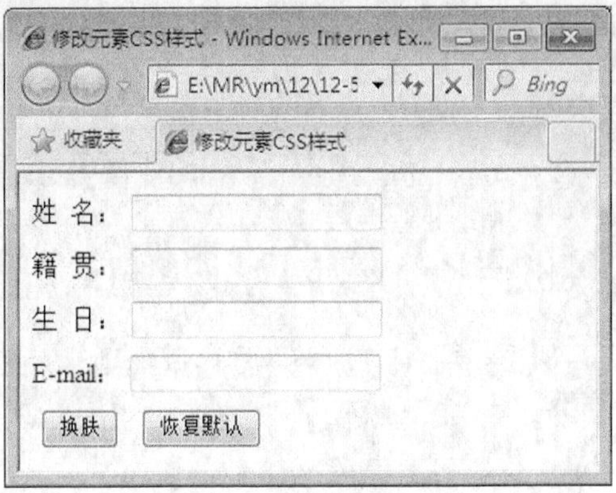

图 12-12　默认的效果

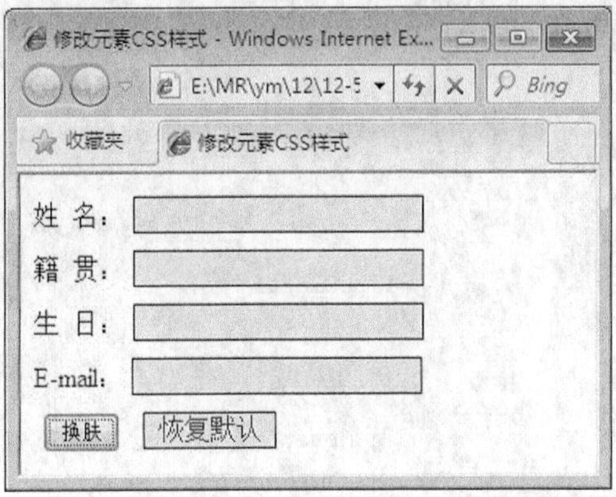

图 12-13　单击"换肤"按钮之后的效果

12.4.2 通过修改 CSS 属性实现样式操作

如果需要获取或修改某个元素的具体样式（即修改元素的 style 属性），jQuery 也提供了相应的方法，如表 12-6 所示。

通过修改 CSS 属性
实现样式操作

表 12-6　获取或修改 CSS 属性的方法

方法	说明	示例
css(name)	返回第一个匹配元素的样式属性	$("div").css("color");　　//获取第一个匹配的 div 元素的 color 属性值
css(name,value)	为所有匹配元素的指定样式设置值	$("img").css("border","1px solid #000000");　//为全部 img 元素设置边框样式

css(properties)	以{属性:值,属性:值,……}的形式为所有匹配元素设置样式属性	$("tr").css({
		　　　"background-color":"#0A65F3",
		　　　　　　　//设置背景颜色
		　"font-size":"14px",//设置字体大小
		　"color":"#FFFFFF"//设置字体颜色
		});

　使用 css() 方法设置属性时，既可以使用解释连字符形式的 CSS 表示法（如 background-color），也可以使用解释大小写形式的 DOM 表示法（如 backgroundColor）。

【例 12-6】 本实例将使用 jQuery 技术生成一个可以编辑的表格。

程序开发步骤如下。

（1）在页面中创建一个表格，表格的主要内容为学生的学号和姓名，具体代码如下。

```html
<table>
    <thead>
        <tr>
            <th colspan="2">单击学号编辑表格</th>
        </tr>
    </thead>
    <tbody>
        <tr>
            <th>学号</th>
            <th>姓名</th>
        </tr>
        <tr>
            <td>001</td>
            <td>张三</td>
        </tr>
        <tr>
            <td>002</td>
            <td>李四</td>
        </tr>
```

```
        <tr>
            <td>003</td>
            <td>王五</td>
        </tr>
        <tr>
            <td>004</td>
            <td>赵六</td>
        </tr>
    </tbody>
</table>
```

（2）在页面中定义 CSS 样式，用于控制表格的显示效果，具体代码如下。

```
table{
    border: 1px solid black;
    //修正单元格之间的边框不能合并
    border-collapse: collapse;
    width: 400px;
}
table th {
    border: 1px solid black;
    width: 50%;
}
table td {
    border: 1px solid black;
    width: 50%;
}
tbody th {
    background-color: #A3BAE9;
}
```

（3）在页面中编写 jQuery 代码，实现可以重新编辑学生学号的功能，具体代码如下。

```
<script type="text/javascript">
$(document).ready(function(){
    $("tbody>tr:even").css("background-color","#ECE9D8");        //找到表格的内容区域中所有的奇数行
    var numTd = $("tr>td:even");                        //找到有学号的单元格
    numTd.click(function(){
        var tdobj = $(this);                          //找到当前鼠标单击的td
        if(tdobj.children("input").length>0){          //判断td中是否有子节点input
            return false;                            //返回false
        }
        var tdtext = tdobj.html();                      //获取选择的td的值
        tdobj.html("");                              //清空td中的内容
        var inputobj = $("<input type='text'>");         //创建一个文本框
        inputobj.appendTo(tdobj);                     //将创建的文本框追加到td中
        inputobj.width(tdobj.width());                  //将文本框的长度设置为td的长度
        inputobj.css("border-width","0");               //将文本框的边框去掉
        inputobj.css("background-color",tdobj.css("background-color"));  //将文本框的背景颜色设置得和td
的一样
        inputobj.val(tdtext);                          //将td中的值放到input中
        inputobj.css("font-size","16px");              //将input中的字体设置得和原来的一样
        inputobj.trigger("focus").trigger("select");      //设置文本框插入之后就被选中
        //处理文本框上回车和esc按键的操作
```

```
        inputobj.keyup(function(event){
            var keycode = event.which;          //获取当前按下键盘的键值
            if(keycode == 13){                   //当按下回车键时
                var inputvalue = $(this).val();  //获取当前文本框中的内容
                tdobj.html(inputvalue);          //将td的值设置为文本框的内容
            }
            if(keycode == 27){                   //当按下"Esc"键时
                tdobj.html(tdtext);              //将td中的内容还原成text
            }
        });
    });
});
</script>
```

　　运行本实例，效果如图 12-14 所示。当单击学生的学号时，该学号将变为被选中状态，此时就可以重新编辑该学生的学号，编辑完成后单击"Enter"键就实现了对该学生学号的修改，修改后的效果如图 12-15 所示。

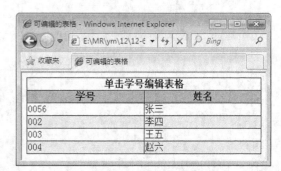

图 12-14　页面初始效果　　　　　　　　图 12-15　编辑后的效果

小 结

　　本章主要介绍了 jQuery 对页面元素进行操作的方法，包括操作页面元素的内容和值、DOM 节点、元素属性以及元素的 CSS 样式等。通过本章的学习，读者可以在页面中实现一些简单的动态效果。

上机指导

　　jQuery 滑动门效果不管是对于应用程序还是 Web 程序都是非常重要的，使用 Web 实现滑动门的效果，原理比较简单，通过隐藏和显示来切换不同的内容。在 365 影视网中就应用了滑动门技术来实现热播电影和经典电影之间的切换，运行效果如图 12-16 和图 12-17 所示。

课程设计

　　程序开发步骤如下。
　　（1）在页面中定义 `<div>` 层，实现使用 `<ul>` 与 `<li>` 标记定义页面的显示内容，具体代码如下。

```
<table align="center" width="300" border="0" cellpadding="0" cellspacing="0">
    <tr>
```

```
            <td align="left" height="50" style="font-size:22px;" valign="bottom">电影排行</td>
            <td align="center" valign="bottom">
                <ul class="tabs">
                    <li><a name="#tab1">热播</a></li>
                        <li><a name="#tab2">经典</a></li>
                </ul>
            </td>
        </tr>
```

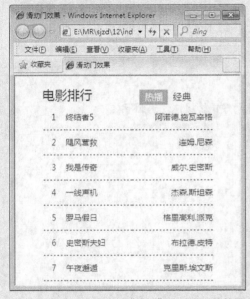

图 12-16　鼠标移动到"热播"选项卡上的效果

图 12-17　鼠标移动到"经典"选项卡上的效果

```
        </table>
        <div id="tab1" class="tab_content">
        <table align="center" width="300" border="0" cellpadding="0" cellspacing="0">
        <script>
            var num = 1;
            var nameArr = new Array("终结者5","飓风营救","我是传奇","一线声机","罗马假日","史密斯
夫妇","午夜邂逅");
            var dnumArr = new Array("阿诺德.施瓦辛格","连姆.尼森","威尔.史密斯","杰森.斯坦森","格
里高利.派克","布拉德.皮特","克里斯.埃文斯");
            for(var i=0; i<nameArr.length; i++){
            document.write('<tr height="43">');
            document.write('<td width="26" align="center" class="f_td">'+(num++)+'</td>');
            document.write('<td    width="75"    align="left"    class="f_td"><a    href="#">'+name
Arr[i]+'</td>');
            document.write('<td        width="90"        align="right"        class="f_td">'+dnumArr[i]+'
</td></tr>');
            }
        </script>
            </table>
        </div>
        <div id="tab2" class="tab_content">
        <table align="center" width="300" border="0" cellpadding="0" cellspacing="0">
```

```
<script>
    var num = 1;
    var nameArr = new Array("机械师2：复活","变形金刚","暮光之城","怦然心动","电话情缘","
超凡蜘蛛侠","雷神");
    var dnumArr = new Array("杰森.斯坦森","希亚.拉博夫","克里斯汀.斯图尔特","玛德琳.卡罗尔
","杰西.麦特卡尔菲","安德鲁.加菲尔德","克里斯.海姆斯沃斯");
    for(var i=0; i<nameArr.length; i++){
        document.write('<tr height="43">');
        document.write('<td width="26" align="center" class="f_td">'+(num++)+'</td>');
        document.write('<td width="75" align="left" class="f_td"><a href="#">'+nameArr[i]+'</td>');
        document.write('<td width="90" align="right" class="f_td">'+dnumArr[i]+' </td></tr>');
    }
</script>
</table>
</div>
```

（2）在页面中定义 CSS 样式，用于控制页面显示效果，具体代码如下。

```
<style type="text/css">
*{
    margin: 0;
    padding: 0;
    font-family: "微软雅黑";
    color: #333333;
}
body,td,th {
    font-size: 14px;
    font-family:"微软雅黑";
}
a:link {
    text-decoration: none;
}
a:visited {
    text-decoration: none;
}
a:hover {
    text-decoration: none;
}
a:active {
    text-decoration: none;
}
.f_td {
    border-bottom-width: 1px;
    border-bottom-style: dashed;
    border-bottom-color: #333333;
    background-color: #FFFFFF;
    font-size:14px;
}
ul.tabs{
    list-style:none;
    margin-left:70px;
}
ul.tabs li{
```

```
        margin: 0;
        padding: 0;
        float:left;
        width:50px;
        height: 26px;
        line-height: 26px;
        font-size:16px;
    }
    ul.tabs li a.active{
        display:block;
        width:50px;
        height: 26px;
        line-height: 26px;
        background-color:#66CCFF;
        color:#FFFFFF;
        cursor:pointer;
    }
</style>
```

（3）在页面中编写 jQuery 代码，当用户将鼠标移到某选项卡上时，为该选项卡添加样式，并显示相对应的<div>中特定的内容，具体代码如下。

```
<script type="text/javascript">
$(document).ready(function() {
    $(".tab_content").hide();                    //将class值为tab_content的div隐藏
    $("ul.tabs li a:first").addClass("active");  //为第一个选项卡添加样式
    $(".tab_content:first").show();              //将第一个class值为tab_content的div显示
    $("ul.tabs li a").hover(function() {         //将鼠标移到某选项卡上
            $("ul.tabs li a").removeClass("active"); //移除样式
            $(this).addClass("active");          //为当前的选项卡添加样式
            $(".tab_content").hide();            //将所有class值为tab_content的div隐藏
            var activeTab = $(this).attr("name"); //获取当前选项卡的name属性值
            $(activeTab).show();                 //将相同id值的div显示
    });
});
</script>
```

习　题

12-1　简述 text()方法和 html()方法的区别。

12-2　jQuery 对 DOM 节点的操作主要有哪几种？

12-3　jQuery 提供了哪些对元素属性进行操作的方法？

12-4　在元素内部插入节点有哪几种方法？分别描述他们的作用。

12-5　jQuery 对元素 CSS 样式的操作可以通过哪两种方式实现？

第13章

jQuery的事件处理

本章要点：

- 页面加载响应事件
- jQuery中的事件
- 事件绑定与移除
- 模拟用户操作

■ 人们常说"事件是脚本语言的灵魂"，事件使页面具有动态性和响应性，如果没有事件将很难完成页面与用户之间的交互。传统的 JavaScript 内置了一些事件响应的方式，但是 jQuery 增强、优化并扩展了基本的事件处理机制。

13.1 页面加载响应事件

$(document).ready()方法是事件模块中最重要的一个函数，它极大地提高了 Web 响应速度。$(document)，即获取整个文档对象，从这个方法名称来理解，就是获取文档就绪的时候。其语法格式如下。

页面加载响应事件

```
$(document).ready(function() {
        //在这里写代码
});
```

可以简写成：

```
$().ready(function() {
        //在这里写代码
});
```

当$()不带参数时，默认的参数就是 document，所以$()是$(document)的简写形式。

还可以进一步简写成：

```
$(function() {
        //在这里写代码
});
```

虽然语法可以更短一些，但是不提倡使用简写的方式，因为较长的代码更具可读性，也可以防止与其他方法混淆。

通过上面的介绍可以看出，在 jQuery 中，可以使用$(document).ready()方法代替传统的 window.onload()方法，不过两者之间还是有些细微的区别的，主要表现在以下两个方面。

❑ 在一个页面上可以无限制地使用$(document).ready()方法，各个方法间并不冲突，会按照在代码中的顺序依次执行。而一个页面中只能使用一个 window.onload()方法。

❑ 在一个文档完全下载到浏览器时（包括所有关联的文件，例如图片、横幅等）就会响应 window.onload()方法。而$(document).ready()方法在所有 DOM 元素完全就绪以后就可以调用，不包括关联的文件。例如，在页面上还有图片没有加载完毕，但是 DOM 元素已经完全就绪，这样就会执行$(document).ready()方法，在相同条件下 window.onload()方法是不会执行的，它会继续等待图片加载，直到图片及其他关联文件都下载完毕时才执行。所以说$(document).ready()方法优于 window.onload()方法。

13.2 jQuery 中的事件

只有页面加载显然是不够的，程序在其他时候也需要完成某个任务。例如鼠标单击（onclick）事件、敲击键盘（onkeypress）事件以及失去焦点（onblur）事件等。

jQuery 中的事件

在不同的浏览器中事件名称是不同的，例如，在 IE 中的事件名称大部分都含有 on（如 onkeypress()事件），但是在火狐浏览器中却没有这个事件名称，jQuery 帮助用户统一了所有事件的名称。jQuery 中的事件如表 13-1 所示。

表 13-1 jQuery 中的事件

方法	说明
blur()	触发元素的 blur 事件
blur(fn)	在每一个匹配元素的 blur 事件中绑定一个处理函数，在元素失去焦点时触发，既可以是鼠标行为也可以是使用 Tab 键离开的行为

方法	说明
change()	触发元素的 change 事件
change(fn)	在每一个匹配元素的 change 事件中绑定一个处理函数，在元素的值改变并失去焦点时触发
chick()	触发元素的 chick 事件
click(fn)	在每一个匹配元素的 click 事件中绑定一个处理函数，在元素上单击时触发
dblclick()	触发元素的 dblclick 事件
dblclick(fn)	在每一个匹配元素的 dblclick 事件中绑定一个处理函数，在某个元素上双击触发
error()	触发元素的 error 事件
error(fn)	在每一个匹配元素的 error 事件中绑定一个处理函数，当 JavaSprict 发生错误时，会触发 error()事件
focus()	触发元素的 focus 事件
focus(fn)	在每一个匹配元素的 focus 事件中绑定一个处理函数，当匹配的元素获得焦点时触发，通过鼠标单击或者 Tab 键触发
keydown()	触发元素的 keydown 事件
keydown(fn)	在每一个匹配元素的 keydown 事件中绑定一个处理函数，当键盘按下时触发
keyup()	触发元素的 keyup 事件
keyup(fn)	在每一个匹配元素的 keyup 事件中绑定一个处理函数，会在按键释放时触发
keypress()	触发元素的 keypress 事件
keypress(fn)	在每一个匹配元素的 keypress 事件中绑定一个处理函数，敲击按键时触发（即按下并抬起同一个按键）
load(fn)	在每一个匹配元素的 load 事件中绑定一个处理函数，匹配的元素内容完全加载完毕后触发
mousedown(fn)	在每一个匹配元素的 mousedown 事件中绑定一个处理函数，鼠标在元素上单击后触发
mousemove(fn)	在每一个匹配元素的 mousemove 事件中绑定一个处理函数，鼠标在元素上移动时触发
mouseout(fn)	在每一个匹配元素的 mouseout 事件中绑定一个处理函数，鼠标从元素上离开时触发
mouseover(fn)	在每一个匹配元素的 mouseover 事件中绑定一个处理函数，鼠标移入对象时触发
mouseup(fn)	在每一个匹配元素的 mouseup 事件中绑定一个处理函数，鼠标单击对象释放时触发
resize(fn)	在每一个匹配元素的 resize 事件中绑定一个处理函数，当文档窗口改变大小时触发
scroll(fn)	在每一个匹配元素的 scroll 事件中绑定一个处理函数，当滚动条发生变化时触发
select()	触发元素的 select()事件
select(fn)	在每一个匹配元素的 select 事件中绑定一个处理函数，当用户在文本框（包括 input 和 textarea）选中某段文本时触发
submit()	触发元素的 submit 事件
submit(fn)	在每一个匹配元素的 submit 事件中绑定一个处理函数，表单提交时触发
unload(fn)	在每一个匹配元素的 unload 事件中绑定一个处理函数，在元素卸载时触发该事件

这些都是对应的 jQuery 事件，和传统的 JavaScript 中的事件几乎相同，只是名称不同。方法中的 fn 参数，表示一个函数，事件处理程序就写在这个函数中。

【例 13-1】 应用 JQuery 中的 mouseover 事件和 mouseout 事件实现横向导航菜单的功能。

程序开发步骤如下。

（1）创建 index.html 文件，在文件中创建一个表格，在表格中完成横向主菜单和相应子菜单的创建，关键代码如下。

```html
<table width="400" border="0" align="center" cellpadding="0" cellspacing="0" style="font-size:15px">
    <tr>
        <td width="20%">
            <div align="center" id="Tdiv_1" class="menubar">
                <div class="header">教育网站</div>
                <div align="left" id="Div1" class="menu">
                    <a href="#">重庆XX大学</a><br>
                    <a href="#">长春XX大学</a><br>
                    <a href="#">吉林XX大学</a>
                </div>
            </div>
        </td>
        <td width="20%">
            <div align="center" id="Tdiv_2" class="menubar">
                <div class="header">电脑丛书网站</div>
                <div align="left" id="Div2" class="menu">
                    <a href="#">PHP图书</a><br>
                    <a href="#">JScript图书</a><br>
                    <a href="#">Java图书</a>
                </div>
            </div>
        </td>
        <td width="20%">
            <div align="center" id="Tdiv_3" class="menubar">
                <div class="header">新出图书</div>
                <div align="left" id="Div3" class="menu">
                    <a href="#">Delphi图书</a><br>
                    <a href="#">VB图书</a><br>
                    <a href="#">Java图书</a>
                </div>
            </div>
        </td>
        <td width="20%">
            <div align="center" id="Tdiv_4" class="menubar">
                <div class="header">其它网站</div>
                <div align="left" id="Div4" class="menu">
                    <a href="#">明日科技</a><br>
                    <a href="#">明日图书网</a><br>
                    <a href="#">技术支持网</a>
                </div>
            </div>
        </td>
    </tr>
</table>
```

（2）编写 CSS 样式，用于控制横向导航菜单的显示样式，具体代码如下。

```css
<style type="text/css">
.menubar{
```

```
            position:absolute;
            top:10px;
            width:100px;
            height:20px;
            cursor:default;
            border-width:1px;
            border-style:outset;
            color:#99FFFF;
            background:#669900
        }
        .menu{top:32px;
            width:100px;
            display:none;
            border-width:2px;
            border-style:outset;
            border-color:white sliver sliver white;
            background:#333399;
            padding:5px
        }
        .menu a{
            text-decoration:none;
            color:#99FFFF;
        }
        .menu a:hover{
            color: #FFFFFF;
        }
    </style>
```

（3）引入 JQuery 库，在下方编写 JQuery 代码，首先通过 mouseover 事件将所有子菜单隐藏，并显示当前主菜单下的子菜单，然后通过 mouseout 事件将所有子菜单隐藏，具体代码如下。

```
<script src="JS/jquery-1.6.1.min.js"></script>
<script type="text/javascript">
    $(document).ready(function(){
        $(".menubar").mouseover(function(){//当鼠标移到元素上时
            $(this).find(".menu").show();//显示当前的子菜单
        }).mouseout(function(){//当鼠标移出元素时
            $(this).find(".menu").hide();//将该子菜单隐藏
        });
    });
</script>
```

运行本实例，效果如图 13-1 所示。当把鼠标指向某个主菜单时，将展开该主菜单下的子菜单，例如，把鼠标指向"电脑丛书网站"主菜单，效果如图 13-2 所示。

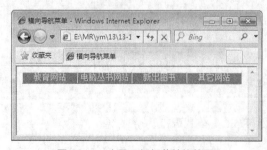

图 13-1　未展开任何菜单的效果

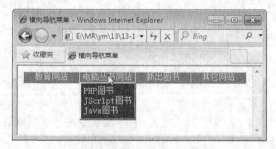

图 13-2　展开子菜单的效果

13.3　事件绑定

在页面加载完毕时，程序可以通过为元素绑定事件完成相应的操作。在 jQuery 中，事件绑定通常可以分为为元素绑定事件、移除绑定和绑定一次性事件处理 3 种情况。下面分别进行介绍。

13.3.1　为元素绑定事件

在 jQuery 中，为元素绑定事件可以使用 bind()方法。其语法格式如下。

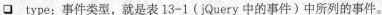

```
bind(type,[data],fn)
```

参数说明：

❏ type：事件类型，就是表 13-1（jQuery 中的事件）中所列的事件。

❏ data：可选参数，作为 event.data 属性值传递给事件对象的额外数据对象。大多数的情况下不使用该参数。

❏ fn：绑定的事件处理程序。

例如，为普通按钮绑定一个单击事件，用于在单击该按钮时，弹出提示对话框，可以使用下面的代码。

```
$("input:button").bind("click",function(){alert('您单击了按钮');});
```

【例 13-2】　本实例实现在页面中添加动态改变颜色的下拉菜单，通过 jQuery 中的 bind()方法为下拉菜单绑定 change()事件，实现表格的动态换肤。

程序开发步骤如下。

（1）在页面中创建表格以及下拉菜单，定义表格的初始背景颜色为红色，具体代码如下。

```html
<form id="form1" name="form1" method="post" action="">
 <table width="428" height="148" border="1" align="center" id="table" bgcolor="#FF0000">
  <tr>
    <td width="86"><div align="center">用户名</div></td>
    <td width="201"><div align="center">地域</div></td>
    <td width="119"><div align="center">订单</div></td>
  </tr>
  <tr>
    <td><div align="center">小陈</div></td>
    <td><div align="center">长春</div></td>
    <td><div align="center">100000</div></td>
  </tr>
  <tr>
    <td><div align="center">小李</div></td>
    <td><div align="center">沈阳</div></td>
    <td><div align="center">21546</div></td>
  </tr>
  <tr>
    <td><div align="center">小葛</div></td>
    <td><div align="center">北京</div></td>
    <td><div align="center">659810</div></td>
  </tr>
  <tr>
    <td colspan="3"><div align="center">
      <label>选择颜色为表格换肤：
      <select id="sel">
      <option value="red">红色</option>
```

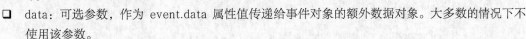

为元素绑定事件

```
            <option value="green">绿色</option>
            <option value="blue">蓝色</option>
        </select>
      </label>
    </div></td>
   </tr>
  </table>
</form>
```

（2）在页面中编写 JavaScript 脚本，实现通过改变下拉菜单的颜色值即可实现表格的动态换肤的功能，具体的代码如下。

```
<script src="JS/jquery-1.6.1.min.js"></script>
<script type="text/javascript">
    $(document).ready(function(){
        $("#sel").bind("change",function(){
            var col=$(this).val();
            $("#table").css("background-color",col);
        });
    });
</script>
```

运行结果如图 13-3 所示。

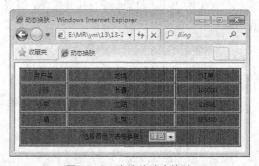

图 13-3　表格的动态换肤

13.3.2 移除绑定

在 jQuery 中，为元素移除绑定事件可以使用 unbind()方法。其语法格式如下。

参数说明：

❑ type：可选参数，用于指定事件类型。

❑ data：可选参数，用于指定要从每个匹配元素的事件中反绑定的事件处理函数。

在 unbind()方法中，两个参数都是可选的，如果不填参数，将会删除匹配元素上所有绑定的事件。

例如，要移除为普通按钮绑定的单击事件，可以使用下面的代码。

```
$("input:button").unbind("click");
```

13.3.3 绑定一次性事件处理

在 jQuery 中，为元素绑定一次性事件处理可以使用 one()方法。其语法格式如下。

绑定一次性事件处理

one(type,[data],fn)

参数说明：

❑ type：用于指定事件类型。

❑ data：可选参数，作为 event.data 属性值传递给事件对象的额外数据对象。

❑ fn：绑定到每个匹配元素的事件上面的处理函数。

例如，要实现只有当用户第一次单击匹配的 div 元素时，弹出提示对话框显示 div 元素的内容，可以使用下面的代码。

```
$("div").one("click", function(){
        alert($(this).text());          //在弹出的提示对话框中显示div元素的内容
});
```

13.4　模拟用户操作

jQuery 提供了模拟用户的操作触发事件、模仿悬停事件和模拟鼠标连续单击事件 3 种模拟用户操作的方法。下面分别进行介绍。

13.4.1　模拟用户的操作触发事件

模拟用户的操作
触发事件

在 jQuery 中一般常用 triggerHandler()方法和 trigger()方法来模拟用户的操作触发事件。这两个方法的语法格式完成相同，所不同的是，triggerHandler()方法不会导致浏览器同名的默认行为被执行，而 trigger()方法会导致浏览器同名的默认行为被执行，例如使用 trigger()触发一个名称为 submit 的事件，同样会导致浏览器执行提交表单的操作。要阻止浏览器的默认行为，只需返回 false。另外，使用 trigger()方法和 triggerHandler()方法可以触发 bind()绑定的自定义事件，还可以为事件传递参数。

> 【例 13-3】　在页面载入完成就执行按钮的 click 事件，而并不需要用户自己操作。

```
<script type="text/javascript" src="JS/jquery-1.6.1.min.js"></script>
<script type="text/javascript">
$(document).ready(function() {
    $("input:button").bind("click",function(event,msg1,msg2){
      alert(msg1+msg2);                      //弹出提示对话框
    }).trigger("click",["欢迎访问","明日科技"]);    //页面加载触发单击事件
});
</script>
```

执行上面的代码，弹出图 13-4 所示的对话框。

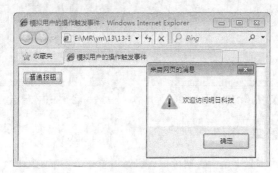

图 13-4　页面加载时触发按钮的单击事件

trigger()方法触发事件时会触发浏览器的默认行为，但是 triggerHandler()方法不会触发浏览器的默认行为。

13.4.2　模仿悬停事件

模仿悬停事件是指模仿鼠标移动到一个对象上面又从该对象上面移出的事件，可以通过 jQuery 提供的 hover(over,out)方法实现。其语法格式如下。

```
hover(over,out)
```

参数说明：

- ❏　over：用于指定当鼠标在移动到匹配元素上时触发的函数。
- ❏　out：用于指定当鼠标在移出匹配元素上时触发的函数。

模仿悬停事件

例如，13.2 节中的实战模拟隐藏超级链接地址，也可以使用下面的代码实现。

```
$("a.main").hover(function(){
    window.status="http://www.mrbccd.com";return true;    //设定状态栏文本
},function(){
    window.status="完成";return true;                      //设定状态栏文本
});
```

【例 13-4】 当鼠标指向图片时为图片加边框，当鼠标移出图片时去除边框。

```
<script type="text/javascript" src="JS/jquery-1.6.1.min.js"></script>
<script type="text/javascript">
$(document).ready(function() {
    $("#pic").hover(function(){
        $(this).attr("border",1); //为图片加边框
    },function(){
            $(this).attr("border",0);    //去除图片边框
        });
});
</script>
```

运行本实例，效果如图 13-5 所示；鼠标指向图片时的效果如图 13-6 所示。

图 13-5　页面初始效果

图 13-6　鼠标指向图片时的效果

13.4.3　模拟鼠标连续单击事件

模拟鼠标连续单击事件实际上是为每次单击鼠标时设置一个不同的函数，从而实现用户每次单击鼠标时，都会得到不同的效果，这可以通过 jQuery 提供的 toggle()方法实现。toggle()方法会在第一次单击

匹配的元素时，触发指定的第一个函数，下次单击这个元素时会触发指定的第二个函数，按此规律直到最后一个函数。随后的单击会按照原来的顺序循环触发指定的函数。其语法格式如下。

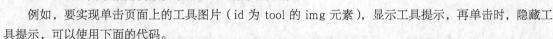

```
toggle(odd,even)
```

参数说明：

❑ odd：用于指定奇数次单击按钮时触发的函数。

❑ even：用于指定偶数次单击按钮时触发的函数。

例如，要实现单击页面上的工具图片（id 为 tool 的 img 元素），显示工具提示，再单击时，隐藏工具提示，可以使用下面的代码。

```
$("#tool").toggle(
    function(){$("#tip").css("display","");},
    function(){$("#tip").css("display","none");}
);
```

toggle()方法属于 jQuery 中的 click 事件，所以在程序中可以用"unbind('click')"方法删除该方法。

【例 13-5】 当单击图片时实现图片的放大显示，再次单击图片恢复其原始大小。

```
<script type="text/javascript" src="JS/jquery-1.6.1.min.js"></script>
<script type="text/javascript">
$(document).ready(function() {
    $("#pic").toggle(function(){
        $(this).attr("width",266);//设置图片宽度
        $(this).attr("height",212);//设置图片高度
    },function(){
        $(this).attr("width",133);//设置图片宽度
        $(this).attr("height",106);//设置图片高度
    });
});
</script>
```

运行本实例，页面的初始效果如图 13-7 所示；当鼠标单击图片时的效果如图 13-8 所示，再次单击图片将恢复其原始大小。

图 13-7　页面初始效果

图 13-8　单击图片时的效果

小 结

　　本章主要对 jQuery 的事件处理进行了详细的介绍，其中需要读者重点掌握 jQuery 中模拟用户操作的方法，通过这些方法可以实现用户与页面之间的简单交互。

上机指导

　　设计一个简单的用户注册页面，应用 jQuery 对页面元素的操作实现对用户注册信息的验证。当用户输入正确或错误时，在右侧会给出相应的提示信息，运行效果如图 13-9 所示。

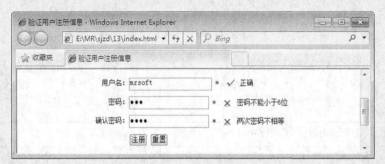

课程设计

图 13-9　验证用户注册信息

　　程序开发步骤如下。

　　（1）创建一个名称为 index.html 的文件，在该文件中引入 jQuery 库以及 index.js 文件，代码如下。

```
<script type="text/javascript" src="JS/jquery-1.6.1.min.js"></script>
<script type="text/javascript" src="index.js"></script>
```

　　（2）在页面中创建用户注册表单，在表单中添加"用户名"文本框、"密码"和"确认密码"密码框以及"注册"和"重置"按钮，代码如下。

```
<form name="form" method="post">
  <div class="one">
    <label for="name">用户名：</label>
    <input type="text" id="name" name="name" class="a" />
    <strong class='red'>*</strong>
  </div>
  <div class="one">
    <label for="password">密码：</label>
    <input type="password" id="password" name="password" class="a" />
    <strong class='red'>*</strong>
  </div>
  <div class="one">
    <label for="passwords">确认密码：</label>
    <input type="password" id="passwords" name="passwords"   class="a"/>
    <strong class='red'>*</strong>
  </div>
  <div class="two">
    <input type="submit" id="send" value="注册" />
```

```
            <input type="reset" id="res" value="重置" />
        </div>
    </form>
```

（3）编写 CSS 代码，设置用户注册表单的样式，具体代码如下。

```
*{
        margin:0;
        padding:0
}
body{
        font-size:12px;
        padding:100px;
}
.one{
        margin:10px 0;
}
.one label{
        width:100px;
        float:left;
        text-align:right;
        height:20px;
        line-height:20px;
}
.one input{
        border:1px solid #999;
        height:20px;
}
.two{
        padding-left:100px;
}
.red{
        color:#F00
}
.error{
        width:100px;
        height:20px;
        padding:2px;
        line-height:20px;
        background:url(images/error.gif) no-repeat;
        padding-left:25px;
        margin-left:5px;
}
.right{
        width:100px;
        height:20px;
        padding:2px;
        line-height:20px;
        background:url(images/ok.gif) no-repeat;
        padding-left:25px;
        margin-left:5px;
}
```

　　（4）编写 jQuery 代码，在表单元素的 blur 事件中应用 jQuery 对页面元素的操作实现对用户注册信息的验证，在"注册"按钮的 click 事件中判断用户是否注册成功，在"重置"按钮的 click 事件中执行移除页面元素的操作，具体代码如下。

```
<script type="text/javascript">
$(document).ready(function(){
    $("form :input").blur(function(){
        $(this).parent().find("span").remove();
      if($(this).is("#name")){
          if(this.value==""){
              var show=$("<span class='error'>用户名不能为空</span>");
              $(this).parent().append(show);
          }else if(this.value.length<3){
              var show=$("<span class='error'>用户名不能小于3位</span>");
              $(this).parent().append(show);
          }else{
              var show=$("<span class='right'>正确</span>");
              $(this).parent().append(show);
          }
      }
      if($(this).is("#password")){
        if(this.value==""){
            var show=$("<span class='error'>密码不能为空</span>");
            $(this).parent().append(show);
        }else if(this.value.length<6){
            var show=$("<span class='error'>密码不能小于6位</span>");
            $(this).parent().append(show);
        }else{
            var show=$("<span class='right'>正确</span>");
            $(this).parent().append(show);
        }
      }
      if($(this).is("#passwords")){
          if(this.value==""){
            var show=$("<span class='error'>确认密码不能为空</span>");
            $(this).parent().append(show);
        }else if(this.value!=$("#password").val()){
            var show=$("<span class='error'>两次密码不相等</span>");
            $(this).parent().append(show);
        }else{
            var show=$("<span class='right'>正确</span>");
            $(this).parent().append(show);
        }
      }
    });
    $("#send").click(function(){
        $("form :input").trigger("blur");
        if($(".error").length){
            return false;
        }else{
```

```
            alert("注册成功！");
        }
    });
    $("#res").click(function(){
        $("span").remove();
    });
});
</script>
```

习 题

13-1 jQuery 中的$(document).ready()方法和传统的 window.onload()方法有什么区别？

13-2 列举几个比较常用的 jQuery 中的事件。

13-3 在 jQuery 中，为元素绑定事件和移除绑定分别使用什么方法？

13-4 jQuery 提供了几种模拟用户操作的方法？

13-5 简单描述 toggle()方法的作用。

PART14

第14章

jQuery的动画效果

本章要点：

- 实现元素基本的动画效果
- 实现淡入淡出的动画效果
- 实现元素的滑动效果
- 自定义的动画效果

■ 应用 jQuery 可以实现丰富的动画特效，通过 jQuery 的动画方法，可以轻松地为网页添加动态效果，给用户一种全新的体验。本章将详细介绍 jQuery 的几种常见的动画效果。

14.1 基本的动画效果

基本的动画效果指的就是元素的隐藏和显示。jQuery 提供了两种控制元素隐藏和显示的方法，一种是分别隐藏和显示匹配元素；另一种是切换元素的可见状态，也就是如果元素是可见的，切换为隐藏，如果元素是隐藏的，切换为可见。

14.1.1 隐藏匹配元素

使用 hide()方法可以隐藏匹配的元素。hide()方法相当于将元素 CSS 样式属性 display 的值设置为 none,它会记住原来的 display 的值。hide()方法有两种语法格式，一种是不带参数的形式，用于实现不带任何效果的隐藏匹配元素。其语法格式如下。

隐藏匹配元素

```
hide()
```

例如，要隐藏页面中的全部图片，可以使用下面的代码。

```
$("img").hide();
```

另一种是带参数的形式，用于以优雅的动画隐藏所有匹配的元素，并在隐藏完成后可选择地触发一个回调函数。其语法格式如下。

```
hide(speed,[callback])
```

参数说明：

❑ speed：用于指定动画的时长。可以是数字，也就是元素经过多少毫秒（1000 毫秒=1 秒）后完全隐藏。也可以是默认参数 slow（600 毫秒）、normal（400 毫秒）和 fast（200 毫秒）。

❑ callback：可选参数，用于指定隐藏完成后要触发的回调函数。

例如，要在 300 毫秒内隐藏页面中的 id 为 ad 的元素，可以使用下面的代码。

```
$("#ad").hide(300);
```

jQuery 的任何动画效果，都可以使用默认的 3 个参数，slow（600 毫秒）、normal（400 毫秒）和 fast(200 毫秒)。在使用默认参数时需要加引号，例如 show("fast")；使用自定义参数时，不需要加引号，例如 show(300)。

14.1.2 显示匹配元素

使用 show()方法可以显示匹配的元素。hide()方法相当于将元素 CSS 样式属性 display 的值设置为 block 或 inline 或除了 none 以外的值，它会恢复为应用 display：none 之前的可见属性。show()方法有两种语法格式，一种是不带参数的形式，用于实现不带任何效果的显示匹配元素。其语法格式如下。

显示匹配元素

```
show()
```

例如，要隐藏页面中的全部图片，可以使用下面的代码。

```
$("img").show();
```

另一种是带参数的形式，用于以优雅的动画隐藏所有匹配的元素，并在隐藏完成后可选择地触发一个回调函数。其语法格式如下。

```
show(speed,[callback])
```

参数说明：

❑ speed：用于指定动画的时长。可以是数字，也就是元素经过多少毫秒（1000 毫秒=1 秒）后完全显示；也可以是默认参数 slow（600 毫秒）、normal（400 毫秒）和 fast（200 毫秒）。

❑ callback：可选参数，用于指定隐藏完成后要触发的回调函数。

例如，要在 300 毫秒内显示页面中的 id 为 ad 的元素，可以使用下面的代码。

```
$("#ad").show(300);
```

【例 14-1】 在设计网页时，可以在页面中添加自动隐藏式菜单，这种菜单简洁易用，在不使用时能自动隐藏，保持页面的清洁。本实例将介绍如何通过 jQuery 实现自动隐藏式菜单。

程序开发步骤如下。

（1）创建一个名称为 index.html 的文件，在该文件的<head>标记中应用下面的语句引入 jQuery 库。

```
<script type="text/javascript" src="JS/jquery-1.6.1.min.js"></script>
```

（2）在页面的<body>标记中，首先添加一个 id 为 box 的<span>标记，然后在该标记中添加一个图片，用于控制菜单显示，再添加一个 id 为 menu 的<div>标记，用于显示菜单，最后在<div>标记中添加用于显示菜单项的<ul>和<li>标记，关键代码如下。

```
<span id="box">
<img   src="images/title.gif" width="30" height="80" id="flag" />
<div id="menu">
<ul>
    <li><a href="#">图书介绍</a></li>
    <li><a href="#">新书预告</a></li>
    <li><a href="#">图书销售</a></li>
    <li><a href="#">勘误发布</a></li>
    <li><a href="#">资料下载</a></li>
    <li><a href="#">好书推荐</a></li>
    <li><a href="#">技术支持</a></li>
    <li><a href="#">联系我们</a></li>
</ul>
</div>
</span>
```

（3）编写 CSS 样式，用于控制菜单的显示样式，具体代码如下：

```
<style type="text/css">
ul{
    font-size:12px;
    list-style:none;          //不显示项目符号
    margin:0px;               //设置外边距
    padding:0px;              //设置内边距
}
li{
    padding:7px;             //设置内边距
}
a{
    color:#000;              //设置文字的颜色
    text-decoration: none;   //不显示下划线
}
a:hover{
    color:#F90;              //设置文字的颜色
}
#menu{
    float:left;              //浮动在左侧
    text-align:center;       //文字水平居中显示
    width:70px;              //设置宽度
```

```
        height:295px;                    //设置高度
        padding-top:5px;                 //设置顶内边距
        display:none;                    //显示状态为不显示
        background-image:url(images/menu_bg.gif);          //设置背景图片
    }
    </style>
```

（4）在引入 jQuery 库的代码下方编写 jQuery 代码，应用 jQuery 的 hover()方法实现菜单的显示与隐藏，具体代码如下。

```
<script type="text/javascript">
    $(document).ready(function(){
        $("#box").hover(function(){
            $("#menu").show(300);        //显示菜单
        },function(){
            $("#menu").hide(300);        //隐藏菜单
        });
    });
</script>
```

运行本实例，将显示图 14-1 所示的效果；将鼠标移到"隐藏菜单"图片上时，将显示图 14-2 所示的菜单；将鼠标从该菜单上移出后，又将显示图 14-1 所示的效果。

图 14-1　鼠标移出隐藏菜单的效果

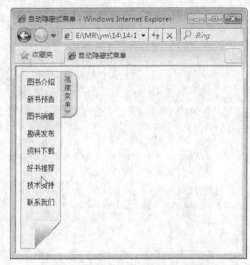

图 14-2　鼠标移入隐藏菜单的效果

14.1.3　切换元素的可见状态

使用 toggle()方法可以实现切换元素的可见状态。也就是如果元素是可见的，切换为隐藏；如果元素是隐藏的，切换为可见。其语法格式如下。

```
toggle()
```

例如，要实现通过单击普通按钮隐藏和显示全部 div 元素可以使用下面的代码。

```
$(document).ready(function(){
        $("input[type='button']").click(function(){
            $("div").toggle();           //切换所有div元素的显示状态
        });
});
```

切换元素的可见
状态

上面的代码等效于：

```
$(document).ready(function(){
        $("input[type='button']").toggle(function(){
            $("div").hide();                    //显示div元素
        },function(){
            $("div").show();                    //隐藏div元素
        });
});
```

【例 14-2】 实现一个显示全部资源与精简资源切换的功能。

程序开发代码如下。

（1）创建 index.html 文件，在文件中定义要显示的图书列表，并将该图书列表放在指定的 div 中，具体代码如下。

```
<div class="content">
  <div class="container">
    <ul>
      <li ><a href="#">HTML5网页基础教程</a><span>(30440) </span></li>
      <li ><a href="#">C#教程</a><span>(27220) </span></li>
      <li ><a href="#">网页布局精讲</a><span>(20808) </span></li>
      <li ><a href="#">MySQL数据库视频教程</a><span>(17821) </span></li>
      <li ><a href="#">DreamWeaver CS6教程</a><span>(12289) </span></li>
      <li ><a href="#">PhotoShop视频教程</a><span>(8242) </span></li>
      <li ><a href="#">PHP视频教程</a><span>(14894) </span></li>
      <li ><a href="#">Java视频教程</a><span>(9520) </span></li>
      <li ><a href="#">建站知识</a><span>(2195) </span></li>
      <li ><a href="#">Java基础教程</a><span>(4114) </span></li>
      <li ><a href="#">JavaScript自学教程</a><span>(12205) </span></li>
      <li ><a href="#">PHP开发宝典</a><span>(1466) </span></li>
      <li ><a href="#">C语言入门与实践</a><span>(3091) </span></li>
      <li ><a href="#">其它资源</a><span>(7275) </span></li>
    </ul>
    <div class="boxmore"> <a href="#"><span>显示全部资源</span></a> </div>
  </div>
</div>
```

（2）编写 CSS 样式，用于设置页面中图书列表的显示样式，具体代码如下。

```
<style type="text/css">
*{
    margin:0; padding:0
}
body{
    font-size:12px;
}
ul{
    list-style-type:none
}
a{
    text-decoration:none; color:#666; font-family:"宋体"
}
a:hover{
```

```
        text-decoration:underline; color:#903;
    }
    .content{
        width:600px;
        margin:40px auto 0 auto;
        border:1px solid #666;
        text-align:center
    }
    .container{
        border:5px solid #999;
        padding:10px;
    }
    .content ul{
        padding-left:15px;
        margin:0 auto;
    }
    .content .container ul li{
        float:left;
        width:170px;
        line-height:20px;
        margin-right:15px;
    }
    .boxmore{
        clear:both;
        margin-top:60px;
    }
    .boxmore a{
        display:block;
        border:1px solid #666;
        width:120px;
        height:30px;
        margin:0 auto;
        line-height:30px;
        outline:none;
    }
    .change a{
        color:#903; font-weight:bolder;
    }
    </style>
```

（3）在页面中编写 jQuery 代码，实现全部资源与精简资源之间的切换。当显示全部的图书资源时将推荐的图书的名称高亮显示，具体代码如下。

```
<script type="text/javascript" src="JS/jquery-1.6.1.min.js"></script>
<script type="text/javascript">
$(document).ready(function(){
    var it=$(".content ul li:gt(5):not(:last)");
    it.hide();
    $(".boxmore a").toggle(function(){
        it.show();
        $(".boxmore a").text("精简资源");
        $("ul li").filter(":contains('网页布局精讲'), :contains('PHP视频教程')").addClass("change");
```

```
    },function(){
        it.hide();
        $("ul li").removeClass("change");
        $(".boxmore a").text("显示全部资源");
    });
});
</script>
```

运行实例，页面初始效果如图 14-3 所示，图书列表默认是精简显示的（即不完整的图书列表）。当用户单击图书列表下方的"显示全部资源"按钮时将会显示全部的图书，同时，列表会将推荐的图书的名字高亮显示，按钮里的文字也换成了"精简资源"，效果如图 14-4 所示。再次单击"精简资源"，即可回到初始状态。

图 14-3　显示精简资源

图 14-4　显示全部资源

14.2　淡入淡出的动画效果

如果在显示或隐藏元素时不需要改变元素的高度和宽度，只单独改变元素的透明度时，就需要使用淡入淡出的动画效果。jQuery 提供了表 14-1 所示的实现淡入淡出动画效果的方法。

淡入淡出的
动画效果

表 14-1　实现淡入淡出动画效果的方法

方法	说明	示例
fadeIn(speed, [callback])	通过增大不透明度实现匹配元素淡入的效果	$("img").fadeIn(300);　//淡入效果
fadeOut(speed, [callback])	通过减小不透明度实现匹配元素淡出的效果	$("img").fadeOut(300);　//淡出效果
fadeTo(speed, opacity, [callback])	将匹配元素的不透明度以渐进的方式调整到指定的参数	$("img").fadeTo(300,0.15);　//在 0.3 秒内将图片淡入淡出至 15%不透明

这 3 种方法都可以为其指定速度参数，参数的规则与 hide()方法和 show()方法的速度参数一致。在使用 fadeTo()方法指定不透明度时，参数只能是 0~1 的数字，0 表示完全透明，1 表示完全不透明，数值越小，图片的可见性就越差。

【例 14-3】 将【例 14-1】修改成具有淡入淡出动画效果的自动隐藏式菜单。

```javascript
<script type="text/javascript">
    $(document).ready(function(){
        $("#box").hover(function(){
            $("#menu").fadeIn(700);            //淡入效果
        },function(){
            $("#menu").fadeOut(700);           //淡出效果
        });
    });
</script>
```

运行效果如图 14-5 所示。

图 14-5　采用淡入淡出效果的自动隐藏式菜单

14.3　滑动效果

jQuery 提供了 slideDown()方法（用于滑动显示匹配的元素）、slideUp()方法（用于滑动隐藏匹配的元素）和 slideToggle()方法（用于通过高度的变化动态切换元素的可见性）来实现滑动效果。下面分别进行介绍。

滑动显示匹配的
元素

14.3.1　滑动显示匹配的元素

使用 slideDown()方法可以向下增加元素高度动态显示匹配的元素。slideDown()方法会逐渐向下增加匹配的隐藏元素的高度，直到元素完全显示为止。其语法格式如下。

slideDown(speed,[callback])

参数说明：

❑ speed：用于指定动画的时长。可以是数字，也就是元素经过多少毫秒（1000 毫秒=1 秒）后完全显示；也可以是默认参数 slow（600 毫秒）、normal（400 毫秒）和 fast（200 毫秒）。

❑ callback：可选参数，用于指定显示完成后要触发的回调函数。

例如，要在 300 毫秒内滑动显示页面中的 id 为 ad 的元素，可以使用下面的代码。

```
$("#ad").slideDown(300);
```

14.3.2 滑动隐藏匹配的元素

滑动隐藏匹配的
元素

使用 slideUp() 方法可以向上减少元素高度动态隐藏匹配的元素。slideUp() 方法会逐渐向上减少匹配的显示元素的高度，直到元素完全隐藏为止。其语法格式如下。

```
slideUp(speed,[callback])
```

参数说明：

❑ speed：用于指定动画的时长。可以是数字，也就是元素经过多少毫秒（1000 毫秒=1 秒）后完全隐藏；也可以是默认参数 slow（600 毫秒）、normal（400 毫秒）和 fast（200 毫秒）。

❑ callback：可选参数，用于指定隐藏完成后要触发的回调函数。

例如，要在 300 毫秒内滑动隐藏页面中的 id 为 ad 的元素，可以使用下面的代码。

```
$("#ad").slideDown(300);
```

【例 14-4】 本实例介绍应用 jQuery 实现滑动效果的具体应用——伸缩式导航菜单。

程序开发步骤如下。

（1）创建一个名称为 index.html 的文件，在该文件的 \<head\> 标记中应用下面的语句引入 jQuery 库。

```
<script type="text/javascript" src="JS/jquery-1.6.1.min.js"></script>
```

（2）在页面的 \<body\> 标记中，首先添加一个 \<div\> 标记，用于显示导航菜单的标题，然后添加一个字典列表，用于添加主菜单项及其子菜单项，其中主菜单项由 \<dt\> 标记定义，子菜单项由 \<dd\> 标记定义，最后添加一个 \<div\> 标记，用于显示导航菜单的结尾，关键代码如下。

```
<div id="top"></div>
<dl>
    <dt>员工管理</dt>
    <dd>
        <div class="item">添加员工信息</div>
        <div class="item">管理员工信息</div>
    </dd>
    <dt>招聘管理</dt>
    <dd>
        <div class="item">浏览应聘信息</div>
        <div class="item">添加应聘信息</div>
        <div class="item">浏览人才库</div>
    </dd>
    <dt>薪酬管理</dt>
    <dd>
        <div class="item">薪酬登记</div>
        <div class="item">薪酬调整</div>
        <div class="item">薪酬查询</div>
    </dd>
    <dt class="title"><a href="#">退出系统</a></dt>
</dl>
<div id="bottom"></div>
```

（3）编写 CSS 样式，用于控制导航菜单的显示样式，具体代码如下。

```
<style type="text/css">
    dl {
```

```
            width: 158px;
            margin: 0px;
        }
    dt {
            font-size: 14px;
            padding: 0px;
            margin: 0px;
            width:146px;                             //设置宽度
            height:19px;                             //设置高度
            background-image:url(images/title_show.gif);     //设置背景图片
            padding:6px 0px 0px 12px;
            color:#215dc6;
            font-size:12px;
            cursor:hand;
        }
    dd{
            color: #000;
            font-size: 12px;
            margin:0px;
        }
    a {
            text-decoration: none;                   //不显示下划线
        }
    a:hover {
            color: #FF6600;
        }
    #top{
            width:158px;                             //设置宽度
            height:30px;                             //设置高度
            background-image:url(images/top.gif);    //设置背景图片
        }
    #bottom{
            width:158px;                             //设置宽度
            height:31px;                             //设置高度
            background-image:url(images/bottom.gif);  //设置背景图片
        }
    .title{
            background-image:url(images/title_quit.gif);      //设置背景图片
        }
    .item{
            width:146px;                             //设置宽度
            height:15px;                             //设置高度
            background-image:url(images/item_bg.gif);  //设置背景图片
            padding:6px 0px 0px 12px;
            color:#215dc6;
            font-size:12px;
            cursor:hand;
            background-position:center;
            background-repeat:no-repeat;
        }
    }
</style>
```

（4）在引入 jQuery 库的代码下方编写 jQuery 代码，首先隐藏全部子菜单，然后为每个包含子菜单的主菜单项添加模拟鼠标连续单击的事件 toggle()，具体代码如下。

```
<script type="text/javascript">
$(document).ready(function(){
    $("dd").hide();                        //隐藏全部子菜单
    $("dt[class!='title']").toggle(
        function(){
            //slideDown:通过高度变化（向下增长）来动态地显示所有匹配的元素
            $(this).css("backgroundImage","url(images/title_hide.gif)");    //改变主菜单的背景
            $(this).next().slideDown("slow");
        },
        function(){
            //slideUp:通过高度变化（向上缩小）来动态地隐藏所有匹配的元素
            $(this).css("backgroundImage","url(images/title_show.gif)");    //改变主菜单的背景
            $(this).next().slideUp("slow");
        }
    );
});
</script>
```

运行本实例，将显示图 14-6 所示的效果；单击某个主菜单时，将展开该主菜单下的子菜单，例如，单击"薪酬管理"主菜单，将显示图 14-7 所示的子菜单。通常情况下，"退出系统"主菜单没有子菜单，所以单击"退出系统"主菜单将不展开对应的子菜单，而是激活一个超级链接。

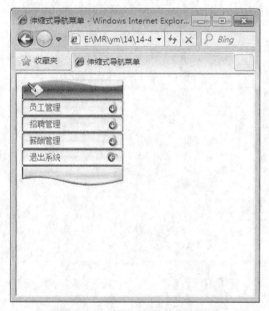

图 14-6　未展开任何菜单的效果

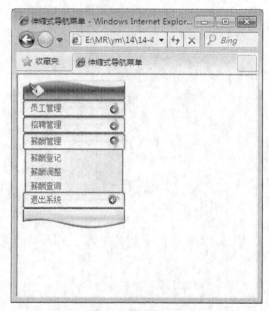

图 14-7　展开"薪酬管理"主菜单的效果

14.3.3　通过高度的变化动态切换元素的可见性

slideToggle()方法可以实现通过高度的变化动态切换元素的可见性。在使用 slideToggle()方法时，如果元素是可见的，就通过减小高度使全部元素隐藏；如果元素是隐藏的，就增加元素的高度使元素最终全部可见。其语法格式如下。

通过高度的变化动态切换元素的可见性

```
slideToggle(speed,[callback])
```

参数说明：

❑ speed：用于指定动画的时长。可以是数字，也就是元素经过多少毫秒（1000 毫秒=1 秒）后完全显示或隐藏；也可以是默认参数 slow（600 毫秒）、normal（400 毫秒）和 fast（200 毫秒）。

❑ callback：可选参数，用于指定动画完成时触发的回调函数。

例如，要实现单击 id 为 flag 的图片时，控制菜单的显示或隐藏（默认为不显示，奇数次单击时显示，偶数次单击时隐藏），可以使用下面的代码。

```
$("#flag").click(function(){
    $("#menu").slideToggle(300);            //显示或隐藏菜单
});
```

14.4 自定义的动画效果

前面 3 节已经介绍了 3 种类型的动画效果，但是有时开发人员会需要一些更加高级的动画效果，这时就需要采取高级的自定义动画来解决这个问题。在 jQuery 中，要实现自定义动画效果，主要应用 animate() 方法创建自定义动画，应用 stop() 方法停止动画。下面分别进行介绍。

14.4.1 使用 animate() 方法创建自定义动画

animate() 方法的操作更加自由，可以随意控制元素的属性，实现更加绚丽的动画效果。其语法格式如下。

```
animate(params,speed,callback)
```

参数说明：

❑ params：表示一个包含属性和值的映射，可以同时包含多个属性，例如 {left:"200px", top:"100px"}。

使用 animate() 方法创建自定义动画

❑ speed：表示动画运行的速度，参数规则同其他动画效果的 speed 一致，它是一个可选参数。

❑ callback：表示一个回调函数，当动画效果运行完毕执行该回调函数，它也是一个可选参数。

在使用 animate() 方法时，必须设置元素的定位属性 position 为 relative 或 absolute，元素才能动起来。如果没有明确定义元素的定位属性，并试图使用 animate() 方法移动元素时，它们只会静止不动。

例如，要实现将 id 为 fish 的元素在页面移动一圈并回到原点，可以使用下面的代码。

```
<script type="text/javascript">
$(document).ready(function(){
    $("#fish").animate({left:300},1000)
    .animate({top:200},1000)
    .animate({left:0},200)
    .animate({top:0},200);
});
</script>
```

在上面的代码中，使用了连缀方式的排队效果，这种排队效果，只对 jQuery 的动画效果函数有效，对于 jQuery 其他的功能函数无效。

在 animate()方法中可以使用属性 opacity 来设置元素的透明度。如果在{left:"400px"}中的
400px 之前加上"+="就表示在当前位置累加，"-="就表示在当前位置累减。

【例 14-5】 在很多网站的首页中经常可以看到消息动态向上滚动的情况，在 365 影视网中就实现了将上线影片信息向上滚动的效果。下面就通过 jQuery 来实现该效果。

程序开发步骤如下。

（1）在页面中首先创建一个表格和一个 div 标签，并设置 div 的 class 属性值为 scroll，然后在 div 中定义一个用于实现动态滚动的影片信息列表，具体代码如下。

```html
<table width="270" border="0" cellpadding="0" cellspacing="0" style="margin-left:12px;">
    <tr><td align="left" height="50" style="font-size:22px;" valign="bottom">即将上线</td></tr>
</table>
<div class="scroll">
    <ul class="list">
        <li><a href="#">《荒野大镖客》重磅来袭</a></li>
        <li><a href="#">《星球大战外传》科幻迷不容错过</a></li>
        <li><a href="#">《野鹅敢死队》重现战场</a></li>
        <li><a href="#">《九死一生》原始丛林探险</a></li>
        <li><a href="#">《荒野猎人》莱昂纳多复仇与熊搏斗</a></li>
    </ul>
</div>
```

（2）编写 CSS 样式，用于控制影片信息的显示样式，具体代码如下。

```css
<style type="text/css">
*{
    margin: 0;
    padding: 0;
    font-family: "微软雅黑";
    color: #333333;
}
.list,li{
    margin:0;
}
.scroll{
    margin-left:10px;
    margin-top:10px;
    width:270px;
    height:120px;
    overflow:hidden;
}
.scroll li{
    width:270px;
    height:30px;
    line-height:30px;
    margin-left:26px;
}
.scroll li a{
    font-size:14px;
    color:#333;
```

```
        text-decoration:none;
    }
    .scroll li a:hover{
        color:#66CCFF;
    }
</style>
```

（3）在页面中编写 jQuery 代码，首先定义滚动函数 autoScroll()实现影片信息向上滚动的效果，然后定义超时函数 setInterval()，设置每过 3 秒执行一次滚动函数，具体代码如下。

```
$(document).ready(function(){
    $(".scroll").hover(function(){                          //鼠标指向滚动区域
        clearTimeout(timeID);                               //中止超时，即停止滚动
    },function(){                                            //鼠标离开滚动区域
        timeID=setInterval('autoScroll()',3000);            //设置超时函数，每过3秒执行一次函数
    });
});
function autoScroll(){
    $(".scroll").find(".list").animate({                    //自定义动画效果
        marginTop : "-25px"
    },500,function(){
        $(this).css({"margin-top" : "0px"}).find("li:first").appendTo(this);    //把列表第一行内容移动到列表
最后
    })
}
var timeID=setInterval('autoScroll()',3000);               //设置超时函数，每过3秒执行一次函数
```

运行本实例，可以看到每隔 3 秒钟，影片信息就会向上滚动，效果如图 14-8 所示。

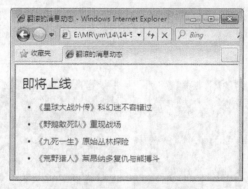

图 14-8　影片信息向上滚动

14.4.2　使用 stop()方法停止动画

stop()方法也属于自定义动画函数，它会停止匹配元素正在运行的动画，并立即执行动画队列中的下一个动画。其语法格式如下。

```
stop(clearQueue,gotoEnd)
```

参数说明：

❑ clearQueue：表示是否清空尚未执行完的动画队列（值为 true 时表示清空动画队列）。

❑ gotoEnd：表示是否让正在执行的动画直接到达动画结束时的状态（值为 true 时表示直接到达动画结束时状态）。

使用 stop()方法
停止动画

例如，需要停止某个正在执行的动画效果，清空动画序列并直接到达动画结束时的状态，只需在 $(document).ready() 方法中加入下面的代码。

```
$("#btn_stop").click(function(){
        $("#fish").stop("true","true");        //停止动画效果
});
```

参数 gotoEnd 设置为 true 时，只能直接到达正在执行的动画的最终状态，并不能到达动画序列所设置的动画的最终状态。

小 结

本章详细地介绍了 jQuery 动画效果的实现。这些动画效果包括元素的隐藏和显示、淡入淡出效果、滑动效果以及自定义动画效果。本章内容应用比较广泛，希望读者认真学习。

上机指导

使用 jQuery 中的 animate() 方法创建自定义动画，实现拉开幕帘的效果，该效果可以用作广告特效，也可以用于个人主页。运行本练习，效果如图 14-9 所示，此时幕帘是关闭的。当单击"拉开幕帘"超链接时，幕帘会向两边拉开，效果如图 14-10 所示。

课程设计

图 14-9 关闭幕帘效果

图 14-10 拉开幕帘效果

程序开发步骤如下.

（1）首先在页面中定义两个 div 元素，并分别设置 class 属性值为 leftcurtain 和 rightcurtain，然后把幕帘图片放置在这两个 div 中，最后定义一个超链接，用来控制幕帘的拉开与关闭，代码如下。

```
欢迎光临奥纳影城<hr />
```

```
<div class="leftcurtain"><img src="images/frontcurtain.jpg"/></div>
<div class="rightcurtain"><img src="images/frontcurtain.jpg"/></div>
<a class="rope" href="#">
    拉开幕帘
</a>
```

（2）编写 CSS 样式，用于设置页面背景以及控制幕帘和文字的显示样式，具体代码如下。

```
<style type="text/css">
  *{
   margin:0;
   padding:0;
  }
  body {
        color: #FFFFFF;
   text-align: center;
   background: #4f3722 url('images/darkcurtain.jpg') repeat-x;
  }
  img{
        border: none;
  }
  p{
   margin-bottom:10px;
   color:#FFFFFF;
  }
  .leftcurtain{
       width: 50%;
       height: 495px;
       top: 0px;
       left: 0px;
       position: absolute;
       z-index: 2;
  }
  .rightcurtain{
       width: 51%;
       height: 495px;
       right: 0px;
       top: 0px;
       position: absolute;
       z-index: 3;
  }
  .rightcurtain img, .leftcurtain img{
       width: 100%;
       height: 100%;
  }
  .rope{
       position: absolute;
       top: 70%;
       left: 60%;
       z-index: 100;
       font-size:36px;
       color:#FFFFFF;
  }
```

```
                    </style>
```
（3）在引入 JQuery 库的代码下方编写 JQuery 代码。首先定义一个布尔型变量，根据该变量可以判断当前操作幕帘的动作。当单击"拉开幕帘"超链接时，超链接的文本被重新设置成"关闭幕帘"，并设置两侧幕帘的动画效果；当单击"关闭幕帘"超链接时，超链接的文本被重新设置成"拉开幕帘"，并设置两侧幕帘的动画效果，代码如下。

```
$(document).ready(function() {
        var curtainopen = false;                            //定义布尔型变量
        $(".rope").click(function(){                         //当单击超链接时
        $(this).blur();                                     //使超链接失去焦点
        if (curtainopen == false){                          //判断变量值是否为false
            $(this).text("关闭幕帘");                         //设置超链接文本
            $(".leftcurtain").animate({width:'60px'}, 2000 ); //设置左侧幕帘动画
            $(".rightcurtain").animate({width:'60px'},2000 ); //设置右侧幕帘动画
            curtainopen = true;                             //变量值设为true
        }else{
            $(this).text("拉开幕帘");                         //设置超链接文本
            $(".leftcurtain").animate({width:'50%'}, 2000 ); //设置左侧幕帘动画
            $(".rightcurtain").animate({width:'51%'}, 2000 ); //设置右侧幕帘动画
            curtainopen = false;                            //变量值设为false
        }
    });
});
```

习 题

14-1　应用 jQuery 可以实现哪几种动画效果？

14-2　在 jQuery 中，toggle()方法的作用是什么？

14-3　要实现淡入淡出的动画效果需要使用什么方法？

14-4　创建自定义动画需要使用 jQuery 中的哪个方法？

14-5　在使用 animate()方法时，必须设置元素的哪个属性？

第15章

React简介

本章要点：

- React概述
- 如何创建React元素
- 如何创建组件

■ React 是 Facebook 发布的一个 JavaScript 类库，自推出以来，React 以其较高的性能和独特的设计理念受到了广泛关注。本章将介绍 React 的一些入门知识，通过了解这些内容来增强读者对 React 的理解。

15.1 React 概述

React 是 Facebook 官方推出的一个开源的 JavaScript 类库，可用于构建 Web 用户交互界面，由于 React 的设计思想极其独特，而且性能出众，代码逻辑比较简单，所以，越来越多的人开始关注和使用 React，并认为其可能是将来 Web 开发的主流工具。

15.1.1 什么是 React

React 相当于 MVC（模型—视图—控制器）架构中的视图，它是一种描述应用程序用户界面的方法，是一种在数据发生变化时随时更改用户界面的机制。React 由描述界面的声明性组件组成。在构建应用程序时，React 没有使用可观察的数据绑定。React 也是易于维护的，因为使用 React 可以自定义组件，并且可以对定义的组件进行组合，使得 React 可以比其他框架更好地扩展。

什么是 React

使用 React 可以避免不必要的 DOM 操作，用户界面越复杂，就越容易发生这样的情况：一个用户交互触发一个更新，而这个更新触发另外一个更新。如果没有恰当地把这些更新放到一起，性能就会大幅度降低。更糟糕的是，有时候 DOM 元素在达到最终状态前，会被更新好多次。使用 React 就可以有效地解决这个问题。

15.1.2 React 的常用术语

React 的核心思想是封装组件，各个组件维护自己的状态和 UI（用户界面），当状态改变时自动重新渲染整个组件。React 包含的主要概念及术语如下。

React 的常用术语

1. 组件

组件是 React 中构建用户界面的基本单位。所谓组件，即封装起来的具有独立功能的 UI 部件。React 推荐以组件的方式去重新构成用户界面，将用户界面上每一个功能相对独立的模块定义成组件，然后将小的组件通过组合或者嵌套的方式构成大的组件，最终完成整体 UI 的构建。

组件具有如下特征。

（1）可组合性：一个组件易于和其他组件一起使用，或者嵌套在另一个组件内部。一个复杂的 UI 可以拆分成多个简单的 UI 组件。

（2）可重用性：每个组件都是具有独立功能的，它可以被应用在多个 UI 场景。

（3）可维护性：每个小的组件仅仅包含自身的逻辑，更容易被理解和维护。

2. JSX

JSX（JavaScript XML）是对 JavaScript 语法的扩展，它可以将 HTML 直接嵌入在 JavaScript 代码中，在 JavaScript 代码中以类似 HTML 的方式创建 React 元素。虽然 React 在不使用 JSX 的情况下同样可以工作，但是使用 ISX 可以提高代码的可读性。由于 JavaScript 不支持包含 HTML 的语法，因此需要通过工具将 JSX 编译成 JavaScript 代码才能使用。

JSX 的优点如下。

（1）允许使用熟悉的语法来定义 HTML 元素树。

（2）提供更加语义化且易懂的标签。

（3）程序结构更直观。

（4）抽象了 React Element 的创建过程。

（5）可以随时掌控 HTML 标签以及生成这些标签的代码。

3. 虚拟 DOM

在 Web 开发中，需要将发生变化的数据实时更新到 UI 上，这时就需要对 DOM 进行操作。而复杂或频繁的 DOM 操作通常是性能瓶颈产生的原因。为此，React 引入了虚拟 DOM（Virtual DOM）的机制。基于 React 进行开发时，所有的 DOM 构造都是通过虚拟 DOM 进行的，每当数据变化时，React 都会重新构建整个 DOM 树，并将当前的整个 DOM 树和上一次的 DOM 树进行对比，得到 DOM 结构的区别，然后仅仅将需要变化的部分进行更新。因为虚拟 DOM 是内存数据，性能极高，而对实际 DOM 进行操作仅仅是发生变化的部分，因而能达到提高性能的目的。

15.2　创建 React 元素

通常情况下，创建 React 元素有两种方法，一种是使用 JavaScript 代码创建 React 元素，另一种是使用 JSX 创建 React 元素。下面分别对安装 React 以及创建 React 元素的两种方法进行介绍。

15.2.1　安装 React

安装 React

React 的安装包可以到其官方网站上下载。下载后将压缩包进行解压缩，然后将 build 文件夹下的 react.js 和 react-dom.js 两个文件复制到指定路径，在操作的 HTML 文件中引入这两个文件即可，代码如下。

```
<!DOCTYPE html>
<html>
  <head>
    <meta charset="UTF-8" />
    <title>Hello React!</title>
    <script src="JS/react.js"></script>
    <script src="JS/react-dom.js"></script>
  </head>
  <body>
  </body>
</html>
```

15.2.2　使用 JavaScript 创建 React 元素

使用 JavaScript
创建 React 元素

使用 JavaScript 创建 React 元素非常简单，首先在虚拟 DOM 上创建元素，然后将它们渲染到真实 DOM 上即可。使用 JavaScript 创建 React 元素主要使用 React 对象的 createElement()方法和 render()方法。下面分别进行介绍。

1. createElement()方法

该方法用于在虚拟 DOM 上创建指定的 React 元素。其语法格式如下。

```
createElement(type,[props],[children...])
```

参数说明：

- ❏ type：用来指定要创建的元素类型，可以是一个字符串或一个 React 组件类型。当使用字符串时，这个参数为标准的 HTML 标签名称，例如 p、div、table 等。
- ❏ props：可选的 JSON 对象，用来指定元素的附加属性，例如元素的样式、CSS 类等。如果无附加属性可以将其设置为 null。
- ❏ children：设置创建元素的子元素。

例如，应用 createElement()方法在虚拟 DOM 上创建一个链接，代码如下。

React.createElement('a',{href:'http://www.mingrisoft.com/'},'明日学院')

2. render()方法

render()方法是 React 的最基本方法，该方法用于将虚拟 DOM 上的对象渲染到真实 DOM 上。其语法格式如下。

render(element,container,[callback])

参数说明：

- ❑ element：使用 createElement()方法创建的 React 元素。注意，该元素并不是 HTML 元素。
- ❑ container：真实 DOM 中的 HTML 元素，作为渲染的目标容器，它的内容将随着 render()方法的执行而改变。
- ❑ callback：可选参数，用于设置渲染完成或更新后执行的回调函数，该参数很少使用。

例如，使用 JavaScript 创建一个 React 元素，在页面中输出"Hello React"，代码如下。

```html
<!DOCTYPE html>
<html>
  <head>
    <meta charset="UTF-8" />
    <title>Hello React!</title>
    <script src="JS/react.js"></script>
    <script src="JS/react-dom.js"></script>
  </head>
  <body>
    <div id="example"></div>
    <script>
var test = React.createElement('h1', null, 'Hello React');
    ReactDOM.render(
        test,document.getElementById('example')
    );
    </script>
  </body>
</html>
```

上述代码将一个 h1 标题插入到 id 为 example 的元素中。运行结果如图 15-1 所示。

图 15-1　在页面中输出"Hello React"

15.2.3　使用 JSX 创建 React 元素

在使用 JSX 创建 React 元素时，首先需要引入 3 个库文件：react.js、react-dom.js 和 browser.min.js。另外，由于 JSX 是 React 特有的语法，其与 JavaScript 语法不兼容，因此在使用 JSX 时需要将<script>标签的 type 属性值设置为 text/babel。

使用 JSX 创建
React 元素

在引入的 3 个库文件中，react.js 是 React 的核心库，react-dom.js 文件提供了与 DOM 相关的功能，browser.min.js 文件的作用是将 JSX 语法转换为 JavaScript 语法。

例如，使用 JSX 创建一个 React 元素，在页面中输出"明日学院"，代码如下。

```
<!DOCTYPE html>
<html>
  <head>
    <meta charset="gb2312" />
    <title></title>
    <script src="JS/react.js"></script>
    <script src="JS/react-dom.js"></script>
  <script src="JS/browser.min.js"></script>
  </head>
  <body>
    <div id="example"></div>
    <script type="text/babel">
        ReactDOM.render(
                <p>明日学院</p>,
                document.getElementById('example')
        );
    </script>
  </body>
</html>
```

上述代码将一个<p>元素插入到 id 为 example 的元素中。运行结果如图 15-2 所示。

图 15-2　在页面中输出"明日学院"

 在 JSX 的语法中，HTML 代码可以直接编写在 JavaScript 代码中，但是不能加任何引号。

JSX 允许直接在模板中插入 JavaScript 变量。如果这个变量是一个数组，则会遍历这个数组中的所有成员。

【例 15-1】 在模板中定义一个数组并输出。

```
<script type="text/babel">
    var arr = [
        <h1>Hello React</h1>,
        <h2>Hello JavaScript</h2>
    ];
```

```
    ReactDOM.render(
        <div>{arr}</div>,
        document.getElementById('example')
    );
</script>
```

上述代码中的 arr 是一个数组，在运行时 JSX 会把数组中的所有元素添加到模板中。运行结果如图
15-3 所示。

图 15-3　在页面中输出数组元素

15.3　创建组件

React 是基于组件化的开发，React 允许将代码封装成组件（component），然后将该组件像插入普通 HTML 标签一样插入在网页中。

15.3.1　创建无状态 React 组件

定义组件使用的是 React 对象中的 createClass()方法。所有的组件在定义后都必须通过 render()方法将其渲染到页面中。组件的用法与原生 HTML 标签的用法完全一致，可以任意添加属性。

创建无状态 React
组件

例如，定义第一个组件 Message，在组件中添加一个 name 属性，然后输出该属性的值，代码如下。

```
<div id="example"></div>
<script type="text/babel">
    var Message = React.createClass({
        render:function(){
            return <h1>你好{this.props.name}</h1>;
        }
    });
    ReactDOM.render(
        <Message name='React' />,
        document.getElementById('example')
    );
</script>
```

上述代码中，Message 为定义的组件名称，在 render()方法中为该组件添加了一个 name 属性，其值为 React，该属性值通过组件的 this.props.name 获取。运行结果如图 15-4 所示。

> 定义的组件名称的第一个字母必须大写，否则会运行错误。例如，上例中的 Message 不能写成 message。

图 15-4　定义组件

15.3.2　创建有状态 React 组件

创建有状态 React
组件

组件的一个主要功能就是与用户进行交互，一个组件可以看成是一个状态机，该
状态机有一个初始状态，与用户交互之后会导致状态的变化，一旦状态（数据）发生
变化，组件就会自动调用 render()方法重新渲染 UI。定义组件的初始状态使用的是
getInitialState()方法，而设置组件的状态使用的是 setState()方法。

例如，页面中有一个文本框和一个<button>按钮，通过单击该按钮可以改变文本框的编辑状态，该
状态会在禁止编辑和允许编辑之间进行切换，代码如下。

```
<div id="example"></div>
  <script type="text/babel">
      var InputState = React.createClass({
          getInitialState: function() {
              return {enable: false};
          },
          handleClick: function(event) {
              this.setState({enable: !this.state.enable});
          },
          render: function() {
              return (
                  <p>
                      <input type="text" disabled={this.state.enable} />
                      <button onClick={this.handleClick}>更改输入状态</button>
                  </p>
              );
          }
      });
      ReactDOM.render(
          <InputState />,
          document.getElementById('example')
      );
  </script>
```

上述代码中，首先通过 getInitialState()方法初始化组件的状态，然后在 handleClick()方法中通过
setState()方法修改组件的状态，通过 "this.state.属性名" 的形式来访问属性值，将 enable 属性值与
<input>标签的 disabled 属性进行绑定，当单击 "更改输入状态" 按钮时调用 handleClick()方法，实现更
改文本框编辑状态的功能。运行结果如图 15-5 和图 15-6 所示。

【例 15-2】定义一个 TextBox 组件，该组件包含一个文本域和一个按钮，当文本域无内容时，
按钮不可用，当文本域中输入内容时，按钮可用。

图 15-5　文本框可编辑

图 15-6　文本框不可编辑

```
<div id="example"></div>
    <script type="text/babel">
        // 一个文本域和提交按钮
        var TextBox = React.createClass({
        // 初始化状态
        getInitialState:function(){
            return {
                text:""
            };
        },
        render: function() {
            return (
                <div>
                    <textarea onChange={this.handleChange}></textarea>
                    <br/>
                    <button disabled={this.state.text.length == 0}>测试</button>
                </div>
            );
        },
        // 监听文本域内容变化，更新text属性值
        handleChange: function(event) {
            this.setState({text:event.target.value});//自动重新渲染组件
        }
        });
        ReactDOM.render(
            <TextBox />,
            document.getElementById('example')
        );
    </script>
```

运行实例，当文本域无内容时，效果如图 15-7 所示；当文本域输入内容时，效果如图 15-8 所示。

图 15-7　文本域无内容时按钮不可用

图 15-8　文本域输入内容时按钮可用

小 结

　　本章主要对 React 的初级知识进行了简单的介绍，包括 React 概述、创建第一个 React 元素以及创建组件等。通过这些内容让读者对 React 先有个初步的了解，为进一步学习 React 奠定基础。

上机指导

　　在页面中实现一个统计单击按钮次数的功能，每单击一次按钮，显示的单击次数就会加 1。单击按钮之前的运行效果如图 15-9 所示；单击按钮之后的运行效果如图 15-10 所示。

课程设计

图 15-9　单击按钮前

图 15-10　单击按钮后

程序开发步骤如下。

（1）首先引入 3 个库文件：react.js、react-dom.js 和 browser.min.js，代码如下。

```
<script src="JS/react.js"></script>
<script src="JS/react-dom.js"></script>
<script src="JS/browser.min.js"></script>
```

（2）在页面中首先定义一个 id 为 example 的 div 元素，然后创建 ClickNum 组件，最后将该组件渲染到页面中，代码如下。

```
<div id="example"></div>
    <script type="text/babel">
        var ClickNum = React.createClass({
            getInitialState:function(){
                return {
                    clickCount: 0,
                        }
                },
            handleClick: function(){
                this.setState({
                    clickCount: this.state.clickCount + 1,
```

```
                    })
                },
                render: function(){
                    return (
                        <div>
                            <h2>单击下面按钮</h2>
                            <button  onClick={this.handleClick}>单击按钮统计单击次数
</button>
                            <p>单击次数：{this.state.clickCount}</p>
                        </div>
                    )
                }
            });
            ReactDOM.render(
                <ClickNum />,
                document.getElementById('example')
            )
        </script>
```

习 题

15-1　简单描述 React 的特点。

15-2　React 有哪些常用术语？

15-3　创建 React 元素有哪两种方法？

15-4　简述在使用 JSX 创建 React 元素时引入的 3 个库文件的作用。

15-5　列举创建有状态的 React 组件时用到的几个主要方法。

PART 16

第16章

综合开发实例——365影视网站设计

本章要点：

- 使用JavaScript实现导航菜单
- 使用JavaScript实现电影图片轮换
- 使用Ajax实现热门专题页面
- 使用JavaScript实现电影图片不间断滚动效果
- 使用jQuery实现不同分类电影的切换
- 使用JavaScript实现浮动窗口
- 使用jQuery实现即将上线影片信息向上间断滚动显示
- 使用JavaScript实现打开影片详情页面

■ 在全球知识经济和信息化高速发展的今天，网络化是企业发展的趋势，21世纪的人更习惯在网站上看电影，所以企业要在同行业中得到突飞猛进的发展，就必须借助网络。

当今社会进入了一个信息快速发展的社会，网络上也出现了很多广受欢迎影视网站。未来视听生活的新空间，也必然在宽带互联网上开启。VOD（交互式电视点播系统）的概念已经被越来越多的人接受，逐渐成为网络发展的必然趋势之一。本章将应用 JavaScript 技术开发一个影视网。

16.1 系统分析

计算机技术、网络通信技术、多媒体技术的飞速发展，对人类的生产和生活方式产生了很大影响。随着多媒体应用技术的不断成熟，以及宽带网络的不断发展，我们有理由相信在线影视点播一定会成为网络内容创新的重头戏。通过影视网站可以让用户实现查看电影排行、浏览影片资讯、在线观看等功能。

16.2 系统设计

16.2.1 系统目标

365 影视网操作
说明

结合实际情况及对用户需求的分析，365 影视网应该具有如下特点。

- ❑ 操作简单方便、界面简洁美观。
- ❑ 能够全面展示影片分类及影片详细信息。
- ❑ 浏览速度快，避免长时间打不开页面的情况发生。
- ❑ 影片图片清楚、文字醒目。
- ❑ 系统运行稳定、安全可靠。
- ❑ 易维护，并提供二次开发支持。

在制作项目时，项目的需求是十分重要的，需求就是项目要实现的目的。例如，我要去医院买药，去医院只是一个过程，好比是编写程序代码，目的就是去买药（需求）。

16.2.2 系统功能结构

365 影视网的系统功能结构如图 16-1 所示。

图 16-1 365 影视网功能结构图

16.2.3 开发环境

在开发 365 影视网时，该项目使用的软件开发环境如下。

- ❑ 操作系统：Windows 7。
- ❑ PHP 运行环境：phpStudy20161103。
- ❑ jQuery 版本：jquery-1.6.1.min.js。
- ❑ 开发工具：Dreamweaver CS6。
- ❑ 浏览器：IE 8.0。
- ❑ 分辨率：最佳效果 1680×1050 像素。

由于该项目中使用了 AJAX 技术请求 PHP 文件，所以需要在计算机中安装 PHP 运行环境。下面以 PHP 集成环境 phpStudy 为例，介绍 PHP 运行环境的搭建。

首先需要在 phpStudy 的官方网站下载 phpStudy 的压缩包，下载后开始执行安装操作。安装步骤如下。

（1）对 phpStudy 的压缩包进行解压缩，然后双击"phpStudy20161103.exe"安装文件，此时将弹出图 16-2 所示的对话框。

（2）在图 16-2 所示的对话框中单击文件夹小图标选择解压路径，将 phpStudy 解压在计算机中的 D 盘，单击"OK"按钮开始解压文件，解压过程如图 16-3 所示。解压文件完成后会弹出防止重复初始化的"确认"对话框，如图 16-4 所示。单击"是"按钮后进入 phpStudy 的启动界面，启动完成后的结果如图 16-5 所示。

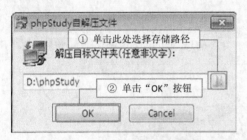

图 16-2　phpStudy 解压对话框

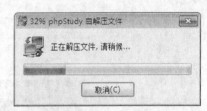

图 16-3　解压文件进度条

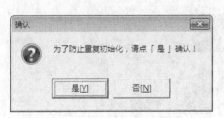

图 16-4　防止重复初始化确认对话框

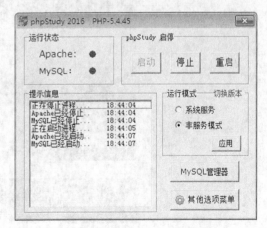

图 16-5　phpStudy 启动界面

在 Apache 服务和 MySQL 服务启动成功之后，即完成了 phpStudy 的安装操作。这时，将项目文件存储在"D:\phpStudy\WWW"目录下即可。

16.2.4　文件夹组织结构

365影视网的文件夹组织结构如图16-6所示。

css	—— CSS 样式文件存储目录
images	—— 网站图片存储目录
intro	—— 影片详情页面存储目录
js	—— JavaScript 文件存储目录
see	—— 播放电影文件存储目录
video	—— 电影图片及视频文件存储目录
action.html	—— 动作片分类页面
art.html	—— 文艺片分类页面
call.html	—— 公司介绍页面
cartoon.html	—— 动漫分类页面
check.php	—— AJAX请求页面
horror.html	—— 恐怖片分类页面
index.html	—— 网站主页
love.html	—— 爱情片分类页面
scienceFiction.html	—— 科幻片分类页面

图 16-6　365 影视网文件夹组织结构图

16.3　网页预览

在设计365影视网的页面时，应用CSS样式、<div>标签、JavaScript和jQuery技术，打造一个更具有时代气息的网页。

1. 首页

首页主要用于显示热门影片、电影排行、即将上线影片等信息。首页页面的运行结果如图16-7所示。

图 16-7　首页页面

2．动作片分类页面

动作片分类页面主要显示动作类型影片的列表信息。运行结果如图 16-8 所示。

图 16-8　动作片分类显示页面

3．查看影片详情页面

查看影片详情页面用于展示该电影的详细信息。运行结果如图 16-9 所示。

图 16-9　查看影片详情页面

4．影片播放页面

当用户单击电影图片、电影名称或  图标时会打开影片播放页面进行观看。运行结果如图 16-10 所示。

图 16-10　影片播放页面

16.4　关键技术

本章需要使用 JavaScript 脚本技术、AJAX 无刷新技术、JQuery 技术等关键技术。下面对本章中用到的这几种关键技术进行简单介绍。

16.4.1　JavaScript 脚本技术

使用 JavaScript 脚本实现的动态页面，在 Web 上随处可见。例如，在本程序中使用 JavaScript 脚本技术实现了导航菜单设计、图片不间断滚动效果设计以及浮动窗口设计等。

1．导航菜单设计

编写 JavaScript 代码，实现当鼠标经过主菜单时显示或隐藏子菜单，关键代码如下。

```javascript
<script type="text/javascript">
function showadv(par,par2,par3){
    document.getElementById("a0").style.display = "none";
    document.getElementById("a0color").style.color = "";
    document.getElementById("a0bg").style.backgroundImage="";
    document.getElementById("a1").style.display = "none";
    document.getElementById("a1color").style.color = "";
    document.getElementById("a1bg").style.backgroundImage="";
    document.getElementById("a2").style.display = "none";
    document.getElementById("a2color").style.color = "";
    document.getElementById("a2bg").style.backgroundImage="";
    document.getElementById("a3").style.display = "none";
    document.getElementById("a3color").style.color = "";
    document.getElementById("a3bg").style.backgroundImage="";
    document.getElementById("a4").style.display = "none";
```

```
    document.getElementById("a4color").style.color = "";
    document.getElementById("a4bg").style.backgroundImage="";
    document.getElementById("a5").style.display = "none";
    document.getElementById("a5color").style.color = "";
    document.getElementById("a5bg").style.backgroundImage="";
    document.getElementById("a6").style.display = "none";
    document.getElementById("a6color").style.color = "";
    document.getElementById("a6bg").style.backgroundImage="";
    document.getElementById(par).style.display = "";
    document.getElementById(par2).style.color = "#ffffff";
    document.getElementById(par3).style.backgroundImage = "url(images/i13.gif)";    }
</script>
```

2．电影图片不间断滚动效果设计

编写 JavaScript 代码，定义 Marquee()方法实现电影图片的滚动效果，关键代码如下。

```
<script type="text/javascript">
var speed=30;
demo2.innerHTML=demo1.innerHTML;
function Marquee(){
    if(demo2.offsetWidth-demo.scrollLeft<=0)
        demo.scrollLeft-=demo1.offsetWidth;
    else{
        demo.scrollLeft++;
    }
}
var MyMar=setInterval(Marquee,speed)
demo.onmouseover=function(){
    clearInterval(MyMar);
}
demo.onmouseout=function(){
    MyMar=setInterval(Marquee,speed);
}
</script>
```

3．浮动窗口设计

编写 JavaScript 代码，封装于 floatdiv.js 文件中，关键代码如下。

```
function floaters() {
    this.items = [];
    this.addItem = function(id,x,y,content) {
        document.write('<div id='+id+' style="z-index: 10; position: absolute;width:80px; right:30px;
right:'+(typeof(x)=='string'?eval(x):x)+';top:'+(typeof(y)=='string'?eval(y):y)+'">'+content+'</div>');
        var newItem = {};
        newItem.object = document.getElementById(id);
        newItem.x = x;
        newItem.y = y;
        this.items[this.items.length] = newItem;
    }
    this.play = function() {
        collection = this.items
        setInterval('play()',10);
    }
}
```

```
function play() {
    var width = document.documentElement.clientWidth||document.body.clientWidth;
    var height = document.documentElement.clientHeight||document.body.clientHeight;
    if ( width > 200 )
        theFloaters.items[0].x = width -100;
    if ( height > 300 )
        theFloaters.items[0].y = height -400;
    if(screen.width<=800) {
        for(var i=0;i<collection.length;i++) {
            collection[i].object.style.display = 'none';
        }
        return;
    }
    for(var i=0;i<collection.length;i++) {
        var followObj = collection[i].object;
        var followObj_x = (typeof(collection[i].x)=='string'?eval(collection[i].x):collection[i].x);
        var followObj_y = (typeof(collection[i].y)=='string'?eval(collection[i].y):collection[i].y);
        if(followObj.offsetLeft!=(document.body.scrollLeft+followObj_x)) {
            var dx=(document.body.scrollLeft+followObj_x-followObj.offsetLeft)*delta;
            dx=(dx>0?1:-1)*Math.ceil(Math.abs(dx));
            followObj.style.left=(followObj.offsetLeft+dx)+"px";
        }
        var scrollTop = window.pageYOffset || document.documentElement.scrollTop || document.body.
scrollTop || 0;
        if(followObj.offsetTop!=(scrollTop+followObj_y)) {
            var dy=(scrollTop+followObj_y-followObj.offsetTop)*delta;
            dy=(dy>0?1:-1)*Math.ceil(Math.abs(dy));
            followObj.style.top=followObj.offsetTop+dy+"px";
        }
        followObj.style.display          = '';
    }
}
var theFloaters = new floaters();
theFloaters.addItem('followDiv2',30,80,html);
theFloaters.play();
```

16.4.2　AJAX 无刷新技术

AJAX 使用的技术中，最核心的技术就是 XMLHttpRequest，它是一个具有应用程序接口的 JavaScript 对象，能够使用超文本传输协议（HTTP）连接一个服务器，是微软公司为了满足开发者的需要，于 1999 年在 IE 5.0 浏览器中率先推出的。现在许多浏览器都对其提供了支持，不过实现方式与 IE 有所不同。下面对 XMLHttpRequest 对象的常用方法和属性进行简单介绍。

1. XMLHttpRequest 对象的常用方法

XMLHttpRequest 对象提供了一些常用的方法，通过这些方法可以对请求进行操作。下面对 XMLHttpRequest 对象的常用方法进行介绍。

（1）open()方法

open()方法用于设置进行异步请求目标的 URL、请求方法以及其他参数信息。其语法如下。

```
open("method","URL"[,asyncFlag[,"userName"[, "password"]]])
```

open()方法的参数说明如表 16-1 所示。

表 16-1　open()方法的参数说明

参数名称	参数描述
method	用于指定请求的类型，一般为 GET 或 POST
URL	用于指定请求地址，可以使用绝对地址或者相对地址，并且可以传递查询字符串
asyncFlag	为可选参数，用于指定请求方式，异步请求为 true，同步请求为 false，默认情况下为 true
userName	为可选参数，用于指定请求用户名，没有时可省略
password	为可选参数，用于指定请求密码，没有时可省略

例如，设置异步请求目标为 deal.jsp，请求方法为 GET，请求方式为异步，代码如下。

```
http_request.open("GET","deal.jsp",true);
```

（2）send()方法

send()方法用于向服务器发送请求。如果请求声明为异步，该方法将立即返回，否则将等到接收到响应为止。其语法格式如下。

```
send(content)
```

参数 content 用于指定发送的数据，可以是 DOM 对象的实例、输入流或字符串。如果没有参数需要传递可以设置为 null。

例如，向服务器发送一个不包含任何参数的请求，可以使用下面的代码。

```
http_request.send(null);
```

（3）setRequestHeader()方法

setRequestHeader()方法用于为请求的 HTTP 头设置值。其语法格式如下。

```
setRequestHeader("header", "value")
```

参数说明：

❑　header：用于指定 HTTP 头。

❑　value：用于为指定的 HTTP 头设置值。

　setRequestHeader()方法必须在调用 open()方法之后才能调用。

例如，在发送 POST 请求时，需要设置 Content-Type 请求头的值为 "application/x-www-form-urlencoded"，这时就可以通过 setRequestHeader()方法进行设置，具体代码如下。

```
http_request.setRequestHeader("Content-Type","application/x-www-form-urlencoded");
```

（4）abort()方法

abort()方法用于停止或放弃当前异步请求。其语法格式如下。

```
abort()
```

例如，要停止当前异步请求，可以使用下面的语句。

```
http_request.abort()
```

（5）getResponseHeader()方法和 getAllResponseHeaders()方法

XMLHttpRequest 对象提供了两种返回 HTTP 头信息的方法，分别是 getResponseHeader()方法和 getAllResponseHeaders()方法。下面分别进行介绍。

① getResponseHeader()方法

getResponseHeader()方法用于以字符串形式返回指定的 HTTP 头信息。其语法格式如下。

```
getResponseHeader("headerLabel")
```

参数说明：

headerLabel：用于指定 HTTP 头，包括 Server、Content-Type 和 Date 等。

例如，要获取 HTTP 头 Content-Type 的值，可以使用以下代码。

```
http_request.getResponseHeader("Content-Type")
```

上面的代码将获取以下内容。

```
text/html;charset=GBK
```

② getAllResponseHeaders()方法

getAllResponseHeaders()方法用于以字符串形式返回完整的 HTTP 头信息，其中，包括 Server、Date、Content-Type 和 Content-Length。其语法格式如下。

```
getAllResponseHeaders()
```

2．XMLHttpRequest 对象的常用属性

XMLHttpRequest 对象提供了一些常用属性，通过这些属性可以获取服务器的响应状态及响应内容等。下面将对 XMLHttpRequest 对象的常用属性进行介绍。

（1）onreadystatechange 属性

XMLHttpRequest 对象提供了用于指定状态改变时所触发的事件处理器的 onreadystatechange 属性。在 AJAX 中，每个状态改变时都会触发这个事件处理器，通常会调用一个 JavaScript 函数。

例如，通过下面的代码可以实现当指定状态改变时所要触发的 JavaScript 函数，这里为 getResult()。

```
http_request.onreadystatechange = getResult;
```

在指定所触发的事件处理器时，所调用的 JavaScript 函数不能添加小括号及指定参数名。不过这里可以使用匿名函数。例如，要调用带参数的函数 getResult()，可以使用下面的代码：

```
http_request.onreadystatechange = function(){
    getResult("添加的参数");          //调用带参数的函数
};                                   //通过匿名函数指定要带参数的函数
```

（2）readyState 属性

XMLHttpRequest 对象提供了用于获取请求状态的 readyState 属性，该属性共包括 5 个属性值，如表 16-2 所示。

表 16-2   readyState 属性的属性值

值	意义	值	意义
0	未初始化	1	正在加载
2	已加载	3	交互中
4	完成		

在实际应用中，该属性经常用于判断请求状态，当请求状态等于 4，也就是为完成时，再判断请求是否成功，如果成功将开始处理返回结果。

（3）responseText 属性

XMLHttpRequest 对象提供了用于获取服务器响应的 responseText 属性，表示为字符串。例如，获取服务器返回的字符串响应，并赋值给变量 h，可以使用下面的代码。

```
var h=http_request.responseText;
```

在上面的代码中，http_request 为 XMLHttpRequest 对象。

（4）responseXML 属性

XMLHttpRequest 对象提供了用于获取服务器响应的 responseXML 属性，表示为 XML。这个对象可以解析为一个 DOM 对象。例如，获取服务器返回的 XML 响应，并赋值给变量 xmldoc，可以使用下面的代码。

```
var xmldoc = http_request.responseXML;
```

在上面的代码中，http_request 为 XMLHttpRequest 对象。

（5）status 属性

XMLHttpRequest 对象提供了用于返回服务器的 HTTP 状态码的属性 status。该属性常用于当请求状态为完成时，判断当前的服务器状态是否成功。其语法格式如下。

```
http_request.status
```

参数说明：

❑ http_request：XMLHttpRequest 对象。

❑ 返回值：长整型的数值，代表服务器的 HTTP 状态码。Status 属性的状态码如表 16-3 所示。

表 16-3　status 属性的状态码

值	意义	值	意义
100	继续发送请求	200	请求已成功
202	请求被接受，但尚未成功	400	错误的请求
404	文件未找到	408	请求超时
500	内部服务器错误	501	服务器不支持当前请求所需要的某个功能

status 属性只能在 send()方法返回成功时才有效。

例如，在本程序中使用 AJAX 无刷新技术实现了热门专题的显示，创建一个单独的 JS 文件，名称为 AJAXRequest.js，并且在该文件中编写重构 AJAX 所需的代码，关键代码如下。

```
var net=new Object();                              //定义一个全局的变量
//编写构造函数
net.AJAXRequest=function(url,onload,onerror,method,params){
    this.req=null;
    this.onload=onload;
    this.onerror=(onerror) ? onerror : this.defaultError;
    this.loadDate(url,method,params);
}
//编写用于初始化XMLHttpRequest对象并指定处理函数，最后发送HTTP请求的方法
net.AJAXRequest.prototype.loadDate=function(url,method,params){
    if (!method){
        method="GET";                              //设置默认的请求方式为GET
    }
    if (window.XMLHttpRequest){                     //非IE浏览器
        this.req=new XMLHttpRequest();              //创建XMLHttpRequest对象
    } else if (window.ActiveXObject){               //IE浏览器
        try {
            this.req=new ActiveXObject("Microsoft.XMLHTTP");//创建XMLHttpRequest对象
```

```
            } catch (e) {
                try {
                    this.req=new ActiveXObject("Msxml2.XMLHTTP");          //创建XMLHttpRequest对象
                } catch (e) {}
            }
        }
        if (this.req){
            try{
                var loader=this;
                this.req.onreadystatechange=function(){
                    net.AJAXRequest.onReadyState.call(loader);
                }
                this.req.open(method,url,true);                           //建立对服务器的调用
                if(method=="POST"){                                       //如果提交方式为POST
                    this.req.setRequestHeader("Content-Type","application/x-www-form-urlencoded");     // 设
置请求的内容类型
                    this.req.setRequestHeader("x-requested-with", "ajax"); //设置请求的发出者
                }
                this.req.send(params);                                    //发送请求
            }catch (err){
                this.onerror.call(this);                                  //调用错误处理函数
            }
        }
    }
//重构回调函数
net.AJAXRequest.onReadyState=function(){
    var req=this.req;
    var ready=req.readyState;                                            //获取请求状态
    if (ready==4){                                                        //请求完成
        if (req.status==200 ){                                            //请求成功
            this.onload.call(this);
        }else{
            this.onerror.call(this);                                      //调用错误处理函数
        }
    }
}
//重构默认的错误处理函数
net.AJAXRequest.prototype.defaultError=function(){
    alert("错误数据\n\n回调状态:" + this.req.readyState + "\n状态: " + this.req.status);
}
```

16.4.3 jQuery 技术

jQuery 是一套简洁、快速、灵活的 JavaScript 脚本库，它是由 John Resig（约翰·瑞森）于 2006 年创建的，它帮助我们简化了 JavaScript 代码。JavaScript 脚本库类似于 Java 的类库，我们将一些工具方法或对象方法封装在类库中，方便用户使用。jQuery 因为它的简便易用，已被大量的开发人员推崇。

要在自己的网站中应用 jQuery 库，需要下载并配置它。要想在文件中引入 jQuery 库，需要在<head>标记中应用下面的语句引入。

```
<script type="text/javascript" src="JS/jquery-1.6.1.min.js"></script>
```

例如，在本程序中使用 jQuery 实现了滑动门的技术，通过编写 jQuery 代码，实现电影排行中热播

影片和经典影片的切换效果。其关键是应用 jQuery 技术，完成网页特效的制作，关键代码如下。

```
<script type="text/javascript" src="js/jquery-1.6.1.min.js"></script>
<script type="text/javascript">
$(document).ready(function() {
    $(".tab_content").hide();                           //将class值为tab_content的div隐藏
    $("ul.tabs li a:first").addClass("active");         //为第一个选项卡添加样式
    $(".tab_content:first").show();                     //将第一个class值为tab_content的div显示
    $("ul.tabs li a").hover(function() {                //将鼠标移到某选项卡上
        $("ul.tabs li a").removeClass("active");        //移除样式
        $(this).addClass("active");                     //为当前的选项卡添加样式
        $(".tab_content").hide();                       //将所有class值为tab_content的div隐藏
        var activeTab = $(this).attr("name");           //获取当前选项卡的name属性值
        $(activeTab).show();                            //将相同id值的div显示
    });
});
</script>
```

16.5　首页技术实现

16.5.1　JavaScript 实现导航菜单

在网站的首页 index.html 中，通过导航菜单实现在不同页面之间的跳转。导航菜单的运行结果如图 16-11 所示。

首页	爱情片	动作片	科幻片	恐怖片	文艺片	动漫
爱情喜剧	古典爱情	现代爱情				

图 16-11　导航菜单运行结果

导航菜单主要通过 JavaScript 技术实现，具体实现过程如下。

（1）首先，在页面中添加显示导航菜单的<div>，通过 CSS 控制 div 标签的样式，在<div>中插入表格，然后在表格中添加菜单名称和图片，具体代码如下。

```
//添加主菜单
<div>
    <table cellspacing="0" cellpadding="0" width="100%" border="0">
      <tr>
        <td><div class="i01w">
            <table cellspacing="0" cellpadding="0" width="100%" border="0">
              <tr>
                <td width="166" height="42" align="center" id="a0bg"><span id="a0color" onmouseover=
"showadv('a0','a0color','a0bg')"><a href="index.html"><font color="#FA4A05">首页</font></a></span></td>
                <td width="1"><img src="images/i14.gif" width="1" height="25" /></td>
                <td id="a1bg"    align="center"   width="166"><span    id="a1color"    onmouseover=
"showadv('a1','a1color','a1bg')"><a href="love.html">爱情片</a></span></td>
                <td width="1"><img src="images/i14.gif" width="1" height="25" /></td>
                <td   id="a2bg"    align="center"    width="166"><span    id="a2color"    onmouseover
="showadv('a2','a2color','a2bg')"><a href="action.html">动作片</a></span></td>
                <td width="1"><img src="images/i14.gif" width="1" height="25" /></td>
                <td id="a3bg" align="center" width="166"><span id="a3color" onmouseover="showadv
```

```
('a3','a3color','a3bg')"><a href="scienceFiction.html">科幻片</a></span></td>
                        <td width="1"><img src="images/i14.gif" width="1" height="25" /></td>
                        <td id="a4bg" align="center" width="166"><span id="a4color" onmouseover="showadv
('a4','a4color','a4bg')"><a href="horror.html">恐怖片</a></span></td>
                        <td width="1"><img src="images/i14.gif" width="1" height="25" /></td>
                        <td id="a5bg" align="center" width="166"><span id="a5color" onmouseover="
showadv('a5','a5color','a5bg')"><a href="art.html">文艺片</a></span></td>
                        <td width="1"><img src="images/i14.gif" width="1" height="25" /></td>
                        <td id="a6bg" align="center" width="166"><span id="a6color" onmouseover="
showadv('a6','a6color','a6bg')"><a href="cartoon.html">动漫</a></span></td>
                    </tr>
                </table>
            </div></td>
        </tr>
        <tr>
            <td><table width="100%" height="41" cellpadding="0" cellspacing="0" id="a0" border="0">
                <tr>
                    <td align="left" style="padding-left:12px">欢迎来到365影视网</td>
                </tr>
            </table>
            <table id="a1" style="DISPLAY: none" height="41" cellspacing="0" cellpadding="0"
width="100%" border="0">
                <tr>
                    <td style="padding-left:97px" align="left"><ul class="i02w">
                        <li>爱情喜剧</li>
                        <li>古典爱情</li>
                        <li>现代爱情</li>
                    </ul></td>
                </tr>
            </table>
            <table id="a2" style="DISPLAY: none" height="41" cellspacing="0" cellpadding="0"
width="100%" border="0">
                <tr>
                    <td style="padding-left:292px" align="left"><ul class="i02w">
                        <li><a href="#">枪战片</a></li>
                        <li><a href="#">武侠片</a></li>
                        <li><a href="#">魔幻片</a></li>
                    </ul></td>
                </tr>
            </table>
            <table id="a3" style="DISPLAY: none" height="41" cellspacing="0" cellpadding="0"
width="100%" border="0">
                <tr>
                    <td style="padding-left:456px"><ul class="i02w">
                        <li><a href="#">外星人</a></li>
                        <li><a href="#">自然灾难</a></li>
                        <li><a href="#">生物变异</a></li>
                    </ul></td>
                </tr>
            </table>
            <table id="a4" style="DISPLAY: none" height="41" cellspacing="0" cellpadding="0"
```

```
width="100%" border="0">
            <tr>
                <td style="padding-left:636px"><ul class="i02w">
                    <li><a href="#">惊悚片</a></li>
                  <li><a href="#">恐怖片</a></li>
                        <li><a href="#">悬疑片</a></li>
                </ul></td>
            </tr>
        </table>
        <table id="a5" style="DISPLAY: none" height="41" cellspacing="0" cellpadding="0" width=
"100%" border="0">
            <tr>
                <td style="padding-right:160px"><ul class="i03w">
                    <li>音乐片</li>
                    <li>歌舞片</li>
                    <li>纪录片</li>
                </ul></td>
            </tr>
        </table>
        <table id="a6" style="DISPLAY: none" height="41" cellspacing="0" cellpadding="0"
width="100%" border="0">
            <tr>
                <td style="padding-right:2px"><ul class="i03w">
                    <li>历史动漫</li>
                    <li>搞笑动漫</li>
                    <li>英雄动漫</li>
                </ul></td>
            </tr>
        </table></td>
    </tr>
  </table>
 </div>
```

（2）编写 JavaScript 代码，实现当鼠标经过主菜单时显示或隐藏子菜单，具体代码如下。

```
<script type="text/javascript">
function showadv(par,par2,par3){
    document.getElementById("a0").style.display = "none";
    document.getElementById("a0color").style.color = "";
    document.getElementById("a0bg").style.backgroundImage="";
    document.getElementById("a1").style.display = "none";
    document.getElementById("a1color").style.color = "";
    document.getElementById("a1bg").style.backgroundImage="";
    document.getElementById("a2").style.display = "none";
    document.getElementById("a2color").style.color = "";
    document.getElementById("a2bg").style.backgroundImage="";
    document.getElementById("a3").style.display = "none";
    document.getElementById("a3color").style.color = "";
    document.getElementById("a3bg").style.backgroundImage="";
    document.getElementById("a4").style.display = "none";
    document.getElementById("a4color").style.color = "";
    document.getElementById("a4bg").style.backgroundImage="";
    document.getElementById("a5").style.display = "none";
```

```
        document.getElementById("a5color").style.color = "";
        document.getElementById("a5bg").style.backgroundImage="";
        document.getElementById("a6").style.display = "none";
        document.getElementById("a6color").style.color = "";
        document.getElementById("a6bg").style.backgroundImage="";
        document.getElementById(par).style.display = "";
        document.getElementById(par2).style.color = "#ffffff";
        document.getElementById(par3).style.backgroundImage = "url(images/i13.gif)";      }
</script>
```

16.5.2　JavaScript 实现图片的轮换效果

在 index.html 首页中，应用 JavaScript 实现电影图片轮换效果的网页特效，以此来展示近期较热门的电影。其运行效果如图 16-12 所示。

图 16-12　电影图片轮换效果

电影图片轮换效果的实现过程如下。

（1）在页面中首先定义一个<div>元素，在该元素中定义两个图片，然后为图片添加超链接，并设置超链接标签<a>的 name 属性值为 i，代码如下。

```
<div id='tabs'>
    <a name="i" href="#"><img src="video/13.png" width="100%" height="320" /></a>
    <a name="i" href="#"><img src="video/14.png" width="100%" height="320" /></a>
</div>
```

（2）在页面中定义 CSS 样式，用于控制页面显示效果，具体代码如下。

```
<style type="text/css">
#tabs{
    width:100%;
    height:320px;
    overflow:hidden;
    float:left;
    position:relative;
}
</style>
```

（3）在页面中编写 JavaScript 代码，应用 document 对象的 getElementsByName()方法获取 name 属性值为 i 的元素，然后编写自定义函数 changeimage()，最后应用 setInterval()方法，每隔 3 秒钟就执行一次 changeimage()函数，具体代码如下。

```
<script type="text/javascript">
var len = document.getElementsByName("i");//获取name属性值为i的元素
var pos = 0;//定义变量值为0
function changeimage(){
```

```
    len[pos].style.display = "none";      //隐藏元素
    pos++;//变量值加1
    if(pos == len.length) pos=0;          //变量值重新定义为0
    len[pos].style.display = "block";     //显示元素
}
setInterval('changeimage()',3000);        //每隔3秒钟执行一次changeimage()函数
</script>
```

16.5.3   AJAX 实现热门专题页面

热门专题页面主要显示热门电影的相关信息，应用 AJAX 技术，每隔一定时间就会无刷新获取最新的热门专题信息。热门专题信息展示的运行效果如图 16-13 所示。

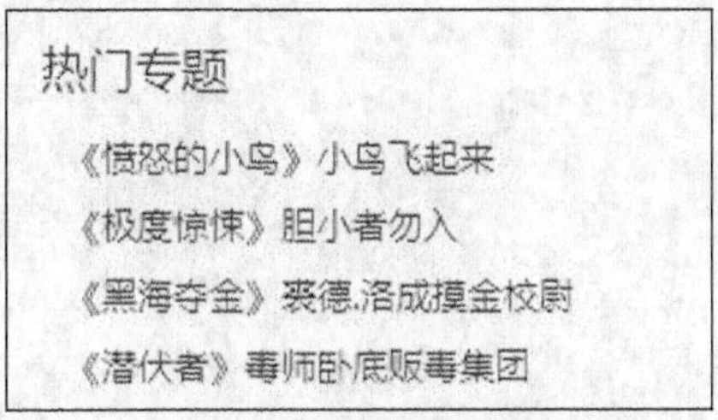

热门专题

《愤怒的小鸟》小鸟飞起来

《极度惊悚》胆小者勿入

《黑海夺金》裘德.洛成摸金校尉

《潜伏者》毒师卧底贩毒集团

图 16-13   热门专题信息展示

热门专题信息的展示主要通过 AJAX 重构技术实现，具体实现过程如下。

（1）首先在页面中添加一个<span>标签用于显示热门专题标题，然后添加一个显示热门专题信息的<div>，具体代码如下。

```
<span class="hot">热门专题</span>
<div id="showInfo"></div>
```

（2）创建一个单独的 JS 文件，名称为 AJAXRequest.js，在该文件中编写重构 AJAX 所需的代码，具体代码如下。

```
var net=new Object();                                //定义一个全局的变量
//编写构造函数
net.AJAXRequest=function(url,onload,onerror,method,params){
    this.req=null;
    this.onload=onload;
    this.onerror=(onerror) ? onerror : this.defaultError;
    this.loadDate(url,method,params);
}
//编写用于初始化XMLHttpRequest对象并指定处理函数，最后发送HTTP请求的方法
net.AJAXRequest.prototype.loadDate=function(url,method,params){
    if (!method){
        method="GET";                                //设置默认的请求方式为GET
    }
    if (window.XMLHttpRequest){                       //非IE浏览器
        this.req=new XMLHttpRequest();               //创建XMLHttpRequest对象
    } else if (window.ActiveXObject){                 //IE浏览器
        try {
            this.req=new ActiveXObject("Microsoft.XMLHTTP");   //创建XMLHttpRequest对象
        } catch (e) {
            try {
```

```
                    this.req=new ActiveXObject("Msxml2.XMLHTTP");//创建XMLHttpRequest对象
                } catch (e) {}
            }
        }
    if (this.req){
        try{
            var loader=this;
            this.req.onreadystatechange=function(){
                net.AJAXRequest.onReadyState.call(loader);
            }
            this.req.open(method,url,true);                        //建立对服务器的调用
            if(method=="POST"){                                   //如果提交方式为POST
                this.req.setRequestHeader("Content-Type","application/x-www-form-urlencoded");        // 设
置请求的内容类型
                this.req.setRequestHeader("x-requested-with", "ajax");//设置请求的发出者
            }
            this.req.send(params);                                //发送请求
        }catch (err){
            this.onerror.call(this);                              //调用错误处理函数
        }
    }
}
//重构回调函数
net.AJAXRequest.onReadyState=function(){
    var req=this.req;
    var ready=req.readyState;                                    //获取请求状态
    if (ready==4){                                                //请求完成
        if (req.status==200 ){                                   //请求成功
            this.onload.call(this);
        }else{
            this.onerror.call(this);                             //调用错误处理函数
        }
    }
}
//重构默认的错误处理函粃
net.AJAXRequest.prototype.defaultError=function(){
    alert("错误数据\n\n回调状态:" + this.req.readyState + "\n状态: " + this.req.status);
```

（3）在需要应用 AJAX 的页面中应用以下语句来包括步骤（2）中创建的 JS 文件。

```
<script type="text/javascript" src="js/AJAXRequest.js"></script>
```

（4）在应用 AJAX 的页面中编写错误处理的方法、实例化 AJAX 对象的方法和回调函数，具体代码如下。

```
<script language="javascript">
/******************错误处理的方法*********************************/
function onerror(){
    alert("您的操作有误! ");
}
/****************实例化AJAX对象的方法*************************/
function getInfo(){
    var loader=new net.AJAXRequest("check.php?nocache="+new Date().getTime(),deal_getInfo,onerror,
```

```
"GET");
    }
/***********************回调函数*****************************/
function deal_getInfo(){
    document.getElementById("showInfo").innerHTML=this.req.responseText;
}
</script>
```

16.5.4 JavaScript 实现电影图片不间断滚动

在 index.html 页面中，以图片滚动的形式来展示电影信息。电影图片不间断滚动的运行结果如图 16-14 所示。

图 16-14　电影图片不间断滚动

电影图片不间断滚动的效果主要通过 JavaScript 技术实现，具体实现过程如下。

（1）首先在页面中添加显示电影图片的<div>标签，然后插入要输出的影片名称和简介等信息，并且通过 CSS 控制输出内容的样式，具体代码如下。

```html
<div id="demo" class="top_box" style="overflow: hidden; width: 1206px; height: 264px">
  <table width="100%" cellpadding="0" cellspacing="0">
    <tr>
      <td id="demo1"><table cellpadding="0" cellspacing="0">
      <tr>
        <td width="191" height="200" style="padding-right:10px"><a href="see/see6.html" target="_blank"><img src="video/6.jpg" width="191" height="200" border="0" /></a>
            <div class="title"><a href="see/see6.html" target="_blank">机械师2：复活</a></div>
            <div class="content">冷面杀手铁汉柔情</div></td>
        <td width="191" height="200" style="padding-right:10px"><a href="see/see7.html" target="_blank"><img src="video/7.jpg" width="191" height="200" border="0" /></a>
            <div class="title"><a href="see/see7.html" target="_blank">变形金刚</a></div>
            <div class="content">以动画为基础的创新作品</div></td>
        <td width="191" height="200" style="padding-right:10px"><a href="see/see8.html" target="_blank"><img src="video/8.jpg" width="191" height="200" border="0" /></a>
            <div class="title"><a href="see/see8.html" target="_blank">暮光之城</a></div>
            <div class="content">吸血鬼的爱情故事</div></td>
        <td width="191" height="200" style="padding-right:10px"><a href="see/see9.html" target="_blank"><img src="video/9.jpg" width="191" height="200" border="0" /></a>
            <div class="title"><a href="see/see9.html" target="_blank">怦然心动</a></div>
            <div class="content">男孩女孩间的有趣战争</div></td>
        <td width="191" height="200" style="padding-right:10px"><a href="see/see10.html" target="_blank"><img src="video/10.jpg" width="191" height="200" border="0" /></a>
            <div class="title"><a href="see/see10.html" target="_blank">飓风营救</a></div>
            <div class="content">老特工重新出山</div></td>
```

```
            <td width="191" height="200" style="padding-right:10px"><a href="see/see11.html" target="_
blank"><img src="video/11.jpg" width="191" height="200" border="0" /></a>
                    <div class="title"><a href="see/see11.html" target="_blank">罗马假日</a></div>
                    <div class="content">好莱坞黑白电影经典之作</div></td>
        </tr>
      </table></td>
      <td id="demo2"></td>
    </tr>
  </table>
</div>
```

（2）编写 JavaScript 代码，定义 Marquee()方法实现图片的滚动效果，代码如下。

```
<script type="text/javascript">
var speed=30;
demo2.innerHTML=demo1.innerHTML;
function Marquee(){
    if(demo2.offsetWidth-demo.scrollLeft<=0)
        demo.scrollLeft-=demo1.offsetWidth;
    else{
        demo.scrollLeft++;
    }
}
var MyMar=setInterval(Marquee,speed)
demo.onmouseover=function(){
    clearInterval(MyMar);
}
demo.onmouseout=function(){
    MyMar=setInterval(Marquee,speed);
}
</script>
```

16.5.5 JavaScript 实现浮动窗口

在 index.html 页面中，通过 JavaScript 脚本插入一个浮动的窗口，通过这个浮动窗口可以实现一些扩展功能。浮动窗口的运行结果如图 16-15 所示。

浮动窗口的设计主要使用 JavaScript 技术实现，封装于 floatdiv.js 文件中，具体代码如下。

图 16-15　浮动窗口运行结果

```
var delta=0.15
var collection;
var html = '<table width="81" border="0" cellspacing="0" cellpadding="0">\
  <tr>\
    <td><img src="images/ra_01.png" width="81" height="12" /></td>\
  </tr>\
  <tr>\
    <td align="center" background="images/ra_03.gif"><table width="100%" border="0" cellspacing="0"
cellpadding="0">\
      <tr>\
        <td height="65" align="center" valign="top"><a href="#"><img src="images/365App.png"
width="59" height="63" border="0"/></a></td>\
      </tr>\
```

```
                <tr>\
                    <td height="15" align="center" valign="top"></td>\
                </tr>\
                <tr>\
                    <td height="85" align="center" valign="top"><img src="images/erweima.png" width="59" height="81" border="0"/></td>\
                </tr>\
            </table>\</td>\
        </tr>\
        <tr>\
            <td><img src="images/ra_02.png" width="81" height="11" /></td>\
        </tr>\
    </table>';
    function floaters() {
        this.items = [];
        this.addItem = function(id,x,y,content) {
            document.write('<div id='+id+' style="z-index: 10; position: absolute;width:80px; right:30px;right:'+(typeof(x)=='string'?eval(x):x)+';top:'+(typeof(y)=='string'?eval(y):y)+'">'+content+'</div>');
            var newItem = {};
            newItem.object = document.getElementById(id);
            newItem.x = x;
            newItem.y = y;
            this.items[this.items.length] = newItem;
        }
        this.play = function() {
            collection = this.items
            setInterval('play()',10);
        }
    }
    function play() {
        var width = document.documentElement.clientWidth||document.body.clientWidth;
        var height = document.documentElement.clientHeight||document.body.clientHeight;
        if ( width > 200 )
            theFloaters.items[0].x = width -100;
        if ( height > 300 )
            theFloaters.items[0].y = height -400;
        if(screen.width<=800) {
            for(var i=0;i<collection.length;i++) {
                collection[i].object.style.display = 'none';
            }
            return;
        }
        for(var i=0;i<collection.length;i++) {
            var followObj = collection[i].object;
            var followObj_x = (typeof(collection[i].x)=='string'?eval(collection[i].x):collection[i].x);
            var followObj_y = (typeof(collection[i].y)=='string'?eval(collection[i].y):collection[i].y);
            if(followObj.offsetLeft!=(document.body.scrollLeft+followObj_x)) {
                var dx=(document.body.scrollLeft+followObj_x-followObj.offsetLeft)*delta;
                dx=(dx>0?1:-1)*Math.ceil(Math.abs(dx));
                followObj.style.left=(followObj.offsetLeft+dx)+"px";
```

```
            }
            var scrollTop = window.pageYOffset || document.documentElement.scrollTop || document.body.
scrollTop || 0;
            if(followObj.offsetTop!=(scrollTop+followObj_y)) {
                var dy=(scrollTop+followObj_y-followObj.offsetTop)*delta;
                dy=(dy>0?1:-1)*Math.ceil(Math.abs(dy));
                followObj.style.top=followObj.offsetTop+dy+"px";
            }
            followObj.style.display        = '';
        }
    }
    var theFloaters = new floaters();
    theFloaters.addItem('followDiv2',30,80,html);
    theFloaters.play();
```

在需要加载浮动窗口的页面中，使用下面的代码来加载 floatdiv.js 文件。

```
<script type="text/javascript" src="js/floatdiv.js"></script>
```

16.5.6　jQuery 实现滑动门效果

在 index.html 页面中，使用 jQuery 技术实现了滑动门的效果，通过编写 jQuery 代码，实现电影排行中热播影片和经典影片之间的切换。当用户将鼠标移动到"热播"选项卡时，页面中将显示热播影片列表，效果如图 16-16 所示；当用户将鼠标移动到"经典"选项卡时，页面中将显示经典影片列表，效果如图 16-17 所示。

图 16-16　显示热播影片列表 　　　　　　　　图 16-17　显示经典影片列表

在 Web 页面中实现滑动门的效果，原理比较简单，通过隐藏和显示页面中的元素来切换不同的内容，具体步骤如下。

（1）在页面中定义一个<ul>元素，并设置其 class 属性值为 tabs，在该元素中添加两个<li>用于输出"热播"和"经典"两个滑动选项卡，具体代码如下。

```
<table align="center" width="300" border="0" cellpadding="0" cellspacing="0">
    <tr>
        <td align="left" height="50" style="font-size:22px;" valign="bottom">电影排行</td>
        <td align="center" valign="bottom">
            <ul class="tabs">
```

```
                <li><a name="#tab1">热播</a></li>
                <li><a name="#tab2">经典</a></li>
            </ul>
        </td>
    </tr>
</table>
```

（2）在页面中定义两个<div>元素，其 id 值分别为 tab1 和 tab2，在 id 值为 tab1 的<div>元素中添加热播影片列表，在 id 值为 tab2 的<div>元素中添加经典影片列表，具体代码如下。

```
<div id="tab1" class="tab_content">
<table align="center" width="300" border="0" cellpadding="0" cellspacing="0">
<script>
    var num = 1;
    var nameArr = new Array("终结者5","飓风营救","我是传奇","一线声机","罗马假日","史密斯夫妇","午夜邂逅");
    var dnumArr = new Array("阿诺德.施瓦辛格","连姆.尼森","威尔.史密斯","杰森.斯坦森","格里高利.派克","布拉德.皮特","克里斯.埃文斯");
    for(var i=0; i<nameArr.length; i++){
        document.write('<tr height="43">');
        document.write('<td width="26" align="center" class="f_td">'+(num++)+'</td>');
        document.write('<td width="75" align="left" class="f_td"><a href="#">'+nameArr[i]+'</td>');
        document.write('<td width="90" align="right" class="f_td">'+dnumArr[i]+'</td></tr>');
    }
</script>
    </table>
</div>
<div id="tab2" class="tab_content">
<table align="center" width="300" border="0" cellpadding="0" cellspacing="0">
<script>
    var num = 1;
    var nameArr = new Array("机械师2：复活","变形金刚","暮光之城","怦然心动","电话情缘","超凡蜘蛛侠","雷神");
    var dnumArr = new Array("杰森.斯坦森","希亚.拉博夫","克里斯汀.斯图尔特","玛德琳.卡罗尔","杰西.麦特卡尔菲","安德鲁.加菲尔德","克里斯.海姆斯沃斯");
    for(var i=0; i<nameArr.length; i++){
        document.write('<tr height="43">');
        document.write('<td width="26" align="center" class="f_td">'+(num++)+'</td>');
        document.write('<td width="75" align="left" class="f_td"><a href="#">'+nameArr[i]+'</td>');
        document.write('<td width="90" align="right" class="f_td">'+dnumArr[i]+'</td></tr>');
    }
</script>
</table>
</div>
```

（3）在页面中定义 CSS 样式，用于控制页面显示效果，具体代码如下。

```
ul.tabs{
    list-style:none;
    margin-left:70px;
}
    ul.tabs li{
    margin: 0;
    padding: 0;
```

```
    float:left;
    width:50px;
    height: 26px;
    line-height: 26px;
    font-size:16px;
}
ul.tabs li a.active{
    display:block;
    width:50px;
    height: 26px;
    line-height: 26px;
    background-color:#66CCFF;
    color:#FFFFFF;
    cursor:pointer;
}
```

（4）在页面中编写 jQuery 代码，当用户将鼠标移到某选项卡时，为该选项卡添加样式，并显示相应的<div>中特定的内容，具体代码如下。

```
<script type="text/javascript">
$(document).ready(function() {
    $(".tab_content").hide();                    //将class值为tab_content的div隐藏
    $("ul.tabs li a:first").addClass("active");  //为第一个选项卡添加样式
    $(".tab_content:first").show();              //将第一个class值为tab_content的div显示
    $("ul.tabs li a").hover(function() {         //将鼠标移到某选项卡上
        $("ul.tabs li a").removeClass("active"); //移除样式
        $(this).addClass("active");              //为当前选项卡添加样式
        $(".tab_content").hide();                //将所有class值为tab_content的div隐藏
        var activeTab = $(this).attr("name");    //获取当前选项卡的name属性值
        $(activeTab).show();                     //将相同id值的div显示
    });
});
</script>
```

16.5.7　jQuery 实现向上间断滚动效果

在网站的首页中实现即将上线影片信息向上间断滚动的效果，通过 jQuery 中的 animate()方法可以实现这个功能。其运行结果如图 16-18 所示。

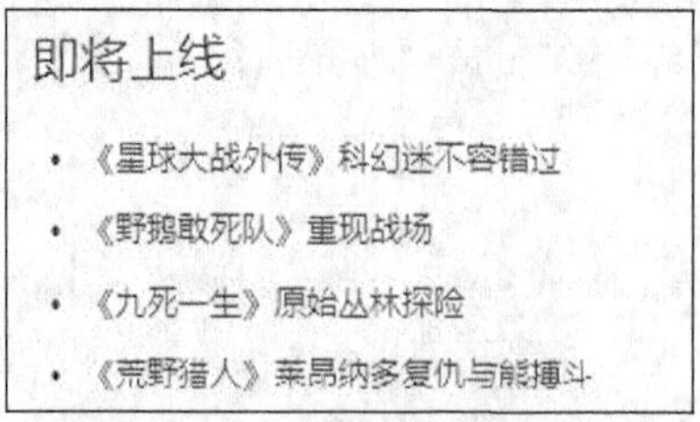

即将上线

- 《星球大战外传》科幻迷不容错过
- 《野鹅敢死队》重现战场
- 《九死一生》原始丛林探险
- 《荒野猎人》莱昂纳多复仇与熊搏斗

图 16-18　影片信息向上滚动

具体实现过程如下。

（1）在页面中首先创建一个表格和一个 div 标签，并设置 div 的 class 属性值为 scroll，然后在 div 中定义一个用于实现动态滚动的影片信息列表，具体代码如下。

```
<table width="270" border="0" cellpadding="0" cellspacing="0" style="margin-left:12px;">
```

```
    <tr><td align="left" height="50" style="font-size:22px;" valign="bottom">即将上线</td></tr>
</table>
<div class="scroll">
    <ul class="list">
        <li><a href="#">《荒野大镖客》重磅来袭</a></li>
        <li><a href="#">《星球大战外传》科幻迷不容错过</a></li>
        <li><a href="#">《野鹅敢死队》重现战场</a></li>
        <li><a href="#">《九死一生》原始丛林探险</a></li>
        <li><a href="#">《荒野猎人》莱昂纳多复仇与熊搏斗</a></li>
    </ul>
</div>
```

（2）在页面中定义 CSS 样式，用于控制页面显示效果，具体代码如下。

```
.scroll{
    margin-left:10px;
    margin-top:10px;
    width:270px;
    height:120px;
    overflow:hidden;
}
.scroll li{
    width:270px;
    height:30px;
    line-height:30px;
    margin-left:26px;
}
.scroll li a{
    font-size:14px;
    color:#333;
    text-decoration:none;
}
.scroll li a:hover{
    color:#66CCFF;
}
```

（3）在页面中编写 jQuery 代码，定义滚动函数 autoScroll()实现影片信息向上滚动的效果，然后定义超时函数 setInterval()，设置每过 3 秒执行一次滚动函数，具体代码如下。

```
$(document).ready(function(){
    $(".scroll").hover(function(){              //鼠标指向滚动区域
        clearTimeout(timeID);                   //中止超时，即停止滚动
    },function(){                               //鼠标离开滚动区域
        timeID=setInterval('autoScroll()',3000);  //设置超时函数，每过3秒执行一次函数
    });
});
function autoScroll(){
    $(".scroll").find(".list").animate({        //自定义动画效果
        marginTop : "-25px"
    },500,function(){
        $(this).css({"margin-top" : "0px"}).find("li:first").appendTo(this);   //把列表第一行内容移动到列表
最后
    })
}
var timeID=setInterval('autoScroll()',3000);       //设置超时函数，每过3秒执行一次函数
```

16.6 查看影片详情页面

在影片分类展示的页面中，用户不但可以通过单击电影图片、电影名称或 ░ 图标打开影片播放页面进行观看，还可以单击 ▣ 图标打开电影详情页面查看影片详情。打开影片详情页面的运行结果如图 16-19 所示。

图 16-19 影片详情页面

打开影片详情页面主要通过 JavaScript 中的 open()方法实现。以影片"飓风营救"为例，打开该影片详情页面的具体实现过程如下。

（1）在 intro 文件夹下创建 intro10.html 文件，在页面中输出影片"飓风营救"的详细信息，包括电影图片、电影名称、导演、主演以及影片详情等信息，具体代码如下。

```
<table width="660" border="0" cellspacing="0" cellpadding="0">
    <tr>
        <td width="34"> </td><td colspan="3"><span style="font-size: 20px;color: #2bb673;
border-bottom: 4px solid #2bb673; line-height: 54px; margin: 0 0 6px 0px; padding-bottom: 10px">电影详情
</span></td>
    </tr>
    <tr><td width="34"></td><td colspan="2" height="1" bgcolor="#e5e5e5"></td></tr>
    <tr>
    <td></td>
    <td align="left" valign="top" style="padding-top:30px;">
        <table width="95" border="0"  cellspacing="0" cellpadding="0" >
            <tr>
                <td  width="20%"  align="left"  valign="middle"><img  src="../video/10.jpg"
width="280" height="362" alt="" border="1" style="border-color:#CCCCCC; margin:15px 0px;" /></td>
                <td width="80%" align="left" valign="top">
                    <table border="0" cellspacing="0" cellpadding="0" style="margin-top:10px;
padding-left:20px;">
                        <tr>
                            <td align="left" colspan="2" height="60" style="font-size:24px;
```

```
font-weight:bolder;">飓风营救</td>
                                        </tr>
                                        <tr>
                                                <td width="280" height="50" align="left" style="font-size:18px;">导
演：皮埃尔.莫瑞尔</td>
                                        </tr>
                                        <tr>
                                                <td height="50" align="left" style="font-size:18px;">主演：连姆.尼森
</div></td>
                                        </tr>
                                        <tr>
                                                <td  height="50"  align="left"  style="font-size:18px;">类型：动作片
</td>
                                        </tr>
                                        <tr>
                                                <td  height="50"  align="left"  style="font-size:18px;">语 言： 英 文
</td>
                                        </tr>
                                        <tr>
                                                <td  height="50"  align="left"  style="font-size:18px;">发行时间：
2008-04-09</td>
                                        </tr>
                                </table>
                        </td>
                </tr>
                <tr>
                        <td  height="48"  colspan="2"  style="font-size:18px;">  影 片 详
情:</td>
                </tr>
                <tr>
                        <td colspan="2" style="font-size:14px; line-height:30px;">  该片
讲述的是Bryan（连姆.尼森饰）是一名退休的特工，常年的特工生活使其与妻子女儿的关系越来越疏远。一次，女儿
Kim（玛姬.格蕾斯饰）想征得Bryan同意去巴黎游玩，身为父亲的Bryan并不放心17岁的女儿独自出行，在一番争吵
后，固执的Bryan终于答应女儿。然而在巴黎，Kim却遭到了黑帮卖淫团伙的拐卖。为拯救女儿，这名老特工重新出
山。</td>
                </tr>
        </table>
        </td>
    </tr>
</table>
```

（2）在动作电影分类页面 action.html 中，为影片"飓风营救"的▢图标添加 onclick 事件，通过
JavaScript 中的 open()方法打开影片详情页面，关键代码如下。

```
<img  src="images/show_icon.png"  alt="介绍"  border="0"  style="cursor:pointer;"  onclick="javascript:
window.open('intro/intro10.html','new','height=660,width=690,top=100,left=400');"/>
```

小 结

　　本章使用 JavaScript、AJAX 和 jQuery 等目前主流技术，制作了一个简单的影视网站。
通过本章的学习，希望读者可以掌握网页的页面框架设计，以及网页中 JavaScript、jQuery
技术的应用。

第17章

课程设计——购物车设计

本章要点：

- 自动生成数字验证码
- 使用AJAX读取TXT文件
- 使用JavaScript实现添加购物车操作
- 使用JavaScript修改购物车中商品数量
- 使用JavaScript移除购物车中指定商品
- 使用JavaScript清空购物车

■ 购物车是在网上购物时使用的一个临时存储商品的"车辆"。购物车能为我们在网上购物提供很大的方便，不用担心一次购买多个商品时要进行多次提交结算的操作，可以将其放入购物车中，等选购完所有商品之后，一起结算。购物车是电子商务类网站中一个必不可少的功能，其实现的方法也很多。本课程设计将向读者介绍一种应用 JavaScript 技术开发的购物车。

17.1 购物车概述

17.1.1 功能概述

这里的购物车模块是以电子商务网站为大背景进行开发的,不但完成了购物车本身应该具备的功能,例如添加互购物车、查看购物车、修改商品购买数量、移除购物车中指定商品和清空购物车,而且包括电子商务网站的登录功能。其功能结构如图 17-1 所示。

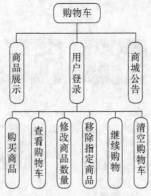

图 17-1 购物车功能结构图

17.1.2 购物车操作流程

本模块对购物车的功能从整体的设计思路到具体功能的实现,再到功能中细节的处理,都进行了详细介绍,并且配合图形和图片,让广大读者能够更好地理解其中的内容。

购物车的操作流程:首先用户需要进行登录,登录成功后可以购买指定的商品,然后进入查看购物车页面,在该页面可以实现很多操作,包括修改商品数量、继续购物、移除指定商品、清空购物车等。其操作流程如图 17-2 所示。

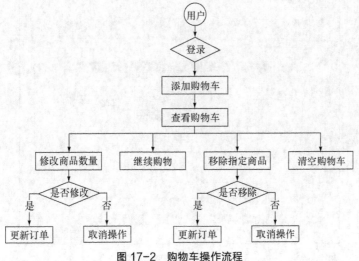

图 17-2 购物车操作流程

17.1.3 程序预览

购物车只是电子商务网站中的一个子功能，为了让读者对购物车有个初步的了解和认识，下面列出 3 个典型功能的页面。

1. 主页

购物车主页如图 17-3 所示，该页面主要展示网站的主要商品、网站公告和用户登录窗口。

图 17-3　购物车主页

2. 查看购物车页面

查看购物车页面如图 17-4 所示，该页面主要展示购物车中所有商品的名称、单价、数量以及金额等信息。

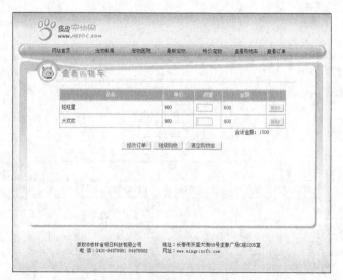

图 17-4　查看购物车页面

3. 清空购物车页面

清空购物车页面如图 17-5 所示，该页面展示清空购物车后的效果。

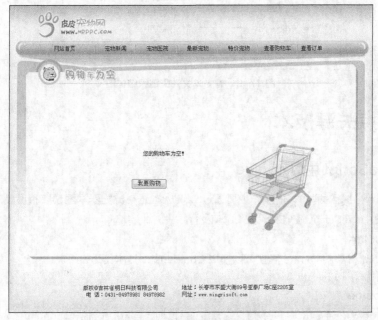

图 17-5　清空购物车页面

17.2　系统设计

17.2.1　系统目标

结合实际情况及对用户需求的分析，购物车的设计应该具有如下特点。

- ❑　操作简单方便、界面简洁美观。
- ❑　能够直观展示商品价格信息。
- ❑　浏览速度快，防止打不开页面的情况发生。
- ❑　商品图片清楚，文字醒目。
- ❑　易维护，并提供二次开发支持。

17.2.2　开发环境

在开发购物车时，使用的软件开发环境如下。

- ❑　操作系统：Windows 7。
- ❑　开发工具：Dreamweaver CS6。
- ❑　浏览器：IE 8.0。
- ❑　分辨率：最佳效果 1680×1050 像素。

17.2.3　文件夹组织结构

该购物车的文件夹组织结构如图 17-6 所示。

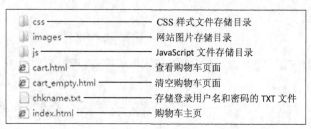

图 17-6　购物车文件夹组织结构图

17.3　热点关键技术

17.3.1　JavaScript 中的 cookie

在该购物车模块中，对购物车的操作主要通过 JavaScript 在浏览器本地读取和设置 Cookie 实现。下面将介绍如何通过 JavaScript 读取和设置 Cookie 的方法。

1. 读取 Cookie

通过 document 对象的 cookie 属性可以读取 Cookie 值，具体代码如下。

```
var cookieString=document.cookie;
```

2. 设置 Cookie

一个完整的 Cookie 通常由"名字=值""expires=日期""path=路径""domain=域名"和"secure"5 组参数组成，其语法格式如下。

```
document.cookie="名字=值; expires=日期; path=路径; domain=域名; secure";
```

参数说明：

- ❑　名字=值：是 Cookie 的最小量信息，这里的名字和值可以是任何字符串，但不能包含分号";"，为了避免该问题，可以使用 escape() 函数清除字符串中的分号。
- ❑　expires=日期：用于指定浏览器 Cookie 保留的时间。如果没有指定有效期，那么 Cookie 将保持到浏览器被关闭。
- ❑　path=路径：用于指定一个 Cookie 可以被其他目录中的页面可用。默认情况下，Cookie 可以被与创建该 Cookie 的文件在同一目录下的文件使用。
- ❑　domain=域名：用于指定一个 Cookie 可以被同一站点的其他 Web 服务可用。
- ❑　secure：用于告诉浏览器只有在与 Web 服务器的安全链接下此 Cookie 才能改变，这意味着服务器和浏览器必须支持 HTTPS（HTTPS 是指在 Internet 上传输加密信息的一个协议）。

当用户将 Cookie 写入后，新的 Cookie 字符串并不覆盖原来的字符串，而是自动添加到原来 Cookie 字符串的后面。

17.3.2　应用 AJAX 技术实现用户登录

在该购物车模块中，实现购物车的登录功能时使用了 AJAX 技术。其中，应用 XMLHttpRequest 对象的几个常用方法和属性。应用 AJAX 技术判断用户是否登录成功的关键代码如下。

```
var user = form.name.value;
    var password = form.password.value;
    var url = "chkname.txt";
```

```
        xmlhttp.open("GET",url,true);
        xmlhttp.onreadystatechange = function(){
        if(xmlhttp.readyState == 4){
                var msg = xmlhttp.responseText;
                var userArr = msg.split("|");
                if(user != userArr[0]){
                    alert('用户名不正确!');
                    form.name.select();
                    form.check.value = '';
                    code(form);
                    return false;
                }else if(password != userArr[1]){
                    alert("密码不正确! ");
                    form.password.select();
                    form.check.value = '';
                    code(form);
                    return false;
                }else{
                    document.cookie = "username="+user;
                    alert('欢迎光临');
                    location.reload();
                }
            }
        }
        xmlhttp.send(null);
        return false;
```

17.3.3 判断用户访问权限

在购物车主页，当单击"查看购物车"超链接时首先会判断用户是否具有访问该页面的权限。如果用户未登录，在单击该超链接时会弹出"请您先登录!"的对话框；如果用户已经登录，则会跳转到查看购物车页面。将判断用户访问权限的功能定义在 checkLogin() 函数中，代码如下。

```
function checkLogin(){
    var isLogin = document.cookie.indexOf("username=");
    if(isLogin == -1){
        alert("请您先登录! ");
        return false;
    }else{
        window.location.href = "cart.html";
    }
}
```

17.4　用户登录设计

17.4.1　用户登录功能概述

购物车提供了用户登录的功能。用户在未登录时只能查看网站中的商品，在登录之后才可以购买商品以及对购物车进行操作。用户登录窗口的运行结果如图 17-7 所示。

图 17-7　用户登录窗口

17.4.2 自动生成验证码

在设计用户登录窗口时添加了验证码的功能，应用 Math 对象的 round()方法和字符串对象的 substr() 方法可以生成一个 4 位数字的验证码。通过两个自定义函数实现生成验证码和刷新验证码的功能。其中，yzm()函数用于生成验证码，code()函数用于刷新验证码，这两个函数的代码如下。

```
//显示验证码
function yzm(form){
    var num1=Math.round(Math.random()*10000000);
    var num=num1.toString().substr(0,4);
    document.write("<span id='yzm' style='font-size:18px;background:#CCCCCC'>"+num+"</span>");
    form.check2.value=num;
}
//刷新验证码
function code(form){
    var num1=Math.round(Math.random()*10000000);
    var num=num1.toString().substr(0,4);
    document.getElementById("yzm").innerHTML=num;
    form.check2.value=num;
}
```

17.4.3 用户登录功能的实现

在实现购物车的登录功能时使用了 AJAX 技术，将登录用户名（mr）和密码（mrsoft）存储在文本文件 chkname.txt 中，应用 AJAX 调用 chkname.txt 文件，通过 AJAX 返回值与用户输入的信息是否相等来判断用户是否登录成功。

用户登录功能的实现步骤如下。

（1）在 index.html 文件中编写用户登录表单，完成用户登录窗口的设计。在页面中调用 yzm()函数自动生成 4 位数字的验证码，当单击"换一张"超链接时调用 code()函数重新生成验证码，在登录窗口中单击"登录"按钮时，系统将调用 lg()函数对用户登录提交信息进行验证。用户登录表单的代码如下。

```
<table width="210" height="208" border="0" cellpadding="0" cellspacing="0" background=" images/
shop_04.gif">
<form id="login" name="login" method="post" action="#" onsubmit="return lg(this)">
  <tr>
    <td width="64" height="35"> </td>
    <td colspan="2"> </td>
  </tr>
  <tr>
    <td height="25" align="right">用户名：</td>
    <td colspan="2"><input name="name" type="text" id="name"  onmouseover="this.style.background
Color='#ffffff'" onmouseout="this.style.backgroundColor='#e8f4ff'" size="15" /></td>
  </tr>
  <tr>
    <td height="25" align="right">密码：</td>
    <td colspan="2"><input name="password" type="password" id="password"  onmouseover="this.style.
backgroundColor='#ffffff'" onmouseout="this.style.backgroundColor='#e8f4ff'" size="15" /></td>
  </tr>
  <tr>
    <td height="25" align="right">验证码：</td>
```

```
        <td    colspan="2"><input    name="check"    type="text"    id="check"        onmouseover="this.style.
backgroundColor='#ffffff'" onmouseout="this.style.backgroundColor='#e8f4ff'" size="10" /></td>
    </tr>
    <tr>
      <td height="30"><input name="check2" type="hidden" value="" /></td>
      <td width="44"><script>yzm(login);</script></td>
      <td width="80"><a onclick="javascript:code(login)" style=" cursor:hand">换一张</a></td>
    </tr>
    <tr>
      <td height="35" colspan="3" align="center"><input type="image" name="imageField" src="images/
login.JPG" /></td>
    </tr>
    </form>
</table>
```

（2）创建 createxmlhttp.js 文件，在该文件中创建 XMLHttpRequest 对象，代码如下。

```
var xmlhttp = false;
if(window.ActiveXObject){
    xmlhttp = new ActiveXObject("Microsoft.XMLHTTP");
}else if(window.XMLHttpRequest){
    xmlhttp = new XMLHttpRequest();
}
```

（3）在 check.js 文件中编写验证用户登录信息的函数 lg()，在该函数中应用 if 语句判断用户输入的信息是否正确，应用 AJAX 技术读取保存登录用户名和密码的文件 chkname.txt，关键代码如下。

```
function lg(form){
    if(form.name.value==""){
        alert('请输入用户名');
        form.name.focus();
        return false;
    }
    if(form.password.value == "" || form.password.value.length < 6){
        alert('请输入正确密码');
        form.password.focus();
        return false;
    }
    if(form.check.value == ""){
        alert('请输入验证码');
        form.check.focus();
        return false;
    }
    if(form.check.value != form.check2.value){
        alert('验证码不正确');
        form.check.select();
        code(form);
        return false;
    }
    var user = form.name.value;
    var password = form.password.value;
    var url = "chkname.txt";
    xmlhttp.open("GET", url, true);
    xmlhttp.onreadystatechange = function(){
```

```
        if(xmlhttp.readyState == 4){
                var msg = xmlhttp.responseText;
                var userArr = msg.split("|");
                if(user != userArr[0]){
                    alert('用户名不正确!');
                    form.name.select();
                    form.check.value = '';
                    code(form);
                    return false;
                }else if(password != userArr[1]){
                    alert("密码不正确! ");
                    form.password.select();
                    form.check.value = '';
                    code(form);
                    return false;
                }else{
                    document.cookie = "username="+user;
                    alert('欢迎光临');
                    location.reload();
                }
            }
        }
    xmlhttp.send(null);
    return false;
}
```

17.5　购物车操作

电子商务系统中的购物车同实际生活中的购物车一样，都用于暂时保存挑选的商品。购物车主要包括所选商品的添加、查看购物车、单件商品购买数量的修改、从购物车移去指定商品、清空购物车这 5 部分。用户单击商品展台中的"购买"按钮，可以将对应的商品添加至购物车，购物车将保存商品名称、单价、购买数量、金额以及购物车内全部商品的合计金额。在查看购物车页面中，单击"修改订单"按钮，可以从购物车中移除指定商品或修改指定商品的购买数量，操作完成后，需要单击"更新订单"按钮保存所做的操作，单击"清空购物车"按钮，将退回购物车中的全部商品。

17.5.1　添加至购物车

在电子商务网站中，"添加至购物车"是客户端程序中非常关键的一个功能，主要用来帮助用户将选择的商品信息暂时保存到购物车中。在想要购买的宠物信息下方的"数量"文本框中输入购买数量，单击"购买"按钮，即可将选择的宠物信息添加到购物车中。添加至购物车的运行结果如图 17-8 所示。

添加至购物车主要通过 JavaScript 在浏览器本地读取和设置 Cookie 实现。具体实现过程如下。

（1）编写自定义函数 cart_read()，用于从 Cookie 中读取商品信息（这里为宠物信息）。cart_read() 函数只有一个用于指定 Cookie 名称的参数，返回值为 Cookie 中的商品信息，代码如下。

```
<script type="text/javascript">
function cart_read(cookieName){
    var search = cookieName + "=";
    if (document.cookie.length > 0) {
        offset = document.cookie.indexOf(search);
```

```
        if (offset != -1) {
            offset += search.length;
            end = document.cookie.indexOf(";", offset);
            if (end == -1){
                end = document.cookie.length;
                return unescape(document.cookie.substring(offset, end));
            }
        }else{
            return false;
        }
    }else{
        return false;
    }
}
</script>
```

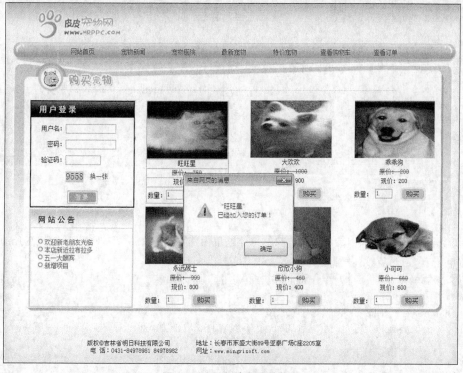

图 17-8　添加商品至购物车

（2）编写自定义函数 cart_add()，用于将指定的商品信息（这里指宠物信息）保存到 Cookie 中（即购物车中），Cookie 的有效期为 30 天。cart_add()函数包括 4 个参数，分别是：item_no（用于指定商品编号）、item_name（用于指定商品名称）、item_amount（用于指定购买数量）和 item_price（用于指定商品单价），该函数无返回值，代码如下。

```
<script type="text/javascript">
//添加商品至购物车
function cart_add(item_no,item_name,item_amount,item_price){
    var isLogin = document.cookie.indexOf("username=");
    if(isLogin == -1){
```

```
            alert("请您先登录！");
            return false;
        }else{
        var cookieString=document.cookie;
        if (cookieString.length>=2000){
            alert("您的订单已满\n请结束此次订单操作后添加新订单！");
        }else if(isNaN(item_amount)||item_amount<1||item_amount.indexOf('.')!=-1)      {
            alert("数量输入错误！");
        }else{
            var mer_list=cart_read('petInfo');
                var today = new Date();
                var expires = new Date();
                expires.setTime(today.getTime() + 1000*60*60*24*30);        //有效期为30天
            var item_detail="|"+item_no+"&"+item_name+"&"+item_amount+"&"+item_price;
            if(mer_list==false){
                document.cookie="petInfo="+escape(item_detail)+";expires=" + expires.toGMTString();
                alert(" ""+item_name+"" \n"+"已经加入您的订单！");
            }else{
                if (mer_list.indexOf(item_no)!=-1){
                    alert('此商品您已添加\n请修改购买数量！');
                }else{
                document.cookie="petInfo="+mer_list+escape(item_detail)+";expires=" + expires.to GMTString();
                    alert(" ""+item_name+"" \n"+"已经加入您的订单！");
                }
            }
                window.location.href="cart.html";
        }
        }
}
</script>
```

（3）在 index.html 页面中添加单个商品信息（这里为宠物信息），并在"购买"按钮图片的 onClick 事件中调用 cart_add() 函数，代码如下。

```
<table width="75%"  border="0" cellpadding="0" cellspacing="0">
 <tr>
  <td height="95" colspan="2" align="center">
  <img src="images/01.jpg" width="160" height="110" border="1"></td>
 </tr>
 <tr>
  <td height="18" colspan="2" align="center">旺旺星</td>
 </tr>
 <tr>
  <td height="18" colspan="2" align="center"
  style="text-decoration:line-through;color:#FF0000">原价： 750 </td>
 </tr>
 <tr>
  <td height="18" colspan="2" align="center">现价：600</td>
 </tr>
 <tr>
  <td width="48%" height="31" align="center">
  数量： <input type="text" name="sl0001" size="4" value="1" maxlength="5" ></td>
```

```
<td width="52%" align="center">
<img src="images/mai.gif" width="51" height="27" border="0"
onClick="cart_add('pet001','旺旺星',sl0001.value,'600')"></td>
</tr>
</table>
```

（4）根据步骤（3）的方法依次添加其他商品。

17.5.2 查看购物车

所谓查看购物车是指将保存在 Cookie 中的商品信息显示在页面中。在该购物车中有两种方法可以进入查看购物车页面，一种是通过单击"购买"按钮，在将商品信息添加到购物车后，进入查看购物车页面；另一种是通过导航条中的"查看购物车"超链接进入查看购物车页面。查看购物车页面的运行结果如图 17-9 所示。

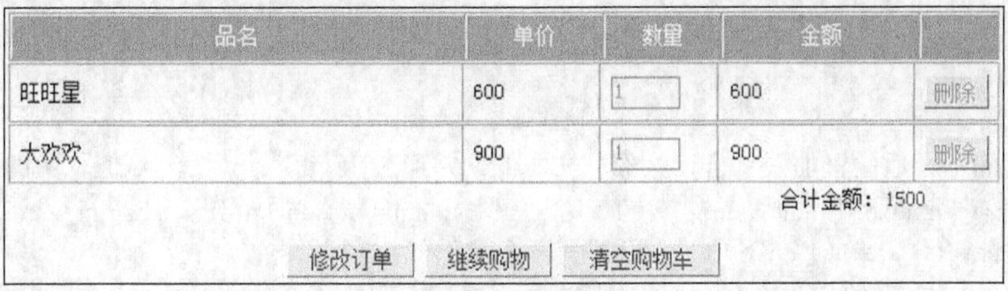

品名	单价	数量	金额	
旺旺星	600	1	600	删除
大欢欢	900	1	900	删除

合计金额：1500

修改订单　继续购物　清空购物车

图 17-9　查看购物车

在查看购物车页面中，首先需要通过自定义的 JavaScript 函数 cart_read() 读取 Cookie 中保存的商品信息，然后通过 document 对象的 write() 方法将获取的商品信息输出到页面中。实现过程如下。

（1）在页面的合适位置添加用于保存购物车中商品信息的表单及表单元素，关键代码如下。

```
<form name="cartForm" method="post" action="">
<input type="hidden" name="cart" id="cart" size="100">
</form>
```

（2）在步骤（1）创建的表单中加入如下代码，用于获取 Cookie 中的商品信息（这里为宠物信息），并通过 document 对象的 write() 方法在页面中以表格的形式输出。

```
<script type="text/javascript">
var the_list =unescape(cart_read('petInfo'));
if (the_list=="false"||the_list.indexOf("|")==-1){
    window.location.href="cart_empty.html";
}else{
    cartForm.cart.value=the_list;
    var totals;
    var broken_list = the_list.split("|");
    for (i=1;i<broken_list.length;i++){
        var single_list=broken_list[i];
        var broken_single_list = single_list.split("&");
        var subtotals=broken_single_list[2]*(broken_single_list[3]*100)/100;
        if (totals==null){
            totals=subtotals;
        }else{
            totals=totals*100+subtotals*100;
            totals=totals/100;
        }
```

```
            document.write("<table id='Table"+broken_single_list[0]+"' width='85%' border='1' cellspacing='0'
cellpadding='0' bordercolor='#FFFFFF' bordercolordark='#FFFFFF' bordercolorlight='#FB9914' class='td_
cart'>")
            document.write("<tr>");
            document.write("<td width='46%'>"+broken_single_list[1]+"</td>");
            document.write("<td width='14%'>"+broken_single_list[3]+"</td>");
            document.write("<td width='12%'>"+"  <input id='aid"+broken_single_list[0]+"' type='text'
name='textfield' value="+broken_single_list[2]+" size='5' maxlength='5' disabled onKeyUp=modifySubTotal
("'+broken_single_list[0]+"',this.value,'"+broken_single_list[3]+"') onchange=modifyTotal('"+broken_single_list[0]
+"',this.value)>"+"</td>");
            document.write("<td width='20%'><input type='text' size='10' id='id"+broken_single_list[0]+
"'style='border:medium none; '  readonly value="+subtotals+"></td>");
            document.write("<td width='8%'><input type='button' name='Submit' class='btn_grey' value='删除'
disabled onClick=Delete(Table"+broken_single_list[0]+",'"+broken_single_list[0]+"')></td>");
            document.write("</tr></table>");
        }
    }
    </script>
```

（3）在页面的合适位置加入"合计金额"文本框，并通过 JavaScript 为其赋值，关键代码如下。

```
<input type="text" id="total" name="total" size="10" readonly style="border: medium none;" >
<script type="text/javascript">
    cartForm.total.value=totals;
</script>
```

17.5.3 修改商品购买数量

为了满足不同用户的需求，购物车中还需要加入修改指定商品购买数量的功能。在查看购物车页面中，单击"修改订单"按钮后，页面中的"数量"文本框将变为可用状态，同时"修改订单"按钮将变为"更新订单"按钮，如图 17-10 所示。在想要修改购买数量的商品的"数量"文本框中输入相应的数量，单击"更新订单"按钮即可修改该商品的购买数量，同时，购物车中商品的合计金额也会发生变化。修改商品数量后的运行结果如图 17-11 所示。

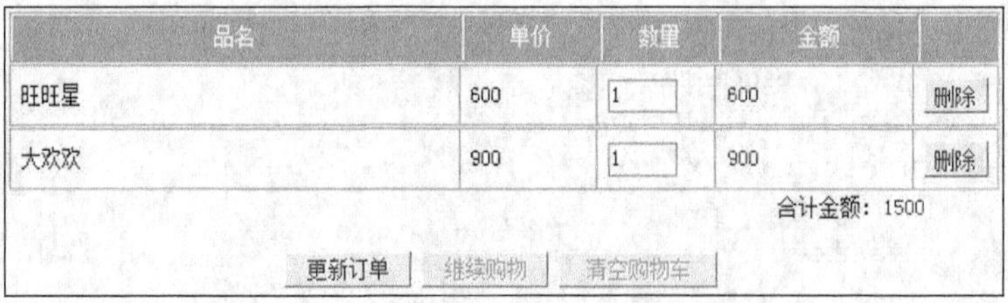

品名	单价	数量	金额	
旺旺星	600	1	600	删除
大欢欢	900	1	900	删除

合计金额：1500

更新订单　继续购物　清空购物车

图 17-10　单击"修改订单"按钮后的效果

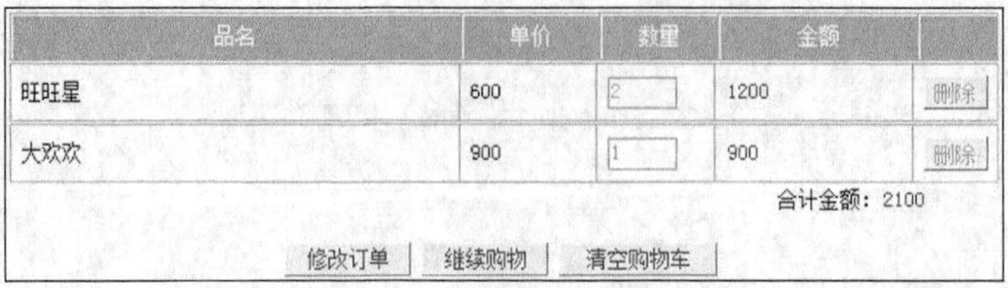

品名	单价	数量	金额	
旺旺星	600	2	1200	删除
大欢欢	900	1	900	删除

合计金额：2100

修改订单　继续购物　清空购物车

图 17-11　更改商品购买数量

在实现修改商品购买数量时，首先需要将"修改订单"按钮的值修改为"更新订单"或是将"更新订单"按钮的值修改为"修改订单"，然后通过表单元素的 disabled 属性控制相应表单元素是否可用，最后重新保存购物车中的商品信息。具体实现过程如下。

（1）编写自定义的 JavaScript 函数 modifyCart()，用于修改订单信息，关键代码如下。

```
<script type="text/javascript">
//修改订单更新cookie
function modifyCart(){
    var limit=cartForm.elements.length-5;
    if (cartForm.update.value=="修改订单"){
        cartForm.update.value="更新订单";
            for (i=1;i<limit;i++){
             cartForm.elements[i].disabled=false;
             i=i+2;
             cartForm.elements[i].disabled=false;
        }
          cartForm.continueBuy.disabled=true;
          cartForm.clearCart.disabled=true;
    }else{
        cartForm.update.value="修改订单"
          for (i=1;i<limit;i++){
            cartForm.elements[i].disabled=true;
            i=i+2;
            cartForm.elements[i].disabled=true;
        }
          cartForm.continueBuy.disabled=false;
          cartForm.clearCart.disabled=false;
          window.location.reload();
          var today = new Date();
          var expires = new Date();
          expires.setTime(today.getTime() + 1000*60*60*24*30);        //有效期为30天
       var values=cartForm.cart.value
       document.cookie="petInfo="+escape(values)+";expires=" + expires.toGMTString();
    }
}
</script>
```

（2）在查看购物车页面的适当位置加入"修改订单"按钮，并在 onClick 事件中调用 modifyCart() 函数修改订单信息，关键代码如下。

```
<input name="Button" type="button" class="btn_grey" id="update" onClick="modifyCart()" value="修改订单">
```

17.5.4 移除购物车中指定商品

在购物过程中，经常会遇到将已经选择的商品退回到货物架上的情况，因此在开发购物车时，必须考虑到这一点。下面将介绍如何从购物车中移除指定商品。在查看购物车页面中，单击"修改订单"按钮后，页面中的"删除"按钮将变为可用状态，同时"修改订单"按钮将变为"更新订单"按钮，如图 17-12 所示；单击指定商品后面的"删除"按钮，弹出确定删除提示框，如图 17-13 所示，单击"确定"按钮后即可将该商品退回到货物架上，但是此时并没有真正从购物车中移除该商品，还需要单击"更新订单"按钮保存所做的修改。移除商品后的运行结果如图 17-14 所示。

实现移除购物车中指定商品的基本思路是：由于在实现将指定商品添加到购物车时，已经将各个商

品信息组合成一个字符串并保存在隐藏的表单元素 cart 中，并且各个商品信息之间通过"|"进行分隔，所以在实现删除指定的商品信息时，首先需要通过 String 对象的 split()方法将各个商品信息以"|"进行分割并保存到数组中，然后从该数组中删除指定的商品信息，同时删除保存该商品信息的表格。具体实现过程如下。

图 17-12　移除商品前

图 17-13　弹出确定删除提示框

图 17-14　移除商品后

（1）编写自定义的 JavaScript 函数 Delete()，用于删除指定的商品信息，该函数包括两个参数，分别是 TableID（用于指定要删除的商品所在表格的 ID）和 id（用于指定商品编号），该函数无返回值，关键代码如下。

```javascript
<script type="text/javascript">
//删除单个商品
function Delete(TableID,id){
    var confirm_delete=window.confirm("确定要删除吗？")
    if (confirm_delete){
        var deletedList=cartForm.cart.value;
        var split_deletedList=deletedList.split("|");
        for (i=1;i<split_deletedList.length;i++){
            if(split_deletedList[i].indexOf(id)!=-1) delete split_deletedList[i];
        }
        var new_deletedList="";
```

```
            for (i=1;i<split_deletedList.length;i++){
                if (split_deletedList[i]!=undefined){
                    new_deletedList=new_deletedList+"|"+split_deletedList[i];
                }
            }
            cartForm.cart.value=new_deletedList;
            TableID.deleteRow();
        }
    }
</script>
```

（2）在生成的"删除"按钮的 onClick 事件中调用 Delete()函数，用于删除指定的商品。

17.5.5 清空购物车

前面已经介绍了如何从购物车中移除指定商品，下面将介绍如何将购物车中的全部商品一次性退回，即清空购物车。在查看购物车页面中，单击"清空购物车"按钮，即可清空购物车中的全部商品，并重定向到购物车为空页面，如图 17-15 所示。

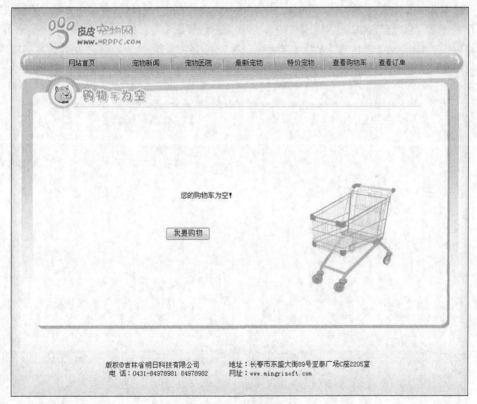

图 17-15 清空购物车

在执行清空购物车操作时，首先需要通过自定义的 JavaScript 函数 cart_read()读取 Cookie 中保存的商品信息，然后将 Cookie 的有效期设置为当前时间-1，这样可以使 Cookie 立即过期，即删除指定的Cookie，从而达到清空购物车的目的。具体过程如下。

（1）编写自定义的 JavaScript 函数 cart_clear()，用于删除购物车中全部商品，关键代码如下。

```
<script type="text/javascript">
```

```
//清空购物车
function cart_clear(){
    var mer_list=cart_read('petInfo');
    var expires = new Date();
    expires.setTime(expires.getTime() − 1);
    document.cookie="petInfo="+mer_list+";expires=" + expires.toGMTString();
    window.location.href="cart_empty.html";
}
</script>
```

（2）在查看购物车页面的适当位置加入"清空购物车"按钮，并在其 onClick 事件中调用 cart_clear() 函数清空购物车，关键代码如下。

```
<input name="clearCart" type="button" class="btn_grey" id="clearCart" onClick="cart_clear()" value="清空购物车">
```

小 结

在本课程设计中，使用 JavaScript、AJAX 技术制作了一个简单的购物车模块。该模块包括用户登录、添加至购物车、查看购物车、修改商品购买数量、移除购物车中指定商品和清空购物车等功能。通过本章的学习，希望读者可以掌握网页中的 Cookie 以及 AJAX 技术的应用。